中等职业学校
建筑工程施工专业核心课程教材

ZHONGDENG ZHIYE XUEXIAO
JIANZHU GONGCHENG SHIGONG ZHUANYE HEXIN
KECHENG JIAOCAI

建筑工程测量

主　编■高林华　彭茂辉

副主编■贺叶发　谭　伟　马祥华　骆　强　何　礼

参　编■廖海涛　李卓阳　叶　青　宗挺升　黎凯文
宾　林　赵朝华　陈世文　袁　根　梅玉娥
谭远浩　曾泳杰　胡　伟　庞澄纲　杨泽中
张　毅　杨　洋　向　蕾　雷　陶　龚德坤
李大培　刘　庆

主　审■谢　红　韩永光

重庆大学出版社

内容提要

本教材以培养德智体美劳全面发展的高素质技术技能型人才为目标，将测量员岗位基础知识、职教高考技能测试标准、技能大赛规程、1+X证书考核评价标准融入课程内容，把思政元素、工匠精神、职业素养贯穿课程各模块任务之中，形成“岗课赛证”四位一体育人模式。本教材共7个模块，15个任务，主要内容包括测量概述、高程测量、角度测量、距离测量与直线定向、导线测量、数字化测图、施工测量。每个任务有任务练习，每个模块有模块检测，供学生复习巩固用。

本教材可作为中等职业学校建筑工程施工、工程造价等专业的教学用书，也可作为工程技术人员的参考用书。

图书在版编目(CIP)数据

建筑工程测量 / 高林华，彭茂辉主编. -- 重庆 : 重庆大学出版社，2023.8

中等职业学校建筑工程施工专业核心课程教材

ISBN 978-7-5689-4001-6

Ⅰ. ①建… Ⅱ. ①高… ②彭… Ⅲ. ①建筑测量—中等专业学校—教材 Ⅳ. ①TU198

中国国家版本馆CIP数据核字(2023)第115778号

中等职业学校建筑工程施工专业核心课程教材

建筑工程测量

主　编　高林华　彭茂辉

副主编　贺叶发　谭　伟　马祥华

　　　　骆　强　何　礼

主　审　谢　红　韩永光

责任编辑:刘颖果　　版式设计:刘颖果

责任校对:邹　忌　　责任印制:赵　晟

*

重庆大学出版社出版发行

出版人:陈晓阳

社址:重庆市沙坪坝区大学城西路21号

邮编:401331

电话:(023) 88617190　88617185(中小学)

传真:(023) 88617186　88617166

网址:http://www.cqup.com.cn

邮箱:fxk@cqup.com.cn (营销中心)

全国新华书店经销

重庆愚人科技有限公司印刷

*

开本:787mm×1092mm　1/16　印张:13.75　字数:345千

2023年8月第1版　2023年8月第1次印刷

印数:1—2 000

ISBN 978-7-5689-4001-6　定价:42.00元

前 言

"建筑工程测量"作为一门实践性较强的课程,是中等职业学校建筑工程施工专业的核心课程。教材编写落实立德树人根本任务,坚持产教融合,校企研等多方主体共同参与,及时融入测量行业的新知识、新技术和新工艺;根据建筑施工类专业人才培养方案和课程标准,积极探索"岗课赛证"综合育人的实践路径,以培养德智体美劳全面发展的高素质技术技能型人才。

教材内容根据职业能力要求及教学特点设计,与建筑行业的岗位相适应,体现了最新的测量标准和技术规范;将工匠精神、职业素养贯穿于课程各模块任务之中;内容通俗易懂,注重理实一体,培养学生的创新意识,提升学生的职业能力和素质。

本教材具有以下特色:

(1)坚持"岗课赛证"综合育人。本书将测量员岗位基础知识、职教高考技能测试标准、技能大赛规程、"1+X"证书考核评价标准有机结合,探索岗位工作任务化、工作任务课程化、赛教融合一体化、证书考核达标化的培养模式,开展建筑工程测量"岗课赛证"融通育人实践。

(2)注重产教融合、校企双元开发。编写团队中的教师都是从事建筑工程测量教学的一线教师,积累了丰富的工程测量实践教学经验,具有良好的"双师"素质。团队中还有测量行业高级工程师参与,确保教材能紧贴产业发展趋势和行业人才需求,及时将产业发展的新知识、新技术和新工艺融入教材中。

(3)坚持理实一体,注重实践教学。教材系统地讲述了建筑工程测量的理论方法与技术,从经典理论方法到现代技术的应用,涵盖了高程测量、角度测量、距离测量与直线定向、导线测量、数字化测图和施工测量,既有较完整的理论,又注重实践性,使学生在"做中学",激发学生的学习兴趣,进而提高学生的学习质量。

(4)任务驱动法教学,保证教学效果。全书共 7 个模块、15 个任务,充分体现"以任务为主线、教师为引导、学生为主体"的特点,项目部学生共同完成实训项目,通过合作和交流,分享知识和经验,达到共同进步的目的。

(5)实训案例和数字化资源丰富。教材中选取了大量测量实训案例,并配套教学 PPT、习题参考答案、操作视频、任务工单等教学资源,方便教与学。学生通过观看操作视频,可以更直观地了解实际操作的过程和技巧,加深对知识和技能的理解。同时,课后习题可以帮助学生自我评估和检验学习效果,从而更好地掌握测量知识和技能。

本教材由重庆市中等职业学校建筑工程测量课程教师团队编写,由重庆市教育科学研究院教研员谢红、重庆城市职业学院建筑工程学院韩永光院长担任主审。在教材编写过程中,南方测绘有限公司高级工程师雷远丰全程参与,并提供行业最新技术发展方向及软硬件操作流程，在此表示感谢。另外，感谢重庆工程职业技术学院李天和教授在本教材编写前期提供的指导，感谢重庆工商职业学院郑金贵教授提供的教学资源。

在教材编写过程中还参考了大量书籍、文章和网络资料的新观点、新知识和新技术，在此向这些文献的作者致以诚挚的谢意！

由于建筑工程测量的理论和实践正处于发展时期，新的内容和问题还会不断出现，加之编者水平有限，书中难免有疏漏和不妥之处，敬请广大读者批评指正。

编　者

2023 年 5 月

目 录

模块一　测量概述

测量学是研究地球的形状和大小以及确定地面点位关系的一门学科。测量工作中将地球表面复杂多样的形态分为地物和地貌两大类，要在一个已知点上测绘一个测区所有的地物和地貌是不可能的。施工放样也是如此。而且测量工作是有误差的，不论起始精度有多高，逐渐测下去，误差积累就会越来越大，最后可能达到不能容许的程度，因此必须采取一定的工作程序和方法来减小误差。测量学按照研究对象及其采用的技术手段不同，分为大地测量学、普通测量学、工程测量学、摄影测量与遥感、制图学。本教材主要介绍工程测量学的相关知识。

任务　测量的认识

据《史记》记载，夏禹治水时期，"左准绳，右规矩，载四时，以开九州、通九道、陂九泽、度九山"，其中的"准绳"和"规矩"就是当时所用的测量工具。在殷周时期出现了地籍测量。明代徐光启撰写了《测量异同》。图 1-1-1(a)所示为古代的计时仪器，四大发明之一的指南针[图 1-1-1(b)]对矿山测量等有很大贡献。由我国自主建设、独立运行的北斗卫星导航系统，为全球用户提供了全天候、全天时、高精度的定位、导航与授时服务。

(a) 日晷

(b) 指南针

图 1-1-1　日晷、指南针

任务描述

测量技术已广泛应用于工程建设的各个阶段，掌握开展工程测量必备的基础知识，以便为学习测量技术的应用打好基础。

任务目标

知识目标	能力目标	素养目标
(1)阐明工程测量学的定义和主要任务、测量工作的内容和原则; (2)判别测量工作的基准线和基准面; (3)拟定地面点的坐标和高程	(1)知道工程测量学的任务、内容、原则; (2)能用高斯横坐标的表示方法计算横坐标的自然值; (3)能确定地面点的相对位置关系	(1)初步形成严谨的测量工作态度; (2)提升民族自豪感

任务准备

一、工程测量学的定义与基本任务

工程测量学是研究地球空间(包括地面、空中、地下和水下)中具体几何实体的测量描绘和抽象几何实体的测设实现的理论、方法和技术的一门应用性学科。它主要以建筑工程和机器设备为研究服务对象。测量工作的基本任务是求得点的规定坐标系中的坐标值。

二、建筑工程测量的主要任务

(1)勘察设计阶段:地形图,提供设计依据。

(2)施工阶段:施工前放线,施工中轴线(斜)、高程(层高)控制,竣工测量并编制竣工图。

(3)施工及运营阶段的监测。

三、建筑工程测量工作的分类

如图 1-1-2 所示,建筑工程测量工作包含测定和测设。

(1)测定:是指使用测量仪器和工具,通过测量和计算,测定点的坐标,或把地球表面的地形按比例缩绘成地形图。

(2)测设:是指把图纸上规划设计好的建筑物、构筑物等,按设计要求,在地面的相应位置标定出来,作为施工的依据。

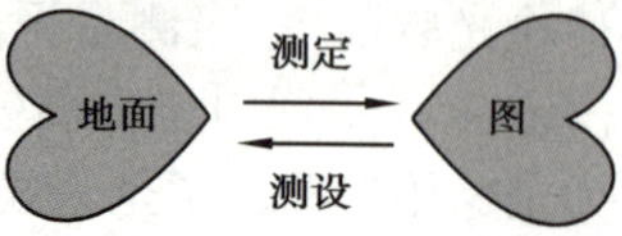

图 1-1-2　测量工作示意图

四、测量工作的基准面和基准线

(一)地球的形状和大小

1. 地球

地球的南北极稍扁,赤道稍长。测量工作是在地球表面进行的,地球自然表面有高山、丘陵、平原、盆地及海洋等,呈复杂的起伏形态,是一个不规则的曲面。地表上最高的珠穆朗玛峰高达 8 848.86 m,最深的马里亚纳海沟深达约 11 km,地表的高低起伏约 20 km。虽然如此,与地球的半径 6 371 km 比较起来仍是可以忽略不计的。而地球表面上海洋面积约占 71%,陆地面积约占 29%,因此,可以认为地球是被海水所包围的球体。

2. 大地体

人们设想有一个不受风浪和潮汐影响的静止海水面,向陆地和岛屿延伸形成一个封闭的形体,用此代表地球的形状和大小。如图 1-1-3 所示虚线为大地体,也称为大地水准面。

(1)由图1-1-4 可知大地体接近旋转椭球体:a=6 378 140 m,b=6 356 755 m,扁率 $\alpha=(a-$

$b)/a=1/298.257$。

(2)在精度不高时,把地球看作球体,平均半径为 6 371 km。

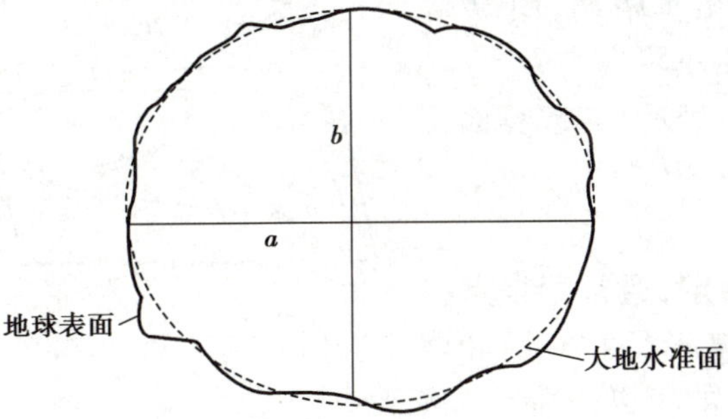

图 1-1-3　大地水准面

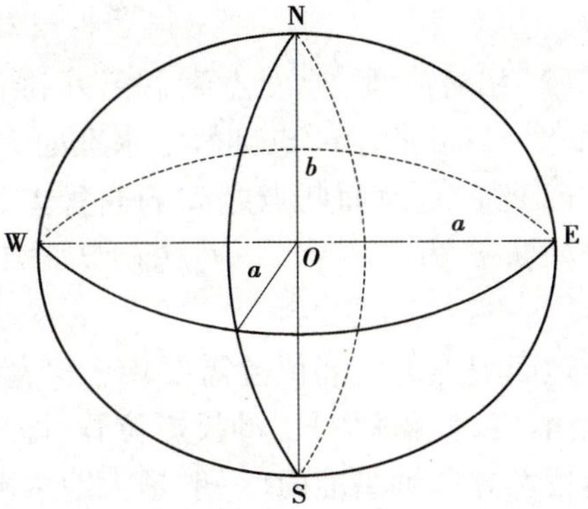

图 1-1-4　大地体

(二)基准线和基准面

(1)铅垂线:某点的重力方向线,可用悬挂垂球的细线方向表示,是测量工作的基准线。

(2)水平线:与铅垂线正交的直线。

(3)水平面:与铅垂线正交的平面。

(4)水准面:处处与重力方向垂直的连续曲面,任何自由静止的水面都是水准面,它有无数个。

(5)大地水准面:与不受风浪和潮汐影响的静止海水面相吻合的水准面,它只有一个,是测量工作的基准面。

我国在青岛设立验潮站,长期观察和记录黄海海水面的高低变化,取其平均值作为大地水准面的平均位置(其高程为零),并在青岛观象山上建立了水准原点,将大地水准面的平均位置引测到水准原点,如图 1-1-5 所示。

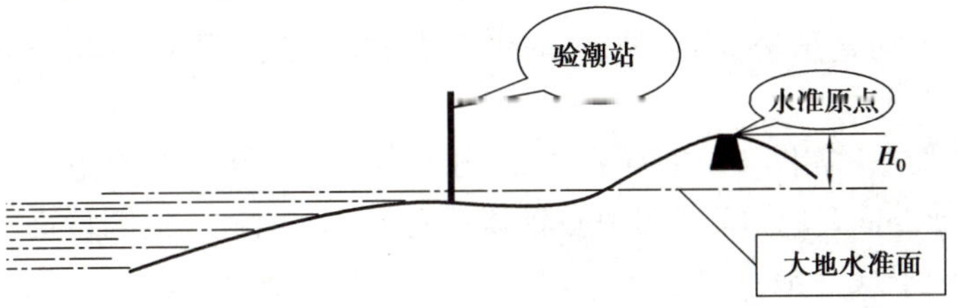

图 1-1-5　水准原点示意图

现行规范采用"1985 国家高程基准",水准原点高程为 72.260 m,而 1956 年黄海高程系水准原点高程为 72.289 m。

五、地面点位的确定

(一)确定地面点位的方法

(1)测量工作的实质:确定地面点的空间位置。

(2)方法:点的空间位置(三维)= 该点在水准面或水平面(球面或平面)的位置(二维)+该点到大地水准面的铅垂距离(一维)。

(二)地面点的高程

(1)绝对高程:地面点到大地水准面的铅垂距离,简称高程,用 H 表示,如图 1-1-6 所示 A 点到大地水准面 P 的铅垂距离为 H_A。

(2)相对高程:地面点到假定水准面的铅垂距离,用 H' 表示,如图 1-1-6 所示 A 点到假定水准面 P' 的铅垂距离为 H'_A。

(3)高差:地面两点之间的高程差,用 h 表示,与起算面无关。如:$h_{AB}=H_B-H_A=H'_B-H'_A$,$h_{BA}=H_A-H_B=H'_A-H'_B$,$h_{AB}=-h_{BA}$。

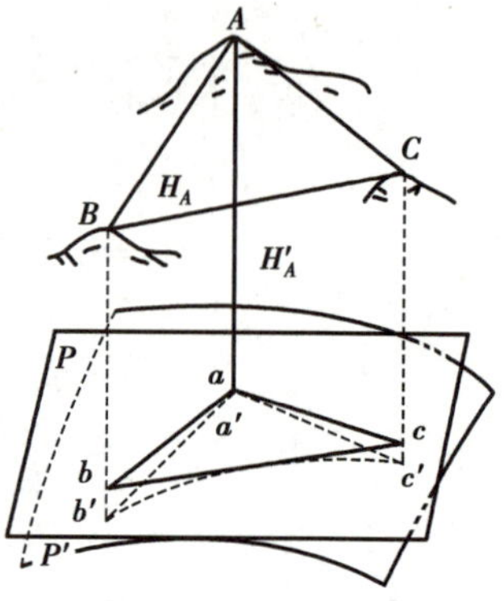

图 1-1-6　高程示意图

(三)地面点的坐标

地面上点的空间位置需要用三个量来确定,通常用该点在基准面(参考椭球面)上的投影位置,即平面坐标(两个量)和该点沿投影方向到基准面(一般是大地水准面)的距离即高程来表示。

1. 地理坐标系

地理坐标系是以椭球面法线为基准线,以参考椭球面为基准面建立的坐标系,它以大地坐标(L,B,h)表示地面点在参考椭球面上的位置,其中大地经度 L 为参考椭球面上某点的大地子午面与本初子午面间的二面角;大地纬度 B 为参考椭球面上某点的法线与赤道平面的夹角,北纬为正,南纬为负,地球表面任意一点的经度和纬度称为该点的地理坐标,如北京(东经 116°28′,北纬 39°54′);h 为大地高,即从观测点沿椭球面法线方向到椭球面的距离。我国常用坐标系有 1954 北京坐标系、1980 国家大地坐标系以及 2000 国家大地坐标系,目前已统一用 2000 国家大地坐标系,但老旧数据可能还是以前的坐标系。

2. 平面直角坐标

由于地理坐标是球面坐标,在工程建设规划、设计、施工中,测量和计算十分不便,所以常将球面坐标按一定的数学法则归算到平面上。

即

$$X=F_1(L,B)$$
$$Y=F_2(L,B)$$

我国采用高斯平面直角坐标,小地区范围内也可采用独立平面直角坐标。

1)高斯平面直角坐标

(1)横圆柱描述法。如图 1-1-7 所示,把地球看作一个圆球,设想把一个平面卷成一个横圆柱,把它套在圆球外面,使横圆柱的中心轴线通过圆球的中心,把圆球面上一根子午线与横圆柱相切,即这条子午线与横圆柱重合。以此子午线为中心将其左右一定带宽范围内的球面用正形投影(即高斯投影)的方法投影至圆柱面上。

(2)纵横轴线。中央子午线和赤道面投影至横圆柱面上都是一条直线,且互相垂直,它们构成了平面直角坐标系的纵轴和横轴,即 X 轴和 Y 轴,经过这种投影后,其坐标既是平面直角坐标,又与大地坐标的经纬度发生联系,能用在大范围的测量工作中。

(3)投影分带。为控制投影变形,高斯投影把地球分成若干范围不大的带进行投影,带的宽度一般分为经差 6°和 3°,简称 6°带和 3°带。中心的子午线为中央子午线。我国规定:比例尺 1∶500 000~1∶25 000 的地形图采用 6°带,比例尺大于 1∶10 000 的地形图采用 3°带。经度计算方法如下:

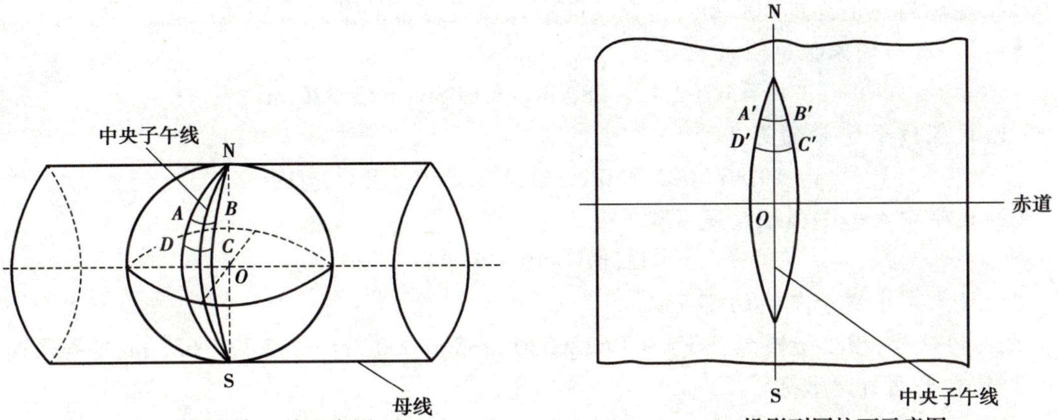

(a)横圆柱套地球示意图　　(b)投影到圆柱面示意图

图 1-1-7　横圆柱描述法示意图

①6°带：从首子午线开始，自西向东，每隔 6°分为一带，这样地球分为 60 个带。第一号 6°带的中央子午线经度为 3°，如图 1-1-8 中上方所示。第 N 个 6°的中央子午线经度可用下式计算：

$$LN=(6N-3)^{\circ}$$

式中　N——带号。

例如，20 带中央子午线的经度为 LN＝6°×20−3°＝117°。

②3°带：在 6°带的基础上，每隔 3°分为一带，共 120 带。3°带的中央子午线在奇数带时与 6°中央子午线重合，第一号 3°带的中央子午线经度也为 3°，如图 1-1-8 中下方所示。第 n 个 3°的中央子午线经度可用下式计算：

$$Ln=(3n)^{\circ}$$

例如，120 带中央子午线的经度为 Ln＝3°×120＝360°。

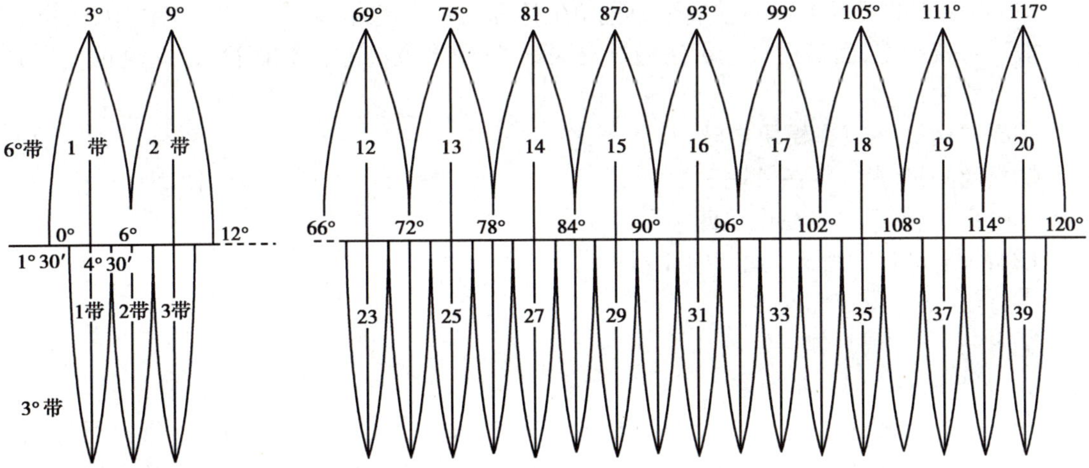

图 1-1-8　高斯-克吕格投影的分带

(4)我国高斯投影坐标的表示。

①x 坐标不变。

②y 坐标自然值先加 500 km,再在其前冠以该投影带的带号得到通用值。

【例】 有一国家控制点的坐标:

$$x=3\ 102\ 467.280\ \text{m}, y=19\ 367\ 622.380\ \text{m}$$

(1)该点位于6°带的第几带?

y=19 367 622.380 m,前两位是 19,因此为 19 带。

(2)该带中央子午线经度是多少?

$$LN=6°×19-3°=111°$$

(3)该点在中央子午线的哪一侧?

先去掉带号,横坐标自然值 y=367 622.380 m−500 000 m=−132 377.620 m,可知在西侧。

2)独立平面直角坐标

当测区范围较小时,可将大地水准面看作平面,并在平面上建立独立平面直角坐标系。

如图 1-1-9 所示,地面点的位置可用平面直角坐标确定,以西南角为坐标原点,纵轴为 X 轴,横轴为 Y 轴。X 轴正向为正北方向,负向为正南方向;Y 轴正向为正东方向,负向为正西方向(上北下南左西右东),象限以顺时针方向编号。

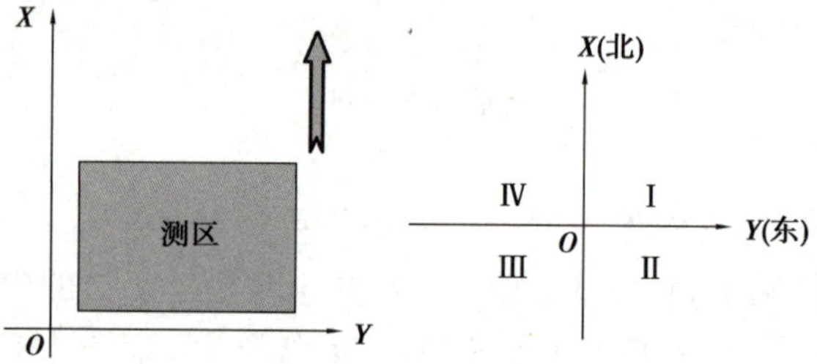

图 1-1-9 直角坐标系

六、测量工作的基本内容与基本原则

(一)测量工作的基本内容

(1)地面点的位置可以用它的平面直角坐标和高程来确定,在实际测量工作中,坐标和高程一般不直接测定,而是用极坐标法通过观测距离、角度及高差推算而得,因此测量工作的三个基本要素为:

①高差测量(h):在模块二学习。

②角度测量(β,α):在模块三学习。

③距离测量(S,D):在模块四学习。

(2)测量工作一般分外业和内业两种:

①外业工作:测定和测设。

②内业工作:观测数据处理和绘图。

(二)测量工作的基本原则

在具体实施测量时,要先选择一些控制点,用较高的精度测定其平面坐标和高程,然后再根据它们测定精度要求较低的碎部点。也就是说,先从整个测区的大范围来考虑控制问题,再考虑每个局部的碎部问题。这样,精度比较均匀,都能满足要求。

为了防止测量误差逐渐传递和积累,要求测量工作必须遵循以下原则:

(1)在布局上遵循“从整体到局部”的原则,测量工作必须先进行总体布置,然后再分期、分区、分项实施局部测量工作，而任何局部测量工作必须服从全局的工作需要。

(2)在工作程序上遵循“先控制后碎部”的原则，就是先进行控制测量，测定测区内若干个控制点的平面位置和高程，作为后面测量工作的依据。

(3)在精度上遵循“从高级到低级”的原则。即先布设高精度的控制点，再逐级发展，布设低一级的交会点以及进行碎部测量。

同时，测量工作必须进行严格的检核，前一步工作未作检核不进行下一步测量工作，即步步有检核。

模块检测

一、选择题(每小题 5 分，共 35 分)

1.(　　)所包围的形体称为大地体。

A. 地球自然表面　　B. 大地水准面　　C. 参考椭球面　　D. 水准面

2. 地面点到大地水准面的铅垂距离称为该点的(　　)。

A. 相对高程　　B. 绝对高程　　C. 高差　　D. 以上都不对

3. 我国的城市坐标系采用(　　)。

A. 高斯平面直角坐标系　　B. 大地坐标系

C. 平面直角坐标系　　D. 任意坐标系

4. 地面点的空间位置是用(　　)来表示的。

A. 地理坐标　　B. 平面坐标

C. 平面坐标和高程　　D. 高斯坐标

5. 任意两点之间的高差与起算水准面的关系是(　　)。

A. 不随起算面而变化　　B. 随起算面而变化

C. 总等于绝对高程　　D. 无法确定

6. 测量点的平面坐标的主要工作是(　　)。

A. 距离测量和高差测量　　B. 高差测量和角度测量

C. 距离测量和角度测量　　D. 坐标测量和高程测量

7. 在高斯平面直角坐标系中，X 轴的方向为(　　)。

A. 东西　　B. 左右　　C. 南北　　D. 前后

二、判断题(每小题 4 分，共 20 分)

1. 测设的作业目的和顺序与测定相同。　(　　)

2. 高斯投影中的6°带中央子午线一定是3°带中央子午线，而3°带中央子午线不一定是6°带中央子午线。　(　　)

3. 大地水准面所包围的地球形体，接近旋转椭球体。　(　　)

4. 大地地理坐标的基准面是大地水准面。　(　　)

5. 地面点绝对高程的起算面是水准面。　(　　)

三、综合题(45 分)

1. 什么是地理坐标系？我国采用的有哪些？(10 分)

2. 什么是大地水准面？(10 分)

3. 测量工作的基本原则是什么？(10 分)

4. 已知某点的高斯投影 y 坐标值为 y=17 345 281.693 m，试计算 y 坐标自然值。该点位于6°带的第几带？该带中央子午线经度是多少？(15 分)

模块二　高程测量

测量堪称建筑工程的指南针，为施工开辟道路、提供方向。准确、周密的测量工作不但关系到工程能否顺利按图施工，而且还为施工质量提供重要的技术保证，为质量检查等工作提供方法和手段，因此正确使用测量仪器就显得至关重要。

地面点高程的测量工作，称为高程测量。高程测量根据施测方法不同，分为水准测量、三角高程测量和气压高程测量。水准测量是高程测量中最基本且精度较高的测量方法之一，在国家高程控制测量、工程勘测和施工测量中被广泛采用。

任务一　自动安平水准仪的使用

2020 年 5 月 27 日，2020 珠峰高程测量登山队 8 名队员成功登顶珠峰，他们在峰顶竖立觇标，安装 GNSS 天线，开展各项峰顶测量工作。2020 年 12 月 18 日，中尼两国共同公布珠穆朗玛峰最新高程为 8 848.86 m，自此珠峰有了科学、权威的新高度。

任务描述

(1)学习自动安平水准仪各个部件、各个螺旋的作用及正确的操作方法。

(2)用自动安平水准仪测量地面两点之间的高差。

任务目标

知识目标	能力目标	素养目标
(1)描述自动安平水准仪的构造组成； (2)归纳水准仪测量高差的方法及步骤	(1)能使用自动安平水准仪进行水准测量； (2)对水准测量结果进行记录、计算与校核	(1)初步形成精益求精的工匠精神； (2)初步具备苦学的笃学精神； (3)初步具有团队协作精神

任务准备

一、知识准备

(一)水准仪概述

(1)水准仪的主要用途是测高差。

(2)水准仪按精度分为 DS0.5、DS1、DS3、DS10、DS20 共 5 个等级。

(3)水准仪按构造分为微倾水准仪、自动安平水准仪、精密水准仪、数字水准仪等，如图 2-1-1 所示。借助于自动安平补偿器获取水平视线的水准仪称为自动安平水准仪。自动安平水准仪是目前工程测量中常用的水准仪。

(4)水准仪的符号注释："D"和"S"是"大地测量"和"水准仪"的汉语拼音的第一个字母，0.5、1、3、10、20 表示该类仪器的精度，即每千米往返测高差中数的中误差，以 mm 为单位。

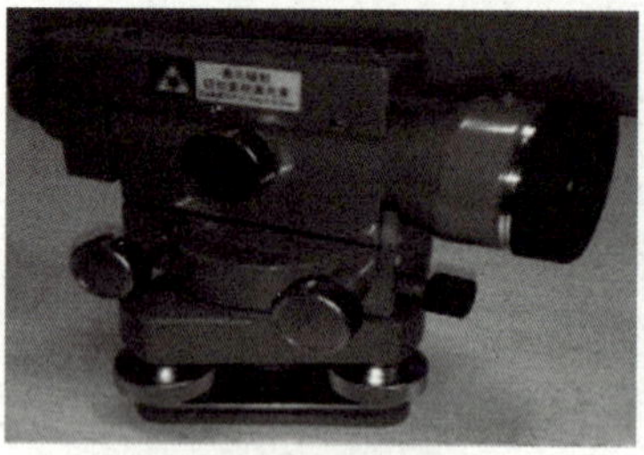

(a)微倾水准仪

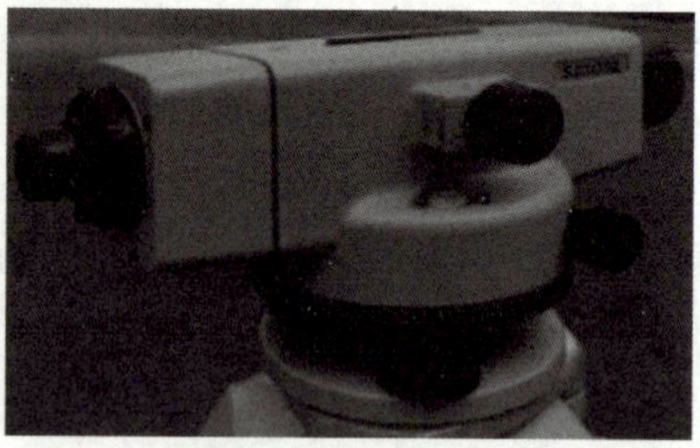

(b)自动安平水准仪

(c)精密水准仪

(d)数字水准仪

图 2-1-1　水准仪

(二)DSZ 自动安平水准仪的构造

如图 2-1-2、图 2-1-3 所示，自动安平水准仪主要由望远镜、圆水准器和基座三部分组成。

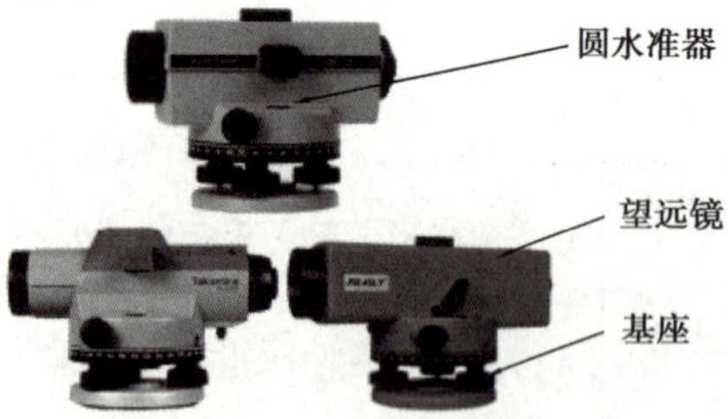

图 2-1-2　DSZ 自动安平水准仪的分部构造

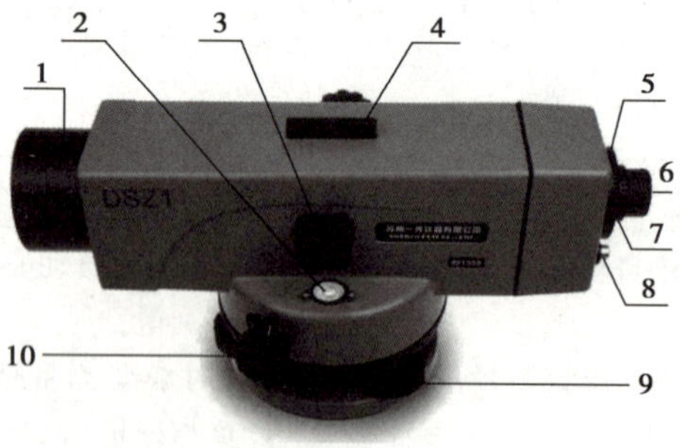

图 2-1-3　DSZ 自动安平水准仪的细部构造

1—物镜；2—圆水准器；3—圆水准器观测棱镜；4—光学瞄准器；5—护盖；6—目镜；7—目镜卡环；8—检查按钮；9—安全手轮；10—水平微动手轮

1. 望远镜

(1)望远镜用于瞄准水准尺并读数，其放大率一般为 25 ~ 30 倍。望远镜由物镜、目镜、十字丝分划板、调焦透镜、调焦螺旋、补偿器等组成，如图 2-1-4 所示。

十字丝分划板是用于瞄准目标和读数的。十字丝分划板的交点和物镜光心的连线，称为望远镜的视准轴。

补偿器的构造组成如图 2-1-4 中的 2、3、6，观测时能自动使视准轴置平，即自动精平，获得水平视线读数。而且微小振动、仪器的不规则下沉以及风力和温度等外界影响引起的视线微小倾斜，亦可迅速得到调整，使中丝读数仍为水平视线读数，从而提高水准测量的精度。

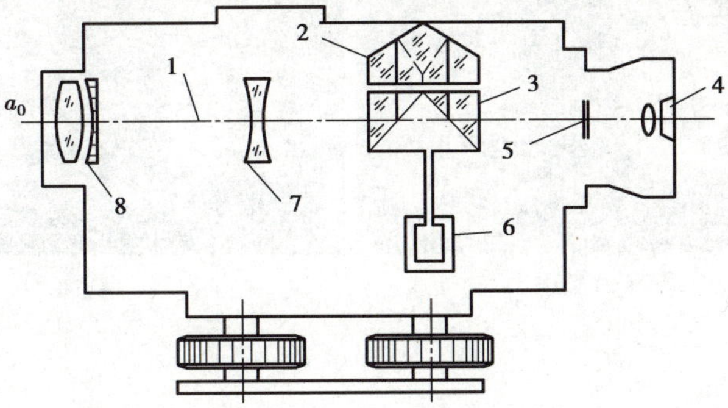

图 2-1-4 带补偿器的望远镜构造图

1—水平光线；2—固定屋脊棱镜；3—悬吊直角棱镜；4—目镜；5—十字丝分划板；6—空气阻尼器；7—调焦透镜；8—物镜

(2)附件：

①光学瞄准器：用于粗略定位观测目标。

②圆水准器观测棱镜：侧面观测反射水准器镜子，用于读数时观测水准器气泡居中情况。

③检查按钮：读数前按下后，观测物体是否有上下晃动，以判断补偿器是否正常工作。

2. 圆水准器

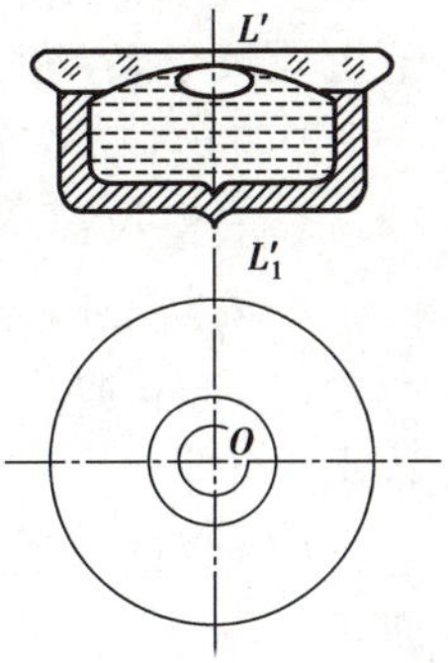

图 2-1-5 圆水准器

如图 2-1-5 所示，圆水准器为一密闭的玻璃圆盒。它的顶面内壁为球面，内装有乙醚溶液，密封后留一气泡。球面中心有一个圆形分划圈，圆圈的中心为圆水准器的零点。通过零点与球面球心的直线称为圆水准器轴，如图 2-1-5 中的 $L'L_1'$。圆水准器的精度较低，用于仪器的粗略整平。

3. 基座

(1)组成：由水平微动螺旋、轴座、脚螺旋、三角压板、底板、度盘组成。

(2)作用：支承仪器的上部并与三脚架连接，仪器上部通过竖轴插入轴座内旋转，由基座承托。脚螺旋用于调节圆水准器气泡居中。底板通过连接螺旋与三脚架连接。度盘上有 360°水平刻度，用于读取指示不同方向的水平方位及使望远镜在水平方向微动。

(三)水准尺和尺垫

1. 水准尺

(1)塔尺：可以伸缩，一般全长 3 m、5 m，用于等外水准测量。

(2)双面尺：不可伸缩，一般全长 2 m、3 m，用于三、四等水准测量，如图 2-1-6 所示。

①黑面尺:底端起始数为0。

②红面尺:底端起始数为4 687 mm(左)或4 787 mm(右)。双面尺必须成对使用,用以检核读数。

(a)黑面　　(b)红面

图 2-1-6　双面尺

2. 尺垫

尺垫一般制成三角形铸铁块,中央有一突起的半圆球体,如图 2-1-7 所示。立尺前先将尺垫用脚踩实,然后竖立水准尺于半圆球体顶上。尺垫的作用是防止水准尺下沉及尺子转动时不改变其高程。

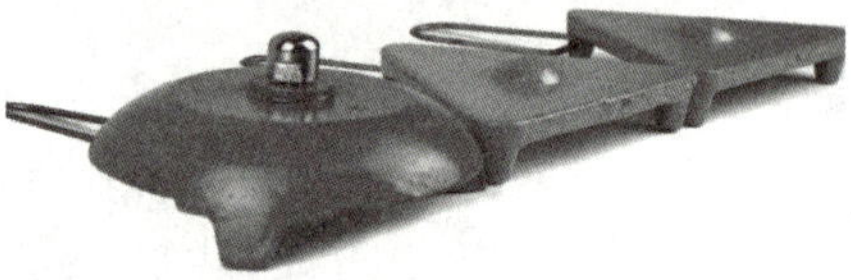

图 2-1-7　尺垫

(四)自动安平水准仪的操作步骤

1. 安置仪器

1)安放三脚架

(1)应选择合适高度(齐肩)支好三脚架,然后将三个脚等距分开,尽量使三脚架顶面大致水平。

(2)应选择适宜的支设位置安放好三脚架,如果地面松软,应将脚尖踩入土中,如图 2-1-8 所示。

2)仪器连接

从仪器箱内取出水准仪,放在三脚架上,一手握住仪器,一手将三脚架上的连接螺旋旋入水准仪基座的螺孔内,直至旋紧为止,如图 2-1-9 所示。

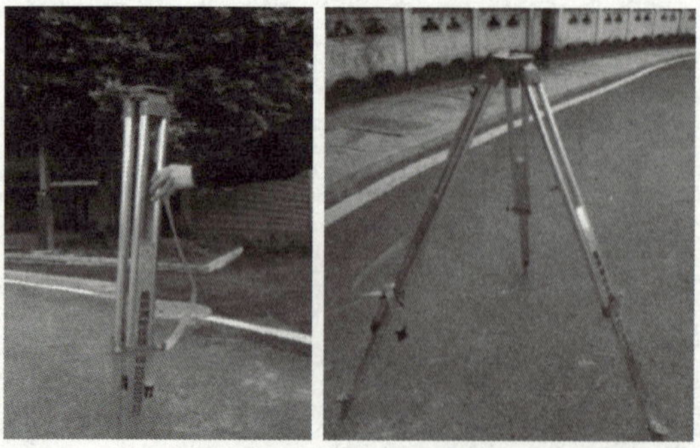

图 2-1-8　安放三脚架

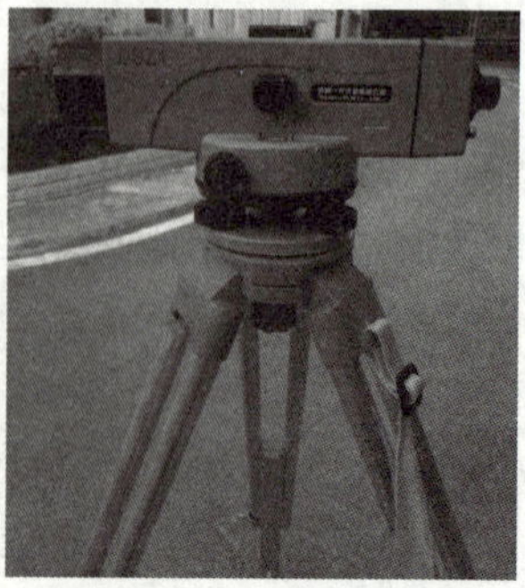

图 2-1-9　仪器连接

2. 粗略整平

1) 目的

粗平的目的是使圆水准器气泡居中。视准轴粗略水平即粗平。

2) 方法

方法 1:旋转脚螺旋 1、2、3,使圆水准器气泡居中,其步骤如图 2-1-10 所示。首先松动水平制动螺旋,转动仪器使圆水准器位于某两个脚螺旋之间,先根据"左手拇指规则"(气泡移动方向与左手拇指转动脚螺旋时的移动方向一致),调节这两个脚螺旋(相对仪器中心,同时向内或向外调节),使圆水准器处于连线的中垂线上;同时旋转脚螺旋 1、2,使气泡向右移动到正下方;然后调节第三个脚螺旋(同样遵循"左手拇指规则"),使圆水准器气泡居中(在旋转第三个脚螺旋时,不要动另一对脚螺旋);再旋转脚螺旋 3,使气泡向上移动。

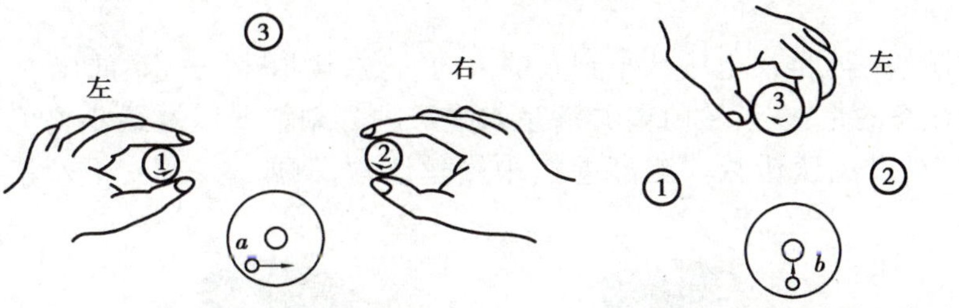

(a) 左手拇指规则示意图　　(b) 第三个脚螺旋旋转示意图

图 2-1-10　旋转脚螺旋图示

方法 2:移动脚架并配合脚螺旋,使圆水准器气泡居中。步骤:固定两只脚架→移动一只脚架→移动与旋紧脚架,使圆水准器气泡大致居中→调节脚螺旋使气泡居中,如图 2-1-11 所示。

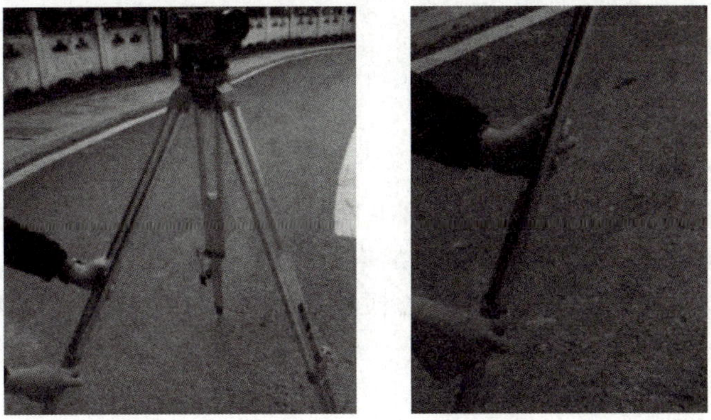

图 2-1-11　移动脚架法

3. 瞄准水准尺

1) 目的

瞄准的目的是使目标和十字丝成像清晰且无视差现象存在。

2) 方法

(1) 初步瞄准(用准星对准目标):通过瞄准器瞄准水准尺。

(2) 目镜调焦(使十字丝清晰):把望远镜对向明亮背景处,转动目镜,使十字丝分划板视距丝成像清晰。

(3)物镜调焦(使目标成像清晰):旋转水平微动手轮,使水准尺成像在视场中央,旋转调焦手轮,直到标尺成像清晰。

(4)精确瞄准(使纵丝对准目标):通过目镜观察视窗中的成像,稍微上下左右移动眼睛,确认水准尺像相对于十字丝不动,没发生相对位移即可开始测量,如有相对位移,则会给测量结果带来误差。

3)注意事项

瞄准时应消除视差。

(1)视差:当目镜、物镜调焦不够精细时,目标的影像与十字丝分划板不重合,以致两者不能同时被看清的现象。

(2)消除方法:仔细进行目镜、物镜调焦,直到眼睛上下移动而读数不变为止。

4. 读数

用十字丝横丝在水准尺上按从小到大的方向读数,读取米、分米、厘米、毫米(估读数)四位数字。需要注意的是:在读数前要弄清楚水准尺的分划情况以及最小格值,水准仪望远镜是正像还是倒像,以免读错数。测高差按中横丝读数,测距离按上、下丝读数,如图 2-1-12 所示。

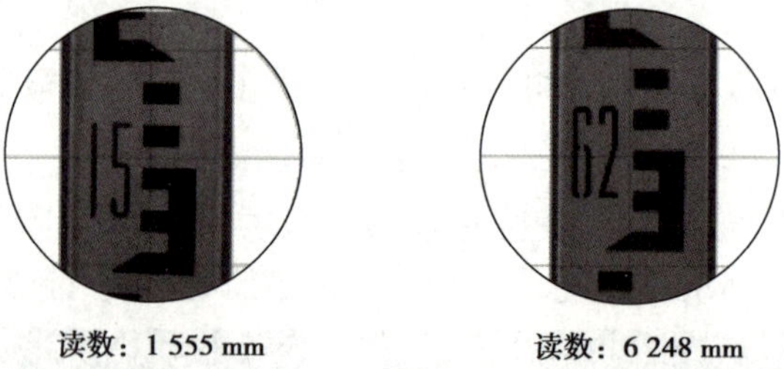

图 2-1-12 读数图示

(五)自动安平水准仪的检验与校正

1. 水准仪的几何轴线及应满足的条件

(1)圆水准器轴 $L'L'$//竖轴 VV:如图 2-1-13 所示,当圆水准器气泡居中时,仪器处于垂直位置,仪器转到任意位置,圆水准器气泡均居中。

(2)十字丝中横丝⊥竖轴 VV:即十字丝横丝水平,这样在水准尺上读数时,可以用横丝的任何部位读数。

(3)水准仪在补偿范围内,应能起到补偿作用。

(4)视准轴经过补偿后与水平视线平行。

2. 圆水准器的检校($L''L''$//VV)

(1)检验:使圆水准器气泡居中,然后在仪器水平方向旋转 180°,若气泡仍居中,则满足要求,否则应校正。

(2)校正:用校正针拨圆水准器的校正螺丝,使气泡退回偏离值的 1/2。校正螺丝的位置,如图 2-1-14 所示。

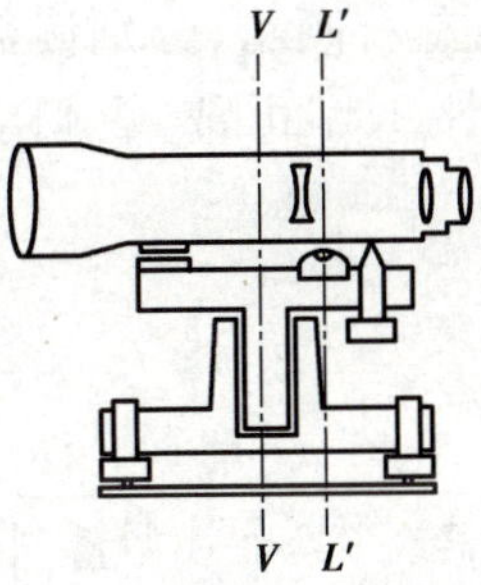

图 2-1-13 圆水准器轴 $L'L'$//竖轴 VV 示意图

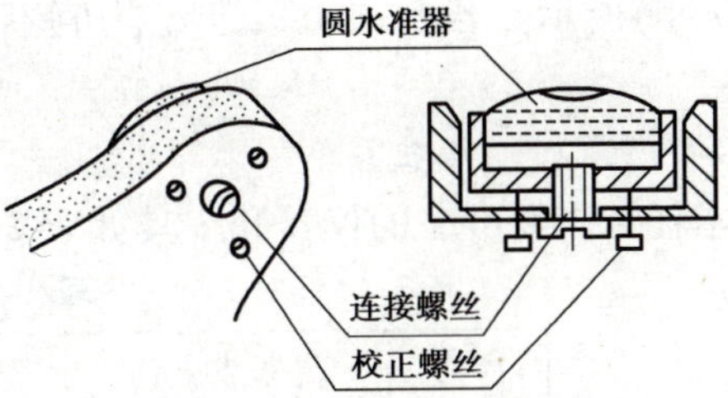

图 2-1-14 圆水准器的校正

3. 十字丝横丝的检校

(1)检验:整平仪器,用十字丝中横丝的中心对准一点状目标,拧紧制动螺旋,转动微动螺旋,若点状目标始终在中横丝上移动,则满足要求,否则需校正。

(2)校正:松开十字丝分划板固定螺丝,转动十字丝环座,使中横丝末端与点状目标重合,再旋紧固定螺丝,如图 2-1-15 所示。

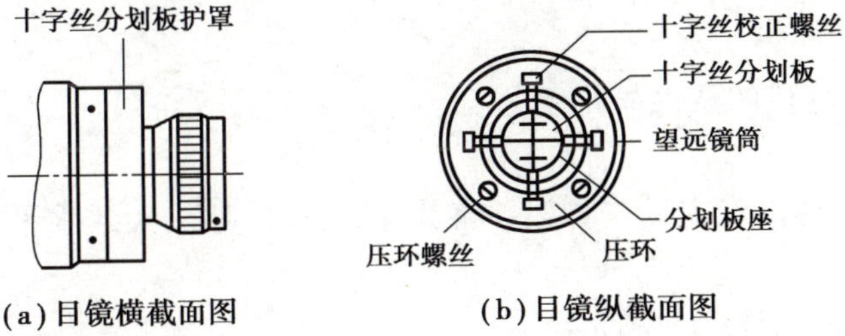

图 2-1-15 十字丝横丝的校正

4. 水准仪补偿器的检验

(1)在 A 点安置水准仪,B 点立尺,AB 相距约 50 m。

(2)粗平仪器,读数为 a,如图 2-1-16 所示。

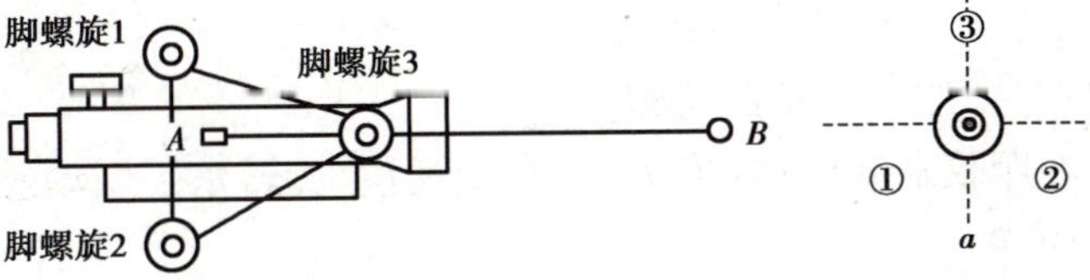

图 2-1-16 水准仪补偿器的检验(1)

(3)调节脚螺旋 3 让气泡前后偏离少许,分别读数为 b、c,如图 2-1-17(a)所示。

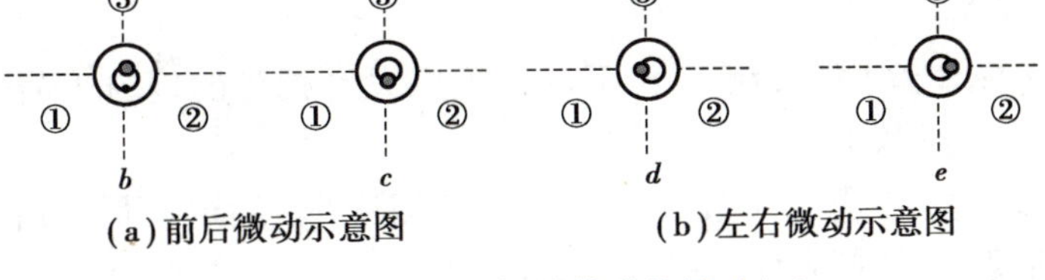

图 2-1-17 水准仪补偿器的检验(2)

(4)重新整平仪器，调节脚螺旋 1 或者脚螺旋 2 让气泡左右倾斜，分别读数为 d、e，如图 2-1-17(b)所示。若 b、c、d、e 与 a 差值不超过 2 mm，补偿器工作正常，否则应检查原因或校正。

二、仪器和工具准备

本任务需要准备的仪器和工具如表 2-1-1 所示。

表 2-1-1　仪器和工具

序号	仪器或工具	数量	序号	仪器或工具	数量
1	水准仪	1 台	4	记录手簿	1 份
2	三脚架	1 个	5	签字笔	—
3	双面尺	1 对	6	草稿纸	—

任务实施

水准仪操作

一、步骤

(一)自动安平水准仪的认识与使用

1. 安置水准仪

选好位置，以合适的高度支设三脚架并将其等距分开，架头大致水平，然后将仪器安放在三脚架上并旋紧。

2. 认识水准仪器及工具

由实训指导教师进行示范教学，在仪器上找出目镜、目镜对光螺旋、物镜、物镜对光螺旋、圆水准器、水平微动螺旋、脚螺旋和基座等；同时，了解水准尺的分划与注记。

3. 进行粗略整平

松动水平制动螺旋，根据“左手拇指规则”使圆水准器气泡居中。

4. 照准水准尺

(1)先进行目镜调焦，使十字丝最清晰。

(2)将水准尺立在距仪器 50 m 左右处，转动望远镜，旋转水平微动螺旋，使十字丝纵丝精确照准水准尺的中间位置。

(3)旋转物镜调焦螺旋，使水准尺成像清晰且无视差现象。

5. 读数

读出尺上米、分米、厘米、毫米(估读数)四位数字。

(二)测定地面点两点间的高差并计算高程

(1)在地面上选择 A、B 两点，在 A、B 两点间距离大致相等的地方安置水准仪，按照 DSZ 型水准仪的操作方法完成基本操作。

(2)分别在 A、B 点立尺，读取 A、B 两尺读数，记入表中。约定 A 尺为后视尺，对应读数为后视读数；B 尺为前视尺，对应读数为前视读数。

(3)计算 A、B 两点的高差：

$$h_{AB}=\text{后视读数}-\text{前视读数}$$

二、注意事项

（1）安置仪器时三脚架的三个脚螺旋应旋紧，三脚架腿不能张得太开，仪器中心连接螺旋要拧紧，以防止摔坏仪器。

（2）DS3 水准仪为精密光学仪器，在使用中要按操作规程作业，并正确使用每个螺旋。

（3）每次用中丝读数前务必将水准器的符合气泡严格符合，读数后复查气泡情况，发现气泡错开，应立即重新将气泡符合后再读数（自动安平水准仪可忽略）。

（4）转动各螺旋时要稳、轻、慢，用力不能太大。螺旋旋到头时切勿再继续旋转，否则将脱扣。

（5）水准尺不能随便往树上、墙上、电线杆上靠，以防止滑倒摔断。水准尺可平放在地面上，但决不允许把水准尺当坐垫用或用水准尺抬东西。也不允许坐仪器箱。

（6）本任务的难点是水准仪的粗略整平和水准尺读数，学生应在 30 s 内完成水准仪的粗略整平，在 10 s 内正确读出水准尺读数，否则说明没有掌握正确的方法。

（7）一名合格的测量人员应在 5 min 内正确完成一个测站的水准测量工作，包括安置仪器、粗略整平、分别照准后尺和前尺、精确整平、读数、记录、计算高差及高程。优秀的测量人员一般在 2 ~ 3 min 即可完成上述工作。

三、成果上交

上交认识与操作自动安平水准仪工单。

任务评估

一、自我评估与同学互评

实训项目					
小组编号		场地号		实训者	
序号	评估项目	分值	实训要求		自我评定
1	任务完成情况	30	按时按要求完成实训任务		
2	测量精度	20	成果符合限差要求		
3	实训记录	20	记录规范、完整，计算准确		
4	实训纪律	15	遵守课堂纪律，无事故，仪器未损坏		
5	团队合作	15	服从组长安排，能配合其他成员工作		

实训总结与反思：

小组其他成员评价得分：________、________、________、________、________

组长评价得分：________

二、教师评价

实训项目					
小组编号		场地号		实训者	
序号	考核项目	分值	实训要求		考核评定
1	操作程序	30	操作动作规范，操作程序正确		
2	操作速度	20	按时完成实训		
3	安全操作	20	无事故发生		
4	数据记录	15	记录规范，无转抄、涂改、抄袭等		
5	团队合作	15	服从组长安排，能配合其他成员工作		
存在的问题： 指导教师：　　　　评价时间：					

任务练习

一、单选题

1. 安置水准仪时，需调整三脚架腿至适宜高度，选择适宜的(　　)，将三脚架稳固并使架头大致水平，将仪器用中心螺旋连接在三脚架上。

A. 支设位置　　B. 时间　　C. 仪器　　D. 连接方式

2. 进行自动安平水准仪检验时，先安置仪器，使圆水准器气泡居中，使望远镜对准水准尺，缓慢微调望远镜方向的一个脚螺旋，如果十字丝横丝的读数不变，则说明(　　)。

A. 自动安平水准仪状态良好　　B. 水准尺没有竖直

C. 自动安平水准仪没有精平　　D. 自动安平水准仪应进行修理

3. 借助自动安平补偿器获取水平视线的水准仪称为(　　)。

A. 微倾水准仪　　B. 自动安平水准仪

C. 激光水准仪　　D. 电子水准仪

4. 自动安平水准仪的使用步骤是(　　)。

A. 安置仪器、粗略整平、瞄准水准尺、精平与读数

B. 对中、整平、瞄准、读数

C. 对中、整平、定向

D. 安置仪器、粗略整平、瞄准水准尺、读数

5. 自动安平水准仪精平时使用(　　)。

A. 补偿器　　B. 微倾螺旋　　C. 长水准管　　D. 圆水准器

6. 自动安平水准仪(　　)。

A. 既没有圆水准器也没有管水准器　　B. 没有管水准器

C. 没有圆水准器　　D. 既有圆水准器也有管水准器

二、判断题

1. 使用自动安平水准仪可以省略粗平这项操作步骤。　　(　　)

2. 自动安平水准仪使用时,不需要人工安平仪器即可进行测量。　　(　　)

三、多选题

1. 自动安平水准仪的特点是(　　)。

A. 操作简便　　B. 圆水准器气泡居中后,能自动补偿精平

C. 提高观测速度　　D. 有效减弱外界环境的影响

E. 能大幅度提高观测精度

2. 常用的水准仪有(　　)。

A. 微倾水准仪　　B. 自动安平水准仪

C. 电子水准仪　　D. 精密水准仪

E. 数字水准仪

任务二　高程的测定

一眼望过去,马路是平整的,但雨后,“平整”的马路上总有许多“积水坑”。图 2-2-1 所示为重庆著名的“波浪公路”,怎么才能知道“波浪公路”的起伏有多大?

图 2-2-1　重庆市巴南区界石波浪公路

任务描述

已知水准点 BM_A 的高程 $H_A=218.373$ m，A、B 两点相距大约 500 m，要求采用变动仪高法或双面尺法（1+X 和技能大赛学生）测定 B 点的高程 H_B。

任务目标

知识目标	能力目标	素养目标
(1)明白水准测量及路线测量的原理和方法； (2)学会水准路线外业测量和内业计算（1+X 和技能大赛学生）	(1)能用变动仪高法测定高程； (2)能用四等水准测量法进行闭合路线测量及内业计算（1+X 和技能大赛学生）	(1)逐步形成严谨的测量工作态度； (2)初步具有团队协作精神

任务准备

一、知识准备

（一）水准测量的原理

原理：利用水准仪提供的一条水平视线测定两点间的高差，根据某一已知点的高程和两点间的高差，计算出另一待定点的高程。

如图 2-2-2 所示，已知地面 A 点高程 H_A，欲求 B 点的高程 H_B。首先需要测定 A、B 两点间的高差 h_{AB}，安置水准仪于 A、B 两点中间位置，并在 A、B 两点上分别竖立水准尺，利用水平视线读出 A 点尺上的读数 a 和 B 点尺上的读数 b，则两点间高差等于两个水准尺读数之差，即

$$h_{AB}=a-b \tag{2-2-1}$$

其中，a 为后视尺读数；b 为前视尺读数。

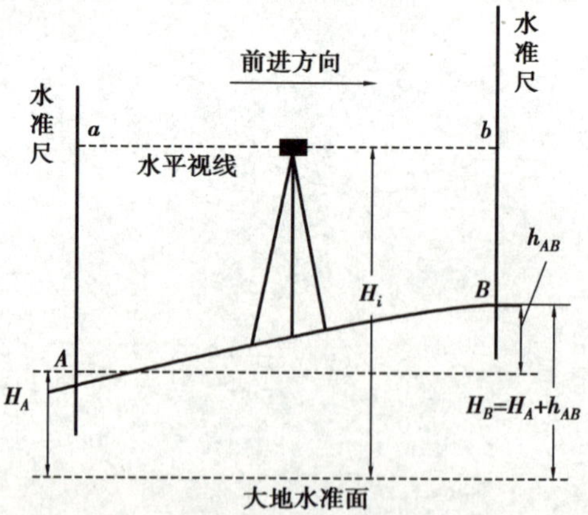

图 2-2-2　水准测量原理图

（二）计算高程的方法

1. 高差法

直接利用实测高差 h_{AB} 计算 B 点高程的方法，称为高差法。由图 2-2-2 可知，B 点高

程为：

$$H_B = H_A + h_{AB} \tag{2-2-2}$$

2. 视线高法

直接仪器的视线高程计算高程的方法，称为视线高法。由图 2-2-2 可知，A 点的高程加后视尺读数就是仪器的视线高程，用 H_i 表示，即

$$H_i = H_A + a \tag{2-2-3}$$

由此得 B 点的高程为：

$$H_B = H_i - b = H_A + a - b \tag{2-2-4}$$

这种方法只需要安置一次仪器，就可以测出若干个前视点待定高程，大大提高了工作效率，因此该方法在工程测量中应用比较广泛。

（三）测站检核

如图 2-2-3、图 2-2-4 所示，测量中不管地面是平整的或者地面起伏较大，在测量时都会存在误差或错误，常用变动仪高法和双面尺法进行测站检核，此站合格后方可进行下一站测量，即“步步有检核”。

图 2-2-3　地面平整的广场

图 2-2-4　山地公园

1. 变动仪高法

变动仪高法是在同一个测站上用两次不同的仪器高度（高差大于 10 cm），测得两次高差进行检核，如图 2-2-5 所示。若两次测得的高差之差未超过±5 mm，则观测合格，取其平均值作为该测站的观测高差。否则，需重新进行测量。

图 2-2-5　变动仪高法测量

1）步骤

在 A 点与 B 点的中间（前、后视的距离大致相等，用目估或步测）安置水准仪，进行粗略

整平和目镜对光，观测者按下列顺序观测：

(1)如图 2-2-6(a)所示，后视 A 点上的水准尺，瞄准、精确整平，读取后视读数 a_1，记入观测手簿。

(2)如图 2-2-6(b)所示，前视 B 点上的水准尺，瞄准、精确整平，读取前视读数 b_1，记入观测手簿。

(a)后视点水准尺

(b)前视点水准尺

图 2-2-6　立水准尺位置

(3)改变水准仪的高度 10 cm 以上，重新安置仪器；前视 B 点上的水准尺，瞄准、精确整平，读取前视读数 b_2，记入观测手簿。

(4)后视 A 点上的水准尺，瞄准、精确整平，读取后视读数 a_2，记入观测手簿。

(5)检核 h_1-h_2 两次差值应不超过±5 mm，否则须重测，取平均值 $h=(h_1+h_2)/2$ 作为最后结果。

(6)如果两点距离较远或者不能通视时，需要在适当位置设置转点。

(7)计算 B 点高程 $H_B=H_A+h$。

2)注意事项

(1)每次读数前应精确整平，并消除视差。

(2)水准尺必须立竖直，不得倾斜。

(3)h_1-h_2 两次差值应不超过±5 mm，否则须重新测量，且重测必须改变仪器高度。

(4)观测者的每次读数，记录者应当场记下，后视、前视读完，应当场计算高差，填入表 2-2-1 的相应栏内。

表 2-2-1　变动仪高法记录表

<table>
<tr><th>测站</th><th>测点</th><th>后视读数</th><th>前视读数</th><th>高差/m</th><th>平均高差/m</th><th>高程/m</th><th>备注</th></tr>
<tr><td rowspan="4">1</td><td rowspan="2">BM_A</td><td>a_1</td><td rowspan="2"></td><td rowspan="2">h_1</td><td rowspan="4">$h=(h_1+h_2)/2$</td><td rowspan="4"></td><td rowspan="4"></td></tr>
<tr><td>a_2</td></tr>
<tr><td rowspan="2">BM_B</td><td rowspan="2"></td><td>b_1</td><td rowspan="2">h_2</td></tr>
<tr><td>b_2</td></tr>
</table>

2. 双面尺法

在同一测站上，仪器高度不变，分别用黑、红两面双面尺测高差。K 为双面水准尺的红面分划与黑面分划的零点差（常数 4.687 m 或 4.787 m），对于四等水准测量，读数误差不能超过 3mm。观测顺序为后—后—前—前或黑—红—黑—红。

（四）水准测量路线形式

水准测量技术设计时，根据水准点分布，将高程已知点和相邻待定高程点连成路线，布设成单一水准路线或水准网。单一水准路线有支水准路线、附合水准路线、闭合水准路线，如图 2-2-7 所示。

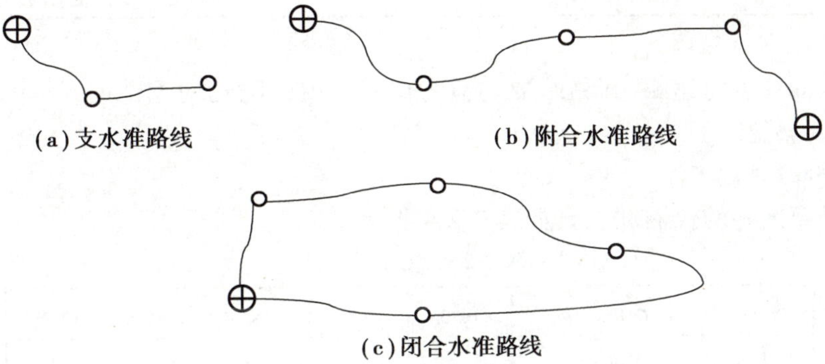

图 2-2-7　水准路线形式

（五）四等水准测量

1. 国家等级水准测量

水准测量的等级是根据国家水准网来定的。国家水准网布设成二等、三等、四等、五等 4 个等级。等级是根据环线周长、附合路线长、偶然中误差、全中误差来划分的。一等水准测量精度最高。中职学校只学习四等、五等水准测量，国家二等、三等水准测量将在高职院校学习。

2. 四等水准测量

1) 测站观测顺序

四等水准测量观测的顺序是：后—后—前—前。

2) 观测方式

四等水准测量采用中丝读数法进行单程观测。支线应往返观测或单程双转点观测。

3) 测站视线长度、视距差等要求

四等水准测量测站视线长度≤100 m，前后视距差≤5.0 m，前后视距差累积≤10.0 m。

4) 测站观测限差

四等水准测量测站观测限差如表 2-2-2 所示。

表 2-2-2　四等水准测量测站观测限差

等级	观测方法	基辅分划读数之差/mm	基辅分划所测高差之差/mm	单程双转点法观测左右路线转点差/mm	检测间歇点高差之差/mm
四等	中丝读数法	3.0	5.0	4.0	5.0

测站观测误差超限，在本站发现后可立即重测；若迁站后才检查发现，则应从水准点或间歇点(应经检测符合限差)起始，重新观测。

5)往返测较差、闭合差

四等水准测量的往返测较差、闭合差如表 2-2-3 所示。

表 2-2-3　四等水准测量的往返测较差、闭合差

地形	往返测较差	闭合差
平地	$\pm 20\sqrt{K}$(K 为路线长度，单位 km)	$\pm 20\sqrt{L}$(L 为环线长度，单位 km)
山地	$\pm 6\sqrt{n}$(n 为测站数)	$\pm 6\sqrt{n}$(n 为测站数)

每一测段的往测与返测，其测站数均应为偶数。由往测转向返测时，两个水准尺应互换位置，并应重新整置。

二、仪器和工具准备

本任务需要准备的仪器和工具如表 2-2-4 所示。

表 2-2-4　仪器和工具

序号	仪器或工具	数量	序号	仪器或工具	数量
1	水准仪	1 台	5	记录手簿	1 份
2	三脚架	1 个	6	签字笔	—
3	双面尺	1 对	7	草稿纸	—
4	尺垫	1 个			

任务实施

变动仪高法

一、变动仪高法外业施测

已知水准点 BM_A 的高程 $H_A = 218.373$ m，由于 A、B 两点相距较远(约 500 m)，需分段进行测量，要求采用变动仪高法，测定 B 点的高程 H_B(1+X 等级证书实操)。具体步骤如下：

(1)在 A 点与 B 点的前进方向上第一个转点中间安置水准仪，进行粗略整平和目镜对光，如图 2-2-8 所示。

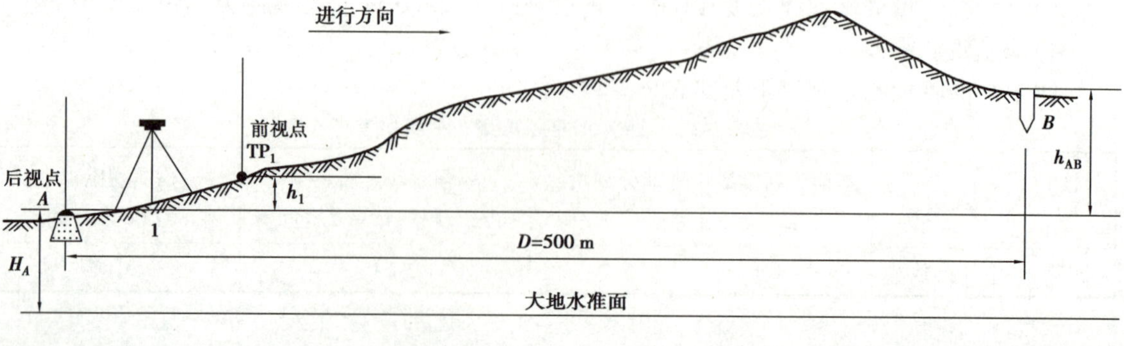

测站	测点	水准尺读数/m		高差/m	平均高差/m	高程/m	备注
		后视读数	前视读数				
1	BM_A						
	TP_1						

图 2-2-8　第 1 站示意图

(2)后视 A 点上的水准尺，瞄准、精确整平，读取后视读数 a_1，记入观测手簿；前视转点 TP_1 上的水准尺，瞄准、精确整平，读取前视读数 b_1，记入观测手簿，如图 2-2-9 所示。

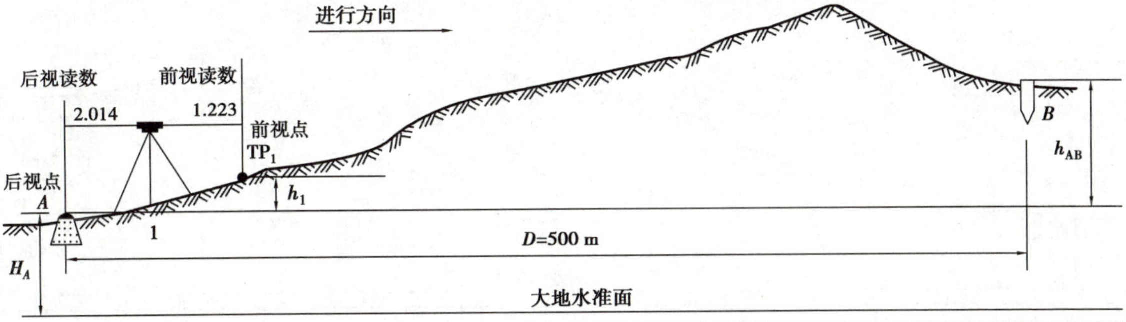

测站	测点	水准尺读数/m		高差/m	平均高差/m	高程/m
		后视读数	前视读数			
1	A	2.014		+0.791		218.373
	TP_1		1.223			

图 2-2-9　第 1 站一次仪高读数和记录示意

(3)改变水准仪的高度 10 cm 以上，重新安置仪器。

(4)前视 TP_1 点上的水准尺，瞄准、精确整平，读取前视读数 b_2，记入观测手簿；后视 A 点上的水准尺，瞄准、精确整平，读取后视读数 a_2，记入观测手簿。

(5)检核 h_1-h_2 两次差值应不超过±5 mm，否则须重测，如图 2-2-10 所示。

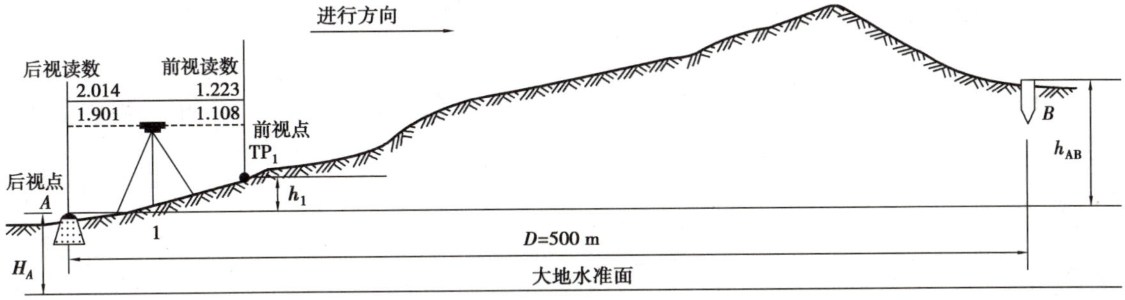

测站	测点	水准尺读数/m		高差/m	平均高差/m	高程/m
		后视读数	前视读数			
1	A	2.014		+0.791	+0.792	218.373
		1.901				
	TP_1		1.223	+0.793		
			1.108			

图 2-2-10　第 1 站二次仪高读数和记录示意

(6)如图 2-2-11 所示,按上述方法向前进方向继续观测,直到 B 点,按高差法计算出 B 点的高程。

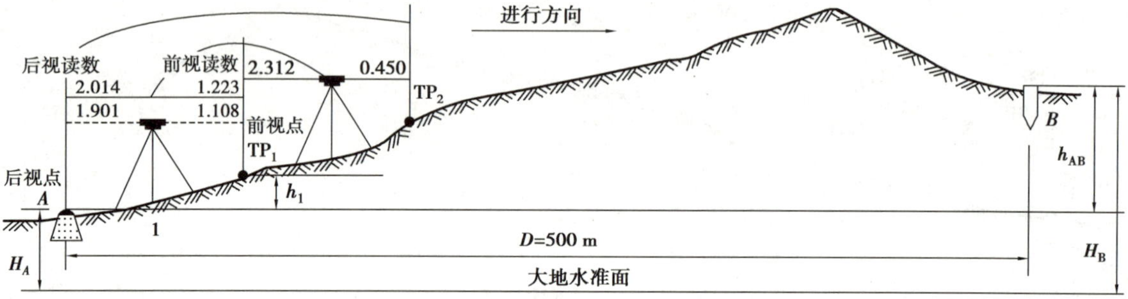

测站	测点	水准尺读数/m		高差/m	平均高差/m	高程/m
		后视读数	前视读数			
1	A	2.014		+0.791	+0.792	218.373
		1.901				
	TP_1		1.223	+0.793		
			1.108			
2	TP_1	2.312		+1.862		
	TP_2		0.450			

图 2-2-11　第 2 站一次仪高读数和记录示意

二、双面尺法外业施测

(一)操作步骤

(1)在测站上安置仪器,整平,后视水准尺黑面,用上、下丝读数,记入记录表中(1)和(2);后视水准尺黑面,用中丝读数,记入记录表中(3),如表 2-2-5 所示。(注:表 2-2-5 至表 2-2-18 中,距离以 m 位单位,高差以 mm 为单位)

表 2-2-5　后尺黑面读数

		(1)	(5)	后尺	(3)	(4)	(13)	(18)
		(2)	(6)	前尺	(7)	(8)	(14)	
		(9)	(10)	后-前	(15)	(16)	(17)	
		(11)	(12)					
1	A ↓ TP_1	**1 644**		后尺	**1 590**			
		1 535		前尺				
				后-前				

(2)翻转水准尺,后视水准尺红面,用中丝读数,记入记录表中(4),如表 2-2-6 所示。

表 2-2-6　后尺红面读数

		(1)	(5)	后尺	(3)	(4)	(13)	(18)
		(2)	(6)	前尺	(7)	(8)	(14)	
		(9)	(10)	后-前	(15)	(16)	(17)	
		(11)	(12)					
1	A ↓ TP_1	1 644		后尺	1 590	**6 277**		
		1 535		前尺				
				后-前				

(3)前视水准尺黑面,用上、下丝读数,记入记录表中(5)和(6);前视水准尺黑面,用中丝读数,记入记录表中(7),如表 2-2-7 所示。

(4)翻转水准尺,前视水准尺红面,用中丝读数,记入记录表中(8),如表 2-2-8 所示。

(5)按上述方法向前进方向继续观测至 B 点。

表 2-2-7　前尺黑面读数

		(1)	(5)	后尺	(3)	(4)	(13)	(18)
		(2)	(6)	前尺	(7)	(8)	(14)	
		(9)	(10)	后-前	(15)	(16)	(17)	
		(11)	(12)					
1	A ↓ TP_1	1 644	**1 756**	后尺	1 590	6 277		
		1 535	**1 622**	前尺	**1 089**			
				后-前				

表 2-2-8　前尺红面读数

		(1)	(5)	后尺	(3)	(4)	(13)	(18)
		(2)	(6)	前尺	(7)	(8)	(14)	
		(9)	(10)	后-前	(15)	(16)	(17)	
		(11)	(12)					
1	A ↓ TP_1	1 644	1 756	后尺	1 590	6 277		
		1 535	1 622	前尺	1 089	**5 875**		
				后-前				

(二)外业计算

1. 测站计算

(1)根据前、后视的上、下丝读数计算前、后视的视距。

后视距离:(9)= 100×[(1)-(2)],如表 2-2-9 所示。

表 2-2-9　后视距离计算

		(1)	(5)	后尺	(3)	(4)	(13)	(18)
		(2)	(6)	前尺	(7)	(8)	(14)	
		(9)	(10)	后-前	(15)	(16)	(17)	
		(11)	(12)					
1	A ↓ TP_1	1 644	1 756	后尺	1 590	6 277		
		1 535	1 622	前尺	1 089	5 875		
		10.9		后-前				

前视距离：(10)＝100×[(5)－(6)]，如表 2-2-10 所示。

表 2-2-10　前视距离计算

		(1)	(5)	后尺	(3)	(4)	(13)	(18)
		(2)	(6)	前尺	(7)	(8)	(14)	
		(9)	(10)	后-前	(15)	(16)	(17)	
		(11)	(12)					
1	A ↓ TP_1	1 644	1 756	后尺	1 590	6 277		
		1 535	1 622	前尺	1 089	5 875		
		10.9	**13.4**	后-前				

(2)计算前、后视距差：(11)＝(9)－(10)，如表 2-2-11 所示。对于四等水准测量，(11)不得超过±3 m。

表 2-2-11　视距差计算

		(1)	(5)	后尺	(3)	(4)	(13)	(18)
		(2)	(6)	前尺	(7)	(8)	(14)	
		(9)	(10)	后-前	(15)	(16)	(17)	
		(11)	(12)					
1	A ↓ TP_1	1 644	1 756	后尺	1 590	6 277		
		1 535	1 622	前尺	1 089	5 875		
		10.9	13.4	后-前				
		-2.5						

(3)计算前、后视距累计差：(12)＝上站(12)＋本站(11)，如表 2-2-12 所示。对于四等水准测量，(12)不得超过±10 m。

表 2-2-12　视距累计差计算

		(1)	(5)	后尺	(3)	(4)	(13)	(18)
		(2)	(6)	前尺	(7)	(8)	(14)	
		(9)	(10)	后-前	(15)	(16)	(17)	
		(11)	(12)					
1	A ↓ TP_1	1 644	1 756	后尺	1 590	6 277		
		1 535	1 622	前尺	1 089	5 875		
		10.9	13.4	后-前				
		-2.5	**-2.5**					

2. 水准尺读数检核

(1) 假设后视红面水准尺 $K_1=4.687$ m，后视水准尺黑面与红面读数差的检核：(13) = (3) + K_1 − (4)，如表 2-2-13 所示。

表 2-2-13 后视读数差计算

		(1)	(5)	后尺	(3)	(4)	(13)	(18)
		(2)	(6)	前尺	(7)	(8)	(14)	
		(9)	(10)	后-前	(15)	(16)	(17)	
		(11)	(12)					
1	*A*	1 644	1 756	后尺	1 590	6 277	**0**	
	↓	1 535	1 622	前尺	1 089	5 875		
	TP_1	10.9	13.4	后-前				
		-2.5	-2.5					

(2) 前视水准尺黑面与红面读数差的检核：(14) = (7) + K_2 − (8)，$K_2=4.787$，如表 2-2-14 所示。对于四等水准测量，读数差不得超过±3 mm。

表 2-2-14 前视读数差计算

		(1)	(5)	后尺	(3)	(4)	(13)	(18)
		(2)	(6)	前尺	(7)	(8)	(14)	
		(9)	(10)	后-前	(15)	(16)	(17)	
		(11)	(12)					
1	*A*	1 644	1 756	后尺	1 590	6 277	0	
	↓	1 535	1 622	前尺	1 089	5 875	**+1**	
	TP_1	10.9	13.4	后-前				
		-2.5	-2.5					

3. 高差计算与检核

按前、后视水准尺红、黑面中丝读数分别计算该站高差。

(1) 黑面高差(15) = (3) − (7)，如表 2-2-15 所示。

表 2-2-15 黑面高差计算

		(1)	(5)	后尺	(3)	(4)	(13)	(18)
		(2)	(6)	前尺	(7)	(8)	(14)	
		(9)	(10)	后-前	(15)	(16)	(17)	
		(11)	(12)					
1	*A*	1 644	1 756	后尺	1 590	6 277	0	
	↓	1 535	1 622	前尺	1 089	5 875	+1	
	TP_1	10.9	13.4	后-前	**+0 501**			
		-2.5	-2.5					

(2)红面高差(16)=(4)-(8),如表 2-2-16 所示。

表 2-2-16　红面高差计算

		(1)	(5)	后尺	(3)	(4)	(13)	(18)
		(2)	(6)	前尺	(7)	(8)	(14)	
		(9)	(10)	后-前	(15)	(16)	(17)	
		(11)	(12)					
1	A ↓ TP_1	1 644	1 756	后尺	1 590	6 277	0	
		1 535	1 622	前尺	1 089	5 875	+1	
		10.9	13.4	后-前	+0 501	**+0 402**		
		-2.5	-2.5					

(3)红黑面高差之差:(17)=(15)-[(16)±100]=(13)-(14)。在计算(17)时,如果(15)>(16),则加 100;反之,如果(15)<(16),则减 100;同时也等于后尺读数差减前尺读数差。对于四等水准测量,(17)不得超过±3 mm,如表 2-2-17 所示。

表 2-2-17　红黑面高差之差计算

		(1)	(5)	后尺	(3)	(4)	(13)	(18)
		(2)	(6)	前尺	(7)	(8)	(14)	
		(9)	(10)	后-前	(15)	(16)	(17)	
		(11)	(12)					
1	A ↓ TP_1	1 644	1 756	后尺	1 590	6 277	0	
		1 535	1 622	前尺	1 089	5 875	+1	
		10.9	13.4	后-前	+0 501	+0 402	**-1**	
		-2.5	-2.5					

(4)高差中数计算:当上述计算符合限差要求时,可进行高差中数计算,即(18)=[(15)+(16)±100]/2,如表 2-2-18 所示。

表 2-2-18　平均高差计算

		(1)	(5)	后尺	(3)	(4)	(13)	(18)
		(2)	(6)	前尺	(7)	(8)	(14)	
		(9)	(10)	后-前	(15)	(16)	(17)	
		(11)	(12)					
1	A ↓ TP_1	1 644	1 756	后尺	1 590	6 277	0	**+0 502**
		1 535	1 622	前尺	1 089	5 875	+1	
		10.9	13.4	后-前	+0 501	+0 402	-1	
		-2.5	-2.5					

(5)以此类推,测到 B 点,最后按高差法计算出 B 点的高程。

三、成果提交

(1)上交水准路线测量工单。

(2)上交成果计算表。

任务拓展

四等闭合水准路线水准测量实训

已知点 A_1 和三个未知点 A_2、A_3、A_4 组成的闭合水准路线(见图 2-2-12),已知 H_{A1} =1 798.54 m,请测出其他三个点的高程,水准路线总长约为 500 m。

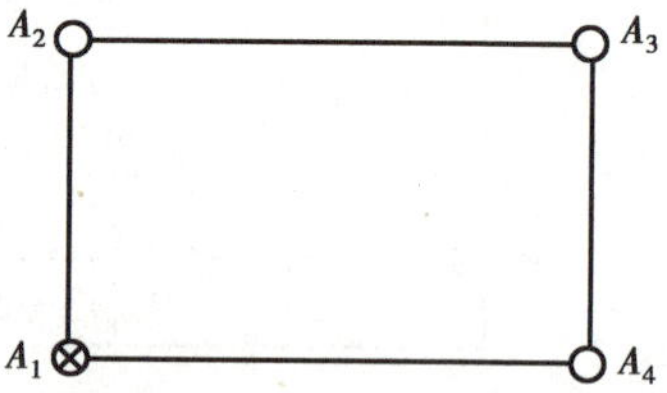

图 2-2-12　闭合水准路线示意图

一、步骤

(1)各组按规定的顺序将队员分别编号为 1 号、2 号、3 号、4 号(过程中不得变更),按要求独立完成指定闭合水准路线的测量任务,如图 2-2-13 所示。

图 2-2-13　路线测量队员

四等闭合水准路线测量

(2)水准路线的起始点及待定点、观测的路线由指导教师事先确定。

(3)每位队员完成一个测段(即两个固定点之间的路线)的观测和记录计算,具体方案如下:

①1 测段(已知点 A_1 到未知点 A_2)由本队 1 号队员独立进行仪器安装、观测,2 号队员进行记录、计算,3 号、4 号队员负责水准尺安置,如图 2-2-14、图 2-2-15 所示。

图 2-2-14　A_1 点至 TP_1

图 2-2-15　TP_1 至 A_2 点

②2 测段(未知点 A_2 到未知点 A_3)由本队 2 号队员独立进行仪器安装、观测,3 号队员进行记录、计算,1 号、4 号队员负责水准尺安置,如图 2-2-16、图 2-2-17 所示。

图 2-2-16　A_2 点至 TP_2

图 2-2-17　TP_2 至 A_3 点

③3 测段(未知点 A_3 到未知点 A_4)由本队 3 号队员独立进行仪器安装、观测,4 号队员进行记录、计算,1 号、2 号队员负责水准尺安置,如图 2-2-18、图 2-2-19 所示。

④4 测段(未知点 A_4 到已知点 A_1)由本组 4 号队员独立进行仪器安装、观测,1 号队员进行计算,2 号、3 号队员负责水准尺安置,如图 2-2-20、图 2-2-21 所示。

图 2-2-18　A_3 点至 TP_3

图 2-2-19　TP_3 至 A_4 点

图 2-2-20　A_4 点至 TP_4

图 2-2-21　TP_4 至 A_1 点

⑤数据记录必须用指定的记录手簿，由负责记录的队员用签字笔当场准确无误地填写到相应栏内，并及时计算和填写表中的其他数据，要求记录规范完整、符合记录规定、计算准确；观测数据不得改动厘米和毫米，分米、米以上数据不得连环涂改，如有违反均需扣分；观测数据必须原始真实，严禁弄虚作假。

⑥观测结束后，仪器装箱送回出发处，如图 2-2-22 所示。

图 2-2-22　整理仪器

⑦队员应规范作业，注意测量安全及仪器保护。不允许妨碍或阻挡其他队员观测，不允许使用测绳，不允许立尺员离开转点尺垫。迁站时注意安全，禁止携带仪器奔跑。

二、内业计算

1. 计算高差闭合差

闭合水准路线的起点、终点为同一点，因此路线上各段高差代数和的理论值应为零，即 $\sum h_{理}=0$。实际上由于各测站观测高差存在误差，致使观测高差总和往往不等于零，其值为高差闭合差，即

$$f_h=\sum h_{测}$$

四等高差闭合差容许值 $f_{h允}$：平地为 $\pm 20\sqrt{L}$，山地为 $\pm 12\sqrt{n}$。

若 $|f_h|<|f_{h允}|$，说明精度符合要求，可以调整闭合差，如表 2-2-19 所示。

表 2-2-19　高差闭合差计算

点号	路线长度/km	实测高差/m	改正数/mm	改正后高差/m	高程/m	备注
A_1					10.500	已知点
	0.50	+1.220				
A_2						
	2.00	−1.418				
A_3						
	1.50	+1.789				
A_4						
	2.00	−1.603				
A_1						已知点
$\sum$	**6.00**	**−0.012**				
辅助计算：$f_h=-12$ mm　　$f_{h允}=\pm 20\sqrt{L}=\pm 49$ mm						

2. 调整高差闭合差

高差闭合差调整的原则和方法是其与测段(或测站数)成正比并反符号改正到各相应测段的高差上,得改正后高差,即

$$v_i = -\frac{f_h}{\sum n}n_i \text{ 或 } v_i = -\frac{f_h}{\sum l}l_i$$

将各测段高差改正数分别填入相应改正数栏内,并校核:改正数的总和与所求得的高差闭合差绝对值相等、符号相反,如表 2-2-20 所示。

表 2-2-20　高差闭合差调整计算

点号	路线长度/km	实测高差/m	改正数/mm	改正后高差/m	高程/m	备注
A_1					10.500	已知点
	0.50	+1.220	**+1**			
A_2						
	2.00	−1.418	**+4**			
A_3						
	1.50	+1.789	**+3**			
A_4						
	2.00	−1.603	**+4**			
A_1						已知点
$\sum$	6.00	−0.012	**+12**			
辅助计算:$f_h=-12$ mm　$f_{h允}=\pm20\sqrt{L}=\pm49$ mm　$v_{1\,km}=-\frac{f_h}{L}=+2$ mm/km						

3. 各段改正后高差

$$h_{i改}=h_{测}+v_i$$

将各测段改正后的高差分别填入相应栏内,并检核:改正后的高差总和应等于零,即 $\sum h_{改}=0$,如表 2-2-21 所示。

表 2-2-21　高差改正计算

点号	路线长度/km	实测高差/m	改正数/mm	改正后高差/m	高程/m	备注
A_1						已知点
	0.50	+1.220	+1	**+1.221**		
A_2						
	2.00	−1.418	+4	**−1.414**		
A_3						
	1.50	+1.789	+3	**+1.792**		
A_4						
	2.00	−1.603	+4	**−1.599**		
A_1						已知点
$\sum$	6.00	−0.012	+12	**0**		
辅助计算:$f_h=-12$ mm　$f_{h允}=\pm20\sqrt{L}=\pm49$ mm　$v_{1\,km}=-\frac{f_h}{L}=+2$ mm/km						

4. 计算待定点高程

用改正后的高差按顺序计算各点高程，即

$$H_2=H_1+h_{1改}\qquad H_3=H_2+h_{2改}$$
$$H_4=H_3+h_{3改}\qquad H_1=H_4+h_{4改}$$

检核：$H_1=H_{1已知}$，如表 2-2-22 所示。

表 2-2-22　高程计算

点号	路线长度/km	实测高差/m	改正数/mm	改正后高差/m	高程/m	备注
A_1					**10.500**	已知点
	0.50	+1.220	+1	+1.221		
A_2					**11.721**	
	2.00	-1.418	+4	-1.414		
A_3					**10.307**	
	1.50	+1.789	+3	+1.792		
A_4					**12.099**	
	2.00	-1.603	+4	-1.599		
A_1					**10.500**	已知点
$\sum$	6.00	-0.012	+12	0		
辅助计算：$f_h=-12$ mm　$f_{h允}=\pm20\sqrt{L}=\pm49$ mm　$v_{1\ km}=-\dfrac{f_h}{L}=+2$ mm/km						

注：①距离取位至 0.01 km，测段高差、改正数及点之高程取位至 1 mm。

②采用路线长度进行高差闭合差的分配。

③计算 $f_{h允}=\pm20\sqrt{L}$ (mm) 时，$L<1$ km 时，按 1 km 计。

三、四等水准测量的注意事项

(1) 每次水准尺翻面以及后视转前视之前，一定要精平，使符合水准气泡居中。

(2) 记录员听到观测员读数后，要回报读数进行数据检验，以免错听、错记。

(3) 不允许划改毫米、厘米，不准连环涂改。

(4) 四舍五入，逢五奇进偶舍。

(5) 有正、负意义的量，在记录计算时都应带上“+”“-”号。

(6) 高差中数记录为 4 位数，测段高差记录为 3 位数。

(7) 每进行一步计算都要对照限差要求，有一项超限视为不合格，必须重新测量，并在重测的结果后加注“重测”二字。

四、经验技巧

①上丝、下丝之和除以 2 约等于中丝读数，即

$$中丝读数\approx(上丝读数+下丝读数)/2$$

②红面读数约等于 K+黑面读数。

③黑面高差与红面高差相差约±100，且正负号交替出现。

④计算“K+黑-红”口算技巧，可用公式“K 尾数+黑尾数-红尾数或黑尾数-(红尾数+

13)"简易计算。

⑤计算高差中数口算公式:黑-(K+黑-红)/2。

任务评估

一、自我评估与同学互评

实训项目					
小组编号		场地号		实训者	
序号	评估项目	分值	实训要求		自我评定
1	任务完成情况	30	按时按要求完成实训任务		
2	测量精度	20	成果符合限差要求		
3	实训记录	20	记录规范、完整,计算准确		
4	实训纪律	15	遵守课堂纪律,无事故,仪器未损坏		
5	团队合作	15	服从组长安排,能配合其他成员工作		
实训总结与反思: 小组其他成员评价得分:________、________、________、________、________ 组长评价得分:________					

二、教师评价

实训项目					
小组编号		场地号		实训者	
序号	考核项目	分值	实训要求		考核评定
1	操作程序	30	操作动作规范,操作程序正确		
2	操作速度	20	按时完成实训		
3	安全操作	20	无事故发生		
4	数据记录	15	记录规范,无转抄、涂改、抄袭等		
5	团队合作	15	服从组长安排,能配合其他成员工作		
存在的问题: 指导教师: 评价时间:					

任务练习

一、选择题

1. 在测量工作中，应该采用（　　）作为高程基准面（高程起算面）。

A. 水平面　　B. 大地水准面　　C. 斜平面　　D. 竖直面

2. 在普通测量工作中，当精度要求不高时，可以把地球近似看成圆球，其半径为（　　）km。

A. 6 371　　B. 6 731　　C. 7 361　　D. 7 631

3. 某工程采用假定高程系统，测得 A 点的假定高程为 1 165.325 m，B 点的假定高程为 1 188.684 m。后来测得 A 点的绝对高程为 1 205.476 m，测得 B 点的绝对高程为（　　）m。

A. 1 128.835　　B. 1 148.533　　C. 1 228.835　　D. 1 048.533

4. 在水准测量一个测站上，读得后视点 A 的读数为 1.365 m，读得前视点 B 的读数为 1.598 m，则可求得 A、B 两点的高差为（　　）m。

A. 0.223　　B. −0.223　　C. 0.233　　D. −0.233

5. 在水准测量一个测站上，已知后视点 A 的高程为 1 656.458 m，测得 A、B 两点的高差为 1.326 m，则可求得 B 点的高程为（　　）m。

A. 1 657.784　　B. 1 655.132　　C. −1 657.784　　D. −1 655.132

6. 在水准测量一个测站上，已知后视点 A 的高程为 856.458 m，测得后视点 A 的读数为 1.320 m，则可求得该测站仪器的视线高为（　　）m。

A. 855.138　　B. −855.138　　C. 857.778　　D. −857.778

7. 在水准测量一个测站上，已知仪器的视线高为 2 856.458 m，测得前视点的读数为 1.342 m，则可求得前视点的高程为（　　）m。

A. 2 855.116　　B. −2 855.116　　C. 2 857.800　　D. −2 857.800

8. 变动仪高法中，同一测站上用两次不同的仪器高度，应大于（　　）cm。

A. 5　　B. 10　　C. 15　　D. 20

9. 变动仪高法中，测得两次高差将进行检核，这两次测得的高差之差应小于（　　）mm。

A. ±5　　B. ±10　　C. ±15　　D. ±20

10. 变动仪高法中，a_1 读数为 1.013 m，b_1 读数为 1.401 m，则 h_1 为（　　）m。

A. +0.388　　B. −0.388　　C. +0.013　　D. −0.013

11. 变动仪高法中，a_1 读数为 1.592 m，a_2 读数为 1.568 m，b_1 读数为 2.093 m，b_2 读数为 2.072 m，则平均高差为（　　）m。

A. +0.501　　B. −0.501　　C. +0.502　　D. −0.502

二、简答题

1. 简述四等水准测量一个测站的观测程序。

2. 为什么四等水准测量中每测段要求布设成偶数站？

3. 水准测量为什么要求前后视距相等？

三、计算题

一段水准路线，从已知点 *A* 开始观测，共测了 5 个测站。已知 H_A = 30.093 m，观测数据如图 2-2-23 所示。请在表 2-2-23 中计算 *B* 点的高程 H_B，并进行计算校核。

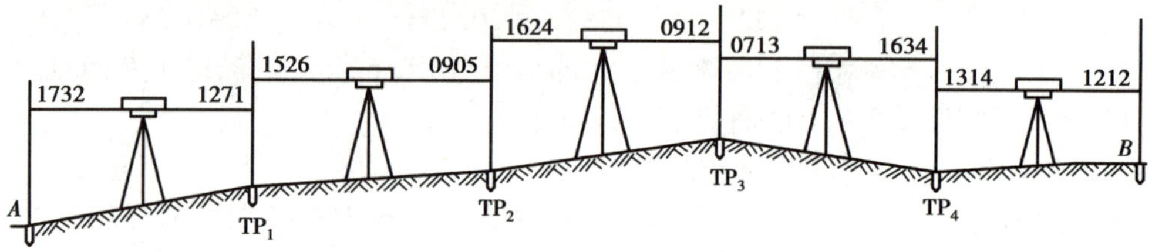

图 2-2-23　水准路线测量（单位：mm）

表 2-2-23　水准测量记录表（高差法）

测点	水准尺读数/m		高差/m		高程/m	备注
	后视 *a*	前视 *b*	+	−		
A	1.732	1.271			30.093	
TP_1	1.526	0.905	0.461			
TP_2	1.624	0.912	0.621			
TP_3	0.713	1.634	0.712			
TP_4	1.314	1.212		0.921		
B			0.102			
计算校核						

任务三　高程测设

某新建小区进行地下停车场土石方开挖，需要进行高程测设工作。建设单位要求施工单位组织测量员根据已知高程和设计高程，使用水准仪测量出地下停车场的开挖深度及原始高程。

任务描述

根据一个已知高程为 H_A 的水准点 A，将另一设计高程为 H_B 的标识 B 上做好标记。

任务目标

知识目标	能力目标	素养目标
(1)明白高程测设的方法； (2)拟定高程测设的步骤	能够根据工程现状选择测设高程的方法，并进行测设	(1)逐步形成精益求精的工匠精神； (2)逐步具备苦学的笃学精神； (3)逐步具有团队协作精神

任务准备

一、知识准备

(一)高程测设的方法

已知高程的测设，就是根据已给定的点的平面位置，利用附近已知水准点，在点位上标定出设计高程的高程位置。例如，在施工放样中，经常要把室内地坪(±0.000)高程及房屋其他各部位的设计高程(在工地上，常将高程称为"标高")在地面上标定出来，作为施工的依据，这项工作称为高程测设(或称标高放样)。

1.一般方法

如图 2-3-1 所示，设 R 为已知水准点，高程为 H_R，A 为设计点，设计高程为 H_A，安置水准仪于水准点 R 与待测设高程点 A 之间，后视读数为 a，则视线高程 $H_i=H_R+a$；前视应读数 $b_{应}=H_i-H_A$。此时，在 A 点木桩侧面上下移动水准尺，直至水准仪在尺上截取的读数恰好等于 $b_{应}$ 时，紧靠尺底在木桩侧面画一横线，此横线即为设计高程位置。为求醒目，再在横线下用红油漆画上符号"▼"，若 A 点为室内地坪，则在横线上注明"±0.000"。

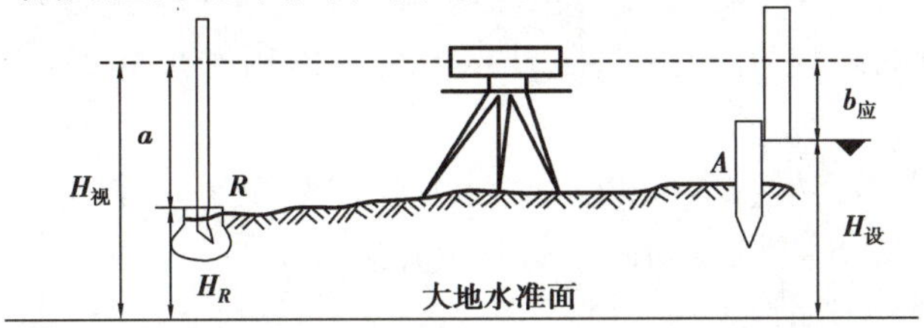

图 2-3-1　高程测设的一般方法

2. 高程传递法

若待测设高程点的设计高程与附近已知水准点的高程相差很大,如测设较深的基坑标高或测设高层建筑物的标高,只用水准尺已无法放样,此时可借助钢尺将地面水准点的高程传递到坑底或高楼上。

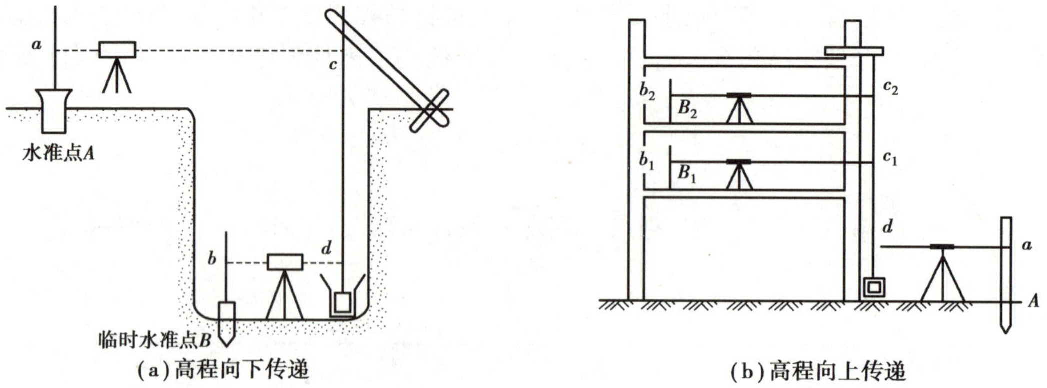

图 2-3-2　高程传递法

图 2-3-2(a)为将地面水准点 A 的高程传递到基坑临时水准点 B 上。在坑边杆上倒挂经过检定的钢尺,零点在下端并挂 10 kg 重锤,为减少摆动,重锤放入盛废机油或水的桶内,在地面上和坑内分别安置水准仪,瞄准水准尺和钢尺读数[图 2-3-2(a)中 a、b、c、d],根据水准测量原理有:

$$H_B=H_A+a-(c-d)-b$$

$$b=H_A+a-(c-d)-H_B$$

在 B 点立尺,使水准尺贴着坑壁上下移动,当水准仪视线在尺子上的读数等于 b 时,紧靠尺底在坑壁上画线,并用木桩标定,木桩面就是设计高程 H_B 的标记位置。

图 2-3-2(b)为将地面水准点 A 的高程传递到高层建筑物上,其方法与上述相似。

(二)高程测设的步骤

(1)假设 A 点为已知高程水准点,B 点的设计高程为 H_B。

(2)将水准仪安置在 A、B 两点之间,在 A 点立水准尺,读数为 a,由此可以测得仪器视线高程为 $H_i=H_A+a$。

(3)确定在 B 点水准尺的读数。要使 B 点的设计高程为 H_B,则在 B 点的水准尺上的读数为 $b=H_i-H_B$。

(4)确定 B 点设计高程的位置。

方法 1:将水准尺紧靠 B 点木桩,上、下移动水准尺,当中丝读数正好为 b 时,B 点水准尺底部高程即为要测设的高程 H_B。然后在 B 点木桩上沿水准尺底部做记号,即得设计高程的位置。

方法 2:将水准尺立于 B 点木桩顶上,若水准仪读数小于 b 时,逐渐将桩打入土中,使尺上读数逐渐增加到 b,这样 B 点桩顶的高程就是 H_B。

(三)高程测设的检查方法

(1)当精度要求较高时,采用变动仪高法进行检测,测设误差如果超限,应分析原因后重测。

(2)当精度要求不高时,采用视线高法进行检测,测设误差如果超限,应分析原因后重测。

(四)高程测设的注意事项

(1)高程测设手簿应填写正确,字迹工整,数据计算正确。

(2)测设过程中应爱护仪器、工具,轻拿轻放,操作规范。

(3)高程测设如果误差超限,应分析原因后重测。

二、仪器和工具准备

高程测设需要准备的仪器和工具如表2-3-1所示。

表2-3-1 仪器和工具

序号	仪器或工具	数量	序号	仪器或工具	数量
1	水准仪	1台	5	记录手簿	1份
2	三脚架	1个	6	签字笔	—
3	双面尺	1对	7	草稿纸	—
4	木桩	1个			

任务实施

一、步骤

(1)每个实训小组成员3人,一人观测,一人记录,一人协助,轮流进行,分别编号为1、2、3。

(2)1号在A、B点中间安置水准仪并整平,瞄准A点,读数为a。2号将读数a记录在表格(表2-3-2)中。

表2-3-2 高程测设记录表

测站	水准点号	水准点高程/m	后视读数/m	视线高程/m	测设点号	设计高程/m	前视应读数/m	备注

(3)2号计算出视线高程H_i,再计算出B点应该的读数$b_{应}$。

(4)1号转动望远镜,瞄准B点。3号立直水准尺并上下移动,直到1号读数为$b_{应}$时停止,然后稳住水准尺,立即在尺底处的标识上做好标记。

二、成果提交

(1)上交高程测设工单。

(2)上交高程测设记录表。

任务拓展

已有水准点 A、B，已知 B 点设计标高为 H_B，请计算出 H_B 标志位置数据。如图 2-3-3 所示，已知水准点 A 的高程 $H_A=24.376$ m，要测设某设计地面标高 $H_B=25.000$ m，用变动仪高法测设（技能高考考纲要求）。

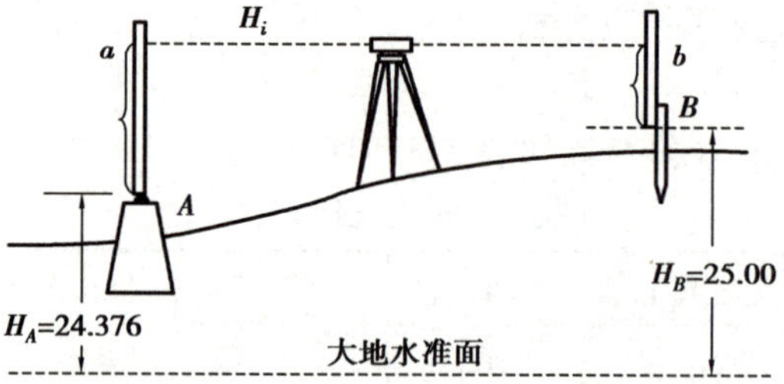

图 2-3-3　高程测设示意图

测设过程如下：

(1) 在 A、B 点之间安置水准仪，在 A、B 点竖立水准尺。A 点水准尺的读数，设为 $a_1=1.534$ m；B 点水准尺的读数，设为 $b_1=1.365$ m。记录计算如表 2-3-3 所示。

表 2-3-3　第一次仪高记录计算表

测站	测点	后视读数/mm	前视读数/mm	高差/m	高差之差/mm	平均高差/m
O	A	**1 534**		**+0.169**		
	B'		**1 365**			
	A					
	B'					

(2) 改变仪器高度再读数，A 点水准尺的读数，设为 $a_2=1.316$ m；B 点水准尺的读数，设为 $b_2=1.144$ m。记录计算如表 2-3-4 所示。

表 2-3-4　第二次仪高记录计算表

测站	测点	后视读数/mm	前视读数/mm	高差/m	高差之差/mm	平均高差/m
O	A	1 534		+0.169		
	B'		1 365			
	A	**1 316**		**+0.172**		
	B'		**1 144**			

(3) 计算出高差之差为 −3 mm，在 ±5 mm 内，精度合格，再计算出 A、B 两点的平均高差 $h_{AB}=(0.169+0.172)/2\approx 0.171$(m)，如表 2-3-5 所示。

(4) 则 H_B 标志位置数据为 $H_B-H_A-h_{AB}=(25.000-24.376)-0.171=0.453$(m)，即在 B 点位置应上升 0.453 m 作为 H_B 的设计位置，记录计算如表 2-3-6 所示。

表 2-3-5　高差之差、平均高差计算表

测站	测点	后视读数/mm	前视读数/mm	高差/m	高差之差/mm	平均高差/m
O	*A*	1 534		+0. 169	**−3**	**+0. 171**
	B'		1 365			
	A	1 316		+0. 172		
	B'		1 144			

表 2-3-6　高程测设记录计算表

点号	高差/m	*B* 点高程位置/m
A	**+0. 624**	**+0. 453**
B		
A	**+0. 171**	
B'		

任务评估

一、自我评估与同学互评

实训项目					
小组编号		场地号		实训者	
序号	评估项目	分值	实训要求		自我评定
1	任务完成情况	30	按时按要求完成实训任务		
2	测量精度	20	成果符合限差要求		
3	实训记录	20	记录规范、完整，计算准确		
4	实训纪律	15	遵守课堂纪律，无事故，仪器未损坏		
5	团队合作	15	服从组长安排，能配合其他成员工作		

实训总结与反思：

小组其他成员评价得分：________、________、________、________、________

组长评价得分：________

二、教师评价

实训项目					
小组编号		场地号		实训者	
序号	考核项目	分值	实训要求		考核评定
1	操作程序	30	操作动作规范,操作程序正确		
2	操作速度	20	按时完成实训		
3	安全操作	20	无事故发生		
4	数据记录	15	记录规范,无转抄、涂改、抄袭等		
5	团队合作	15	服从组长安排,能配合其他成员工作		
存在的问题: 指导教师:			评价时间:		

任务练习

一、单项选择题

1. 测设已知高程,是根据(　　)将设计高程在地面上标定出来。

A. 已知高差　　B. 已知坐标　　C. 已知设计高程　　D. 已知水准点

2. 测设已知高程点是指(　　)。

A. 根据已有水准点高程,测设待测点高程

B. 测定两固定点间高差

C. 根据已有水准点高程,测设出给定高程的标志

D. 测定视线高程

3. 已知水准点高程为 24.397 m,测设高程为 25.000 m 的室内地坪,设水准点上读数为 1.445 m,则室内地坪处的读数为(　　)m。

A. 1.042　　B. 0.842　　C. 0.642　　D. 0.602

4. 测设已知高程点采用的仪器是(　　)。

A. 全站仪　　B. 水准仪　　C. 经纬仪　　D. 测距仪

5. 利用高程为 8.800 m 的水准点 BM_A,测设管道工程某 B 点高程 7.550 m,将一木杆立水准点上,按水准仪的水平视线在木杆上画一红线,试问在同一根木杆上应在(　　)位置再画一条线,才能使水平视线对准第二条红线木杆底部即 7.550 m 标高位置。

A. 第二条红线与第一条红线重合

B. 第二条红线在第一条红线上面 1.250 m

C. 第二条红线在第一条红线下 1.250 m

D. 第二条红线在第一条红线上面 0.625 m

6. 已知水准仪的视线高 $H_i=307.240$ m，欲测设 B 点木桩上的设计高程 $H_B=306.050$ m，可算出 B 点水准尺上应有读数为(　　)m。

A. 1.190　　B. 2.190　　C. 1.290　　D. 0.190

二、判断题

1. 已知高程点的测设中，测设所需要的数据需要计算得到。(　　)

2. 测设已知高程点做好标记后可以不用检测。(　　)

3. 采用高程传递法时，需要用到钢尺。(　　)

模块检测

一、选择题(每小题 3 分，共 60 分)

1. 绝对高程指地面点到(　　)的铅垂距离。

A. 假定水准面　　B. 水平面　　C. 大地水准面　　D. 地球椭球面

2. 相对高程指地面点到(　　)的铅垂距离。

A. 假定水准面　　B. 大地水准面　　C. 地球椭球面　　D. 平均海水面

3. 两点绝对高程之差与该两点相对高程之差应为(　　)。

A. 绝对值相等，符号相同　　B. 绝对值不等，符号相反

C. 绝对值相等，符号相反　　D. 绝对值不等，符号相同

4. 目前我国采用的统一测量高程基准和坐标系统分别是(　　)。

A. 1956 年黄海高程基准，1980 西安坐标系

B. 1956 年黄海高程基准，1954 北京坐标系

C. 1985 国家高程基准，2000 国家大地坐标系

D. 1985 国家高程基准，WGS-84 大地坐标系

5. 若 A 点高程为 85.76 m，B 点高程为 128.53 m，设假定水准面高程为 100 m，并设为 ±0.00 标高，则 A、B 点的标高为(　　)。

A. 85.76 m，128.53 m　　B. 14.24 m，−28.53 m

C. −14.24 m，28.53 m　　D. −85.76 m，−128.53 m

6. 水准测量原理要求水准仪必须提供一条(　　)。

A. 铅垂视线　　B. 水平视线　　C. 平行视线　　D. 切线

7. 水准测量的目的是(　　)。

A. 测定点的平面位置　　B. 测定两点间的高差

C. 读取水准尺读数　　D. 测定点的高程位置

8. 从水准测量的原理中可以看出，水准测量必需的仪器和工具是(　　)。

A. 水准仪、垂球　　B. 经纬仪、觇牌

C. 水准仪、水准尺　　D. 经纬仪、钢尺

9. DS1 水准仪的观测精度要(　　)DS3 水准仪。

A. 高于　　B. 接近于　　C. 低于　　D. 等于

10. 自动安平水准仪的特点是(　　)使视线水平。

A. 用安平补偿器代替管水准器　　B. 用安平补偿器代替圆水准器

C. 用安平补偿器和管水准器　　D. 用圆水准器和管水准器

11. 转动目镜对光螺旋的目的是(　　)。

A. 看清十字丝　　B. 看清物像

C. 使视准轴水平　　D. 使十字丝横丝水平

12. 转动物镜对光螺旋的目的是(　　)。

A. 使视准轴水平　　B. 看清十字丝

C. 使物像位于十字丝分划板上　　D. 使望远镜对准目标

13. 自动安平水准仪观测操作步骤是(　　)。

A. 仪器安置→粗平→调焦照准→精平→读数

B. 仪器安置→粗平→调焦照准→读数

C. 仪器安置→粗平→精平→调焦照准→读数

D. 仪器安置→调焦照准→粗平→读数

14. 产生视差的原因是(　　)。

A. 观测时眼睛位置不正确　　B. 目镜调焦不正确

C. 前后视距不相等　　D. 物像与十字丝分划板平面不重合

15. 设 H_A=15.032 m, H_B=14.729 m, 则 h_{BA}=(　　)m。

A. −29.761　　B. −0.303　　C. 0.303　　D. 29.761

16. 某站水准测量时，由 A 点向 B 点进行测量，测得 A、B 两点之间的高差为0.506 m，且 B 点水准尺的读数为2.376 m，则 A 点水准尺的读数为(　　)m。

A. 1.870　　B. 2.882　　C. 2 882　　D. 1 870

17. 从一个已知水准点出发，沿途经过各点，最后回到原来已知的水准点上，这样的水准路线是(　　)。

A. 附合水准路线　　B. 闭合水准路线　　C. 支水准路线　　D. 支导线

18. 一闭合水准路线测量6测站完成，观测高差总和为+12 mm，其中两相邻水准点间2个测站完成，则其高差改正数为(　　)。

A. +4 mm　　B. −4 mm　　C. +2 mm　　D. −2 mm

19. 过水准管零点作其内壁圆弧的纵向切线称为水准管轴，过圆水准器零点的球面法线称为圆水准器轴。如仪器已检校，当气泡居中时，该两条轴线分别处于(　　)。

A. 水平、铅直　　B. 水平、倾斜　　C. 铅直、水平　　D. 铅直、倾斜

20. 用水准仪进行水准测量时，要求尽量使前后视距相等，是为了(　　)。

A. 消除或减弱管水准轴不垂直于仪器旋转轴的误差影响

B. 消除或减弱仪器下沉误差的影响

C. 消除或减弱水准尺分划误差的影响

D. 消除或减弱仪器管水准轴不平行于视准轴的误差影响

二、判断题(每小题2分，共18分)

1. 水准仪的水准管气泡居中时，视准轴一定是水平的。　　(　　)

2. 地面上 A、B 两点间的高差等于前视读数减去后视读数。（　　）

3. 水准仪的仪高是指望远镜的中心到地面的铅垂距离。（　　）

4. 水准仪在粗略整平时，圆水准器应放在某个脚螺旋上方，然后调节另两个脚螺旋。（　　）

5. 视准轴是目镜光心与物镜光心的连线。（　　）

6. 视差产生的原因是目标影像未落在十字丝分划板上。（　　）

7. 测设已知高程点只能用变动仪高法。（　　）

8. 转动目镜对光螺旋的目的是使物像十分清晰。（　　）

9. 测量仪器望远镜视准轴是目镜光心与十字丝分划板中心的连线。（　　）

三、综合题（22 分）

1. 下图所示为某水准测量观测略图，试将已知数据、观测数据填入水准测量手簿中，并计算出各测站高差和 B 点高程。（10 分）

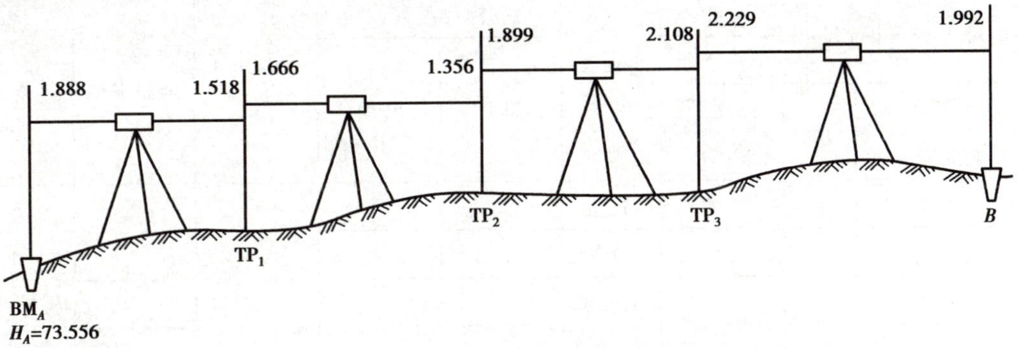

某水准测量观测略图（单位：m）

水准测量手簿

测点	水准尺读数/m		高差/m		高程/m	备注
	后视 a	前视 b	+	−		
BM_A						
TP_1						
TP_2						
TP_3						
B						
计算校核 $\sum$						

2. 根据下图，完成四等水准测量外业观测记录手簿的计算。(12 分)

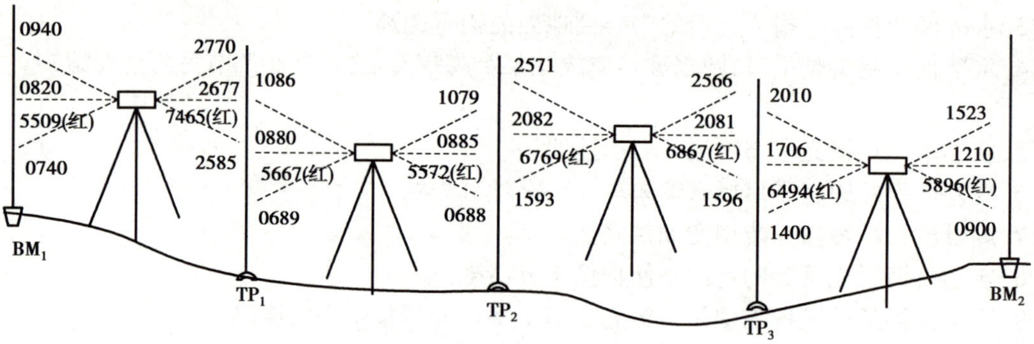

某四等外业测量数据(单位:mm)

四等水准测量外业观测记录手簿

测站编号	后尺 上丝 / 下丝	前尺	上丝 / 下丝	方向及尺号	标尺读数		K+黑-红	高差中数	备注
	后视距		前视距		黑面	红面			
	视距差 d		$\sum d$						
1				后 A					
				前 B					$k_a=4.687$
				后-前					$k_b=4.787$
2				后 A					
				前 B					
				后-前					
3				后 A					
				前 B					
				后-前					
4				后 A					
				前 B					
				后-前					

续表

每页检核	$\sum$后距			$\sum a$					
	$\sum$前距			$\sum b$					
	$\sum$后 - $\sum$前			$\sum h$			$\sum h_{中}$		
	总视距				$(\sum h_{黑} + \sum h_{红})/2 =$				

模块三　角度测量

角度测量是测量的三项基本工作之一,是确定平面点位不可缺少的工作环节,在建筑施工测定和测设中有诸多应用,是开展导线测量的基础。测角仪器有全站仪和经纬仪。

任务一　角度测量仪器的认识

目前进行角度测量最常用的仪器是全站仪。1977 年,全球第一款工具型全站仪面世。20 世纪 90 年代之后,电脑型全站仪出现。时至今日,全站仪功能更加强大,操作更加便捷,设计更加人性化,类型更加多元。

我国于 20 世纪 80 年代末开始全站仪国产化的探索和实践,用了 20 多年的时间掌握了全站仪所有核心技术。如今,国产全站仪功能完备、性能优越,多个品牌的国产全站仪在国家建设中扮演着重要角色。

任务描述

以常见国产全站仪型号为例,认识全站仪,能够安置全站仪和进行键盘基本操作。

任务目标

知识目标	能力目标	素养目标
(1)阐述全站仪的组成和基本功能; (2)领会全站仪对中整平及瞄准操作的步骤和技术要领	(1)能正确安置全站仪并对中整平及瞄准; (2)能正确完成全站仪测量功能程序的基本操作	(1)具备认真严谨的工作态度; (2)树立对国产技术和设备的自信心

任务准备

一、知识准备

(一)全站仪的组成(图 3-1-1)

(1)望远镜:由物镜、目镜、调焦透镜、十字丝分划板组成,用于瞄准目标。

(2)水平制动、微动螺旋:调节望远镜在水平方向的转动,微动螺旋只有在制动时才能起作用。

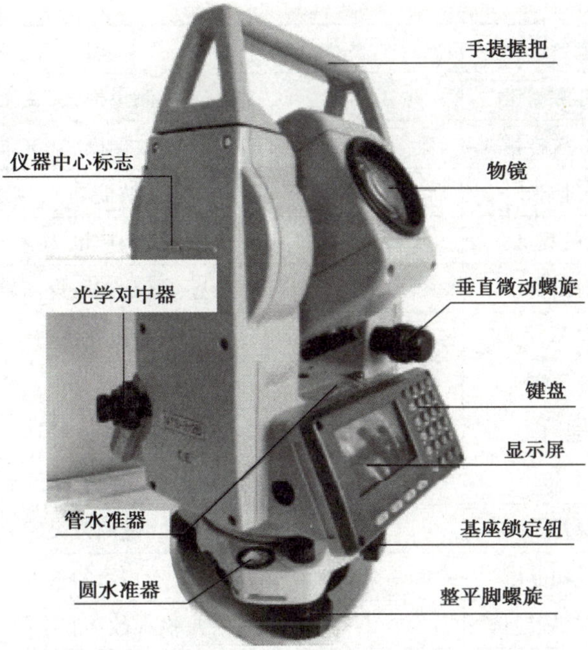

图 3-1-1　全站仪的组成

(3)垂直制动、微动螺旋:调节望远镜在纵向的转动,微动螺旋只有在制动时才能起作用。

(4)目镜调焦螺旋:使十字丝成像清晰。

(5)物镜调焦螺旋:使目标成像落在十字丝分划板上并调节清晰。

(6)圆水准器、长水准器:用于显示仪器的粗平、精平。

(7)基座:由脚螺旋、连接板、连接螺旋组成,用于支撑整个仪器的上部,起连接和调节作用。

(8)显示屏、操作键盘,如图 3-1-2 所示。

图 3-1-2　显示屏、操作键盘

(二)全站仪键盘功能与信息显示

(1)键盘的名称与功能如表 3-1-1 所示。

表 3-1-1　键盘的名称与功能

按键	名称	功能
ANG	角度测量键	进入角度测量模式
◢	距离测量键	进入距离测量模式

续表

按键	名称	功能
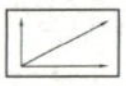	坐标测量键	进入坐标测量模式(▲上移键)
S. O	坐标放样键	进入坐标放样模式(▼下移键)
K1	快捷键 1	用户自定义快捷键 1(◀左移键)
K2	快捷键 2	用户自定义快捷键 2(▶右移键)
ESC	退出键	返回上一级状态或返回测量模式
ENT	回车键	对所做操作进行确认
M	菜单键	进入菜单模式
T	转换键	测距模式转换
★	星键	进入星键模式或直接开启背景光
⏻	电源开关键	电源开关
F1—F4	软键(功能键)	对应于显示的软键信息
0—9	数字字母键盘	输入数字和字母
—	负号键	输入负号,开启电子气泡功能(仅适用 P 系列)
·	点号键	开启或关闭激光指向功能、输入小数点

(2)显示屏的符号含义如表 3-1-2 所示。

表 3-1-2　显示屏的符号含义

显示符号	内容	显示符号	内容
V	垂直角	E	东向坐标
V%	垂直角(坡度显示)	Z	高程
HR	水平角(右角)	*	EDM(电子测距)正在进行
HL	水平角(左角)	m/ft	米与英尺之间的转换
HD	水平距离	m	以米为单位
VD	高差	S/A	气象改正与棱镜常数设置
SD	斜距	PSM	棱镜常数(以 mm 为单位)
N	北向坐标	(A)PPM	大气改正值(A 为开启温度气压自动补偿功能,仅适用于 P 系列)

(三)棱镜和脚架

棱镜和脚架是全站仪瞄准目标时的照准工具,如图 3-1-3 所示。

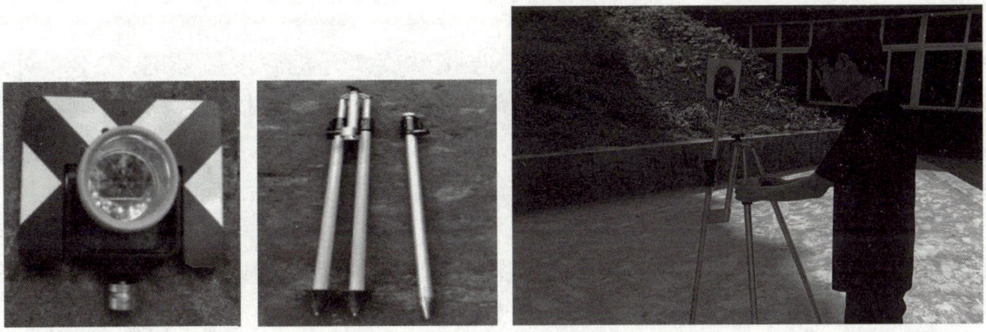

图 3-1-3　棱镜组和脚架

二、仪器和工具准备

全站仪对中整平及瞄准操作需要准备的仪器和工具如表 3-1-3 所示。

表 3-1-3　仪器和工具

序号	仪器或工具	数量	序号	仪器或工具	数量
1	全站仪	1 台	3	棱镜杆	1 个
2	三脚架	1 个	4	棱镜	1 个

任务实施

一、操作步骤

(一)全站仪的对中整平

1. 架设三脚架

弯腰松开三个脚架固定螺旋,打开脚架。要领:左手扶脚架上端,同时转动脚架,右手依次松开三个固定螺旋。注意以松开能抽动架腿即可,不要松得太多。直腰,左手将脚架提起与肩同高,同时转动脚架,右手依次拧紧三个固定螺旋。

双手握住架腿(架头下方约 30 cm 处,具体位置以操作舒适为宜),保持双手平行打开架腿,将脚架架在点位上方。要领:三个架腿呈等边三角形,点位处在三角形的正中,每个架腿距离点位 45 ~ 60 cm,同时尽量保证架头水平,如图 3-1-4 所示。

图 3-1-4　架设三脚架

图 3-1-5　安置仪器和对中

2. 安置仪器和对中

将仪器小心地安置在三脚架上，拧紧中心连接螺旋。开机后按星号键，按 F4（对点）键，按 F1 键打开激光对点器。双手握住另外两条未固定的架腿，通过观察激光对中器光斑来调节这两条腿的位置。当激光对中器光斑大致对准测站点时，使三脚架三条腿均固定在地面上。调节全站仪的三个脚螺旋，使激光对中器光斑精确对准测站点，如图 3-1-5 所示。

3. 粗平

（1）看清圆水准器气泡所在位置，判别应该升高或降低哪个架腿。要领：必须升降架腿进行粗平，不能用脚螺旋进行粗平，否则激光对中器将偏离较大。

（2）升降架腿使圆水准器气泡居中。要领：升降架腿时，左手大拇指压在活动的架腿上，左手抓紧固定的架腿，这样即使松开紧固螺旋，架腿也不会大起大落，同时还可以控制架腿的微调。另外，升降架腿时，圆水准器气泡的移动范围只能在本位置的±90°内，否则会造成升降过量，影响粗平速度。调整三脚架三条腿的高度，使全站仪圆水准器气泡居中，如图 3-1-6 所示。

图 3-1-6　粗平

4. 精平

（1）松开水平制动螺旋，转动仪器，使管水准器平行于某一对角螺旋 1、2 的连线。通过旋转角螺旋 1、2，使管水准器气泡居中，如图 3-1-7（a）所示。

（2）将仪器旋转 90°，使其垂直于角螺旋 1、2 的连线。旋转角螺旋 3，使管水准器气泡居中，如图 3-1-7（b）所示。

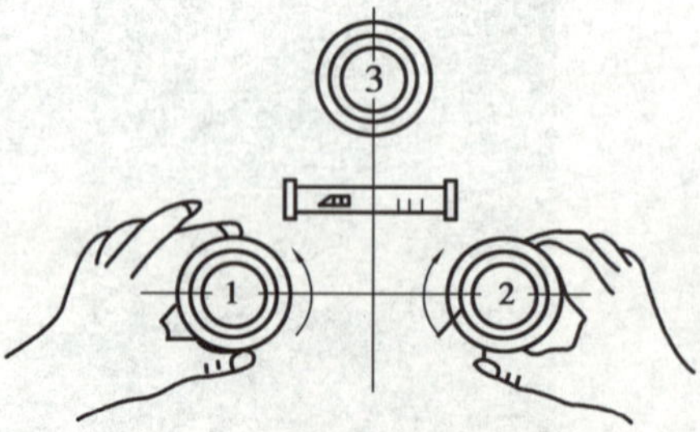

（a）精平步骤一

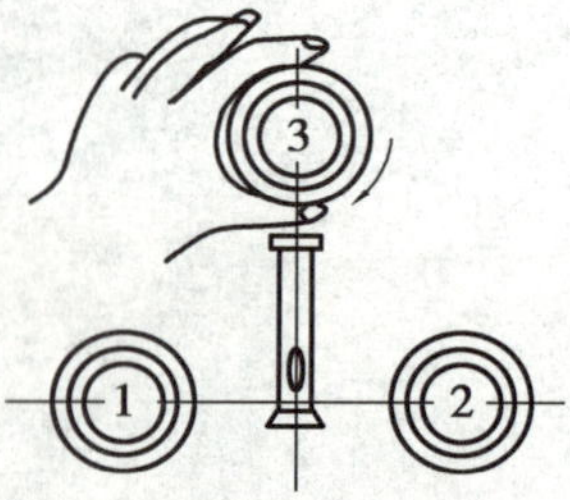

（b）精平步骤二

图 3-1-7　精平

5. 再对中

(1)查看激光对中器光斑是否还在测站点中心，如不在中心，稍微松开连接螺旋，使仪器能够在架头上移动，轻轻移动仪器，使激光对中器光斑精确对准测站点中心，拧紧连接螺旋。要领：此时的架头应该水平，否则移动仪器后将造成气泡严重偏离。

(2)如果移动仪器不能使其对中，将仪器移回架头中心，拧紧连接螺旋，再重复进行粗平—精平—再对中操作。

6. 再精平

(1)重复精平操作，严格使长气泡居中，如图 3-1-8 所示。

(2)如果此项操作中任何一个脚螺旋转动超过 90°，还需要进行再对中—再精平。

图 3-1-8　再精平

(二)瞄准目标

(1)目镜调焦：将望远镜对向明亮背景，转动目镜调焦螺旋，使十字丝成像清晰。

(2)粗略瞄准：松开照准部制动螺旋与望远镜制动螺旋，转动照准部与望远镜，利用粗瞄准器内的三角形标志的顶尖瞄准目标点，照准时眼睛与瞄准器之间应保持一定距离，然后旋紧制动螺旋。

(3)物镜调焦：转动位于镜筒上的物镜调焦螺旋，使目标成像清晰并检查有无视差存在，如果发现有视差存在，应重新进行对光，直至消除视差。

(4)精确瞄准：旋转微动螺旋，使十字丝清晰并准确对准目标。观测水平角时，应尽量瞄准目标的基部，当目标宽于十字丝双丝距时宜用单丝平分，目标窄于双丝距时宜用双丝夹住；观测竖直角时，用十字丝横丝的中心部分对准目标。

二、注意事项

(1)操作中应注意安全，全站仪及棱镜不得落地。携带仪器移动时应注意安全，不得奔跑。

(2)对中误差不大于 2 mm。

(3)水准器气泡应居中，管水准器气泡整平偏差不大于 1 格。

(4)仪器 2 m 范围内需要有人看管。

三、成果上交

上交全站仪的使用工单。

任务拓展

全站仪的基本模式

一、角度测量模式

仪器出厂设置是开机后进入角度测量模式，当仪器在其他模式状态时，按 ANG 键进入角度测量模式。角度测量模式下有 P1、P2、P3 三个界面菜单，如图 3-1-9 所示，其功能如表 3-1-4 所示。

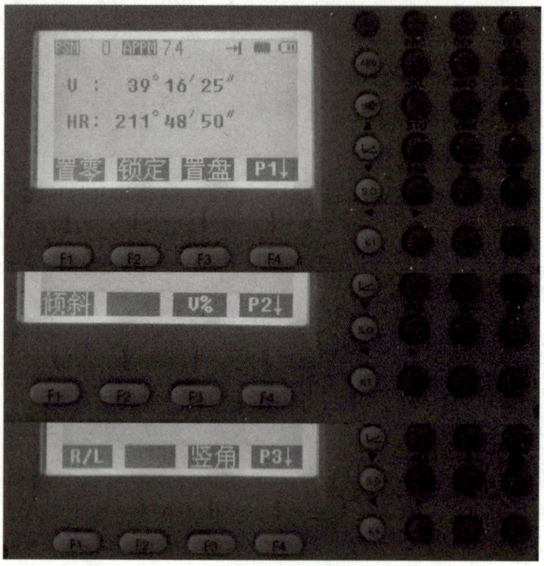

图 3-1-9　角度测量界面

表 3-1-4　角度测量功能

页数	软键	显示符号	功能
第 1 页（P1）	F1	置零	水平角置为 0°0′0″
	F2	锁定	水平角读数锁定
	F3	置盘	通过键盘输入设置水平角
	F4	P1↓	显示第 2 页软键功能
第 2 页（P2）	F1	倾斜	设置倾斜改正开或关，若选择开则显示倾斜改正
	F2		
	F3	V%	垂直角显示格式（绝对值/坡度）的切换
	F4	P2↓	显示第 3 页软键功能
第 3 页（P3）	F1	R/L	水平角（右角/左角）模式之间的转换
	F2		
	F3	竖角	高度角/天顶距的切换
	F4	P3↓	显示第 1 页软键功能

二、距离测量模式

按◢键进入距离测量模式的同时自动开始测距。当仪器正在测距时，在字符“HD”或“SD”的右边将显示字符“＊”。距离测量模式下有 P1、P2 两个界面菜单，如图 3-1-10 所示，其功能如表 3-1-5 所示。

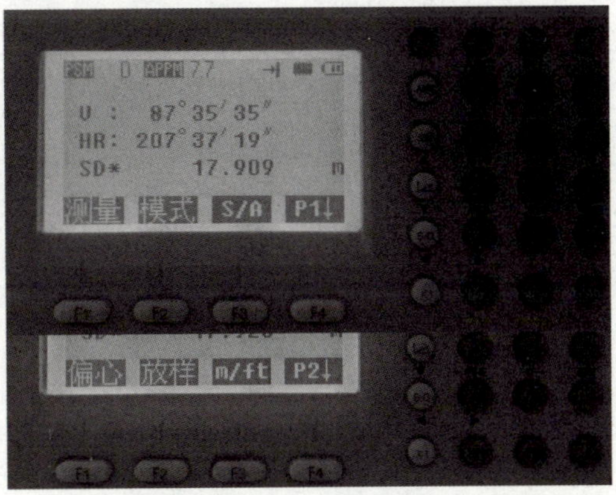

图 3-1-10 距离测量界面

表 3-1-5 距离测量功能

页数	软键	显示符号	功能
第 1 页（P1）	F1	测量	启动测量
	F2	模式	设置测距模式为单次精测/连续精测/连续跟踪
	F3	S/A	温度、气压、棱镜常数等设置
	F4	P1↓	显示第 2 页软键功能
第 2 页（P2）	F1	偏心	进入偏心测量模式
	F2	放样	距离放样模式
	F3	m/ft	单位米与英尺转换
	F4	P2↓	显示第 1 页软键功能

三、坐标测量模式

坐标测量界面如图 3-1-11 所示，其功能如表 3-1-6 所示。

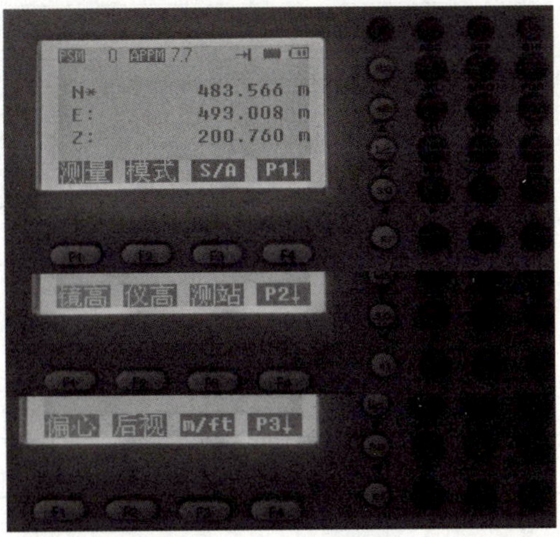

图 3-1-11 坐标测量界面

表 3-1-6　坐标测量功能

页数	软键	显示符号	功能
第 1 页（P1）	F1	测量	启动测量
	F2	模式	设置测距模式为单次精测/连续精测/连续跟踪
	F3	S/A	温度、气压、棱镜常数等设置
	F4	P1↓	显示第 2 页软键功能
第 2 页（P2）	F1	镜高	设置棱镜高度
	F2	仪高	设置仪器高度
	F3	测站	设置测站坐标
	F4	P2↓	显示第 3 页软键功能
第 3 页（P3）	F1	偏心	进入偏心测量模式
	F2	后视	后视测量
	F3	m/ft	单位米与英尺转换
	F4	P3↓	显示第 1 页软键功能

任务评估

一、自我评估与同学互评

实训项目					
小组编号		场地号		实训者	
序号	评估项目	分值	实训要求		自我评定
1	任务完成情况	40	按时按要求完成实训任务		
2	实训纪律	30	遵守课堂纪律，无事故，仪器无损坏		
3	团队合作	30	服从组长安排，能配合其他成员工作		
实训总结与反思： 小组其他成员评价得分：________、________、________、________、________ 组长评价得分：________					

二、教师评价

实训项目					
小组编号		场地号		实训者	
序号	评估项目	分值	实训要求		考核评定
1	操作程序	30	操作动作规范,操作程序正确		
2	操作速度	20	按时完成实训		
3	安全操作	30	无事故发生		
4	团队合作	20	服从组长安排,能配合其他成员操作		
存在的问题: 指导教师:			评价时间:		

任务练习

1. 全站仪的安置工作包括(　　)。
   A. 对中和整平　　B. 对中和照准
   C. 整平和照准　　D. 照准和读数
2. 在全站仪的安置工作中,粗略整平是通过(　　)使圆水准器气泡居中。
   A. 调节脚螺旋　　B. 伸缩架腿长度
   C. 调节微动螺旋　　D. 调节制动螺旋
3. 全站仪主要由(　　)两部分组成。
   A. 测角设备和测距仪　　B. 电子经纬仪和光电测距仪
   C. 仪器和脚架　　D. 经纬仪和激光测距仪
4. 全站仪有三种常规测量模式,下列选项不属于全站仪的常规测量模式的是(　　)。
   A. 角度测量模式　　B. 方位测量模式
   C. 距离测量模式　　D. 坐标测量模式
5. 下列关于全站仪使用时注意事项的叙述,错误的是(　　)。
   A. 全站仪的物镜不可对着阳光或其他强光源
   B. 全站仪的测线应远离变压器、高压线等
   C. 全站仪应避免测线两侧及镜站后方有反光物体
   D. 安置全站仪时不需要整平仪器

任务二　角度的测定

某小区消防整改，要对小区内消防车道线型进行测量，项目经理要求技术员小王测出消防车道的转弯角度，如图 3-2-1 所示。如果你是小王，你该如何完成此项工作？

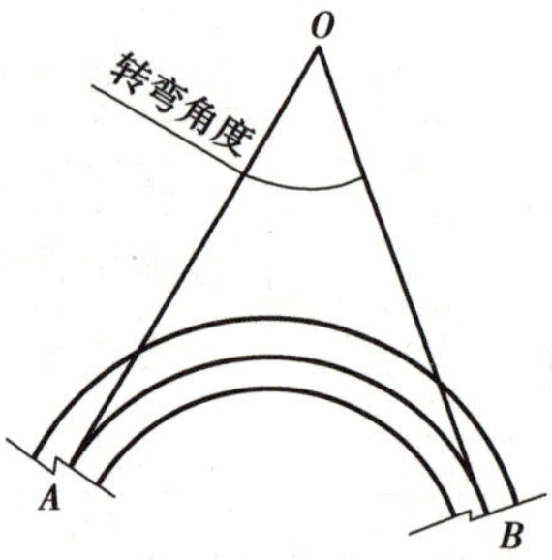

图 3-2-1

任务描述

地面上有 O、A、B 三点，在 O 点架设仪器，测量 $\angle AOB$ 的水平角。

任务目标

知识目标	能力目标	素养目标
(1)弄懂水平角测量的原理； (2)领会水平角测定的步骤和技术要领	(1)能熟练地完成水平角观测； (2)能规范地完成水平角观测数据的记录和计算	(1)具备认真严谨的工作态度； (2)具有分工合作的工作意识； (3)培养精益求精的工匠精神

任务准备

一、知识准备

(一)水平角

空间相交的两条直线在同一水平面上的投影所夹的角称为水平角。一般用 β 表示，角值范围为 0°～360°，如图 3-2-2 所示。

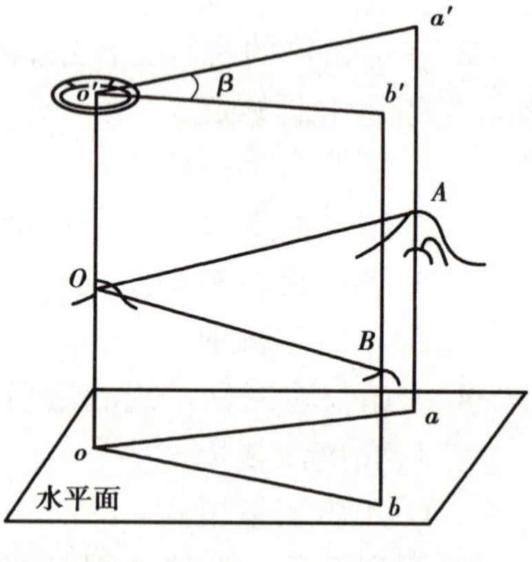

图 3-2-2　水平角

(二)水平角测量的方法

水平角测量的常用方法有两种，即测回法和方向观测法(全圆观测法)。测回法适用于观测两个方向所夹的单个水平角；方向观测法适用于在一个测站上观测 3 个或 3 个以上方向的情况。

(三)盘左与盘右

盘左：观测者面对望远镜目镜时，竖盘在望远镜左侧，也称正镜，如图 3-2-3(a)所示。

盘右：观测者面对望远镜目镜时，竖盘在望远镜右侧，也称倒镜，如图 3-2-3(b)所示。

(四)测回

一次盘左(正镜)测量和一次盘右(倒镜)测量，称为一个测回。盘左测量为上半测回，盘右测量为下半测回。之后将盘左、盘右所测角值取平均，可消除多种误差。

当测量精度要求较高时，可以观测多个测回，取其算术平均值作为水平角观测结果。各测回按照 180°/n 设置水平度盘位置，如表 3-2-1 所示。

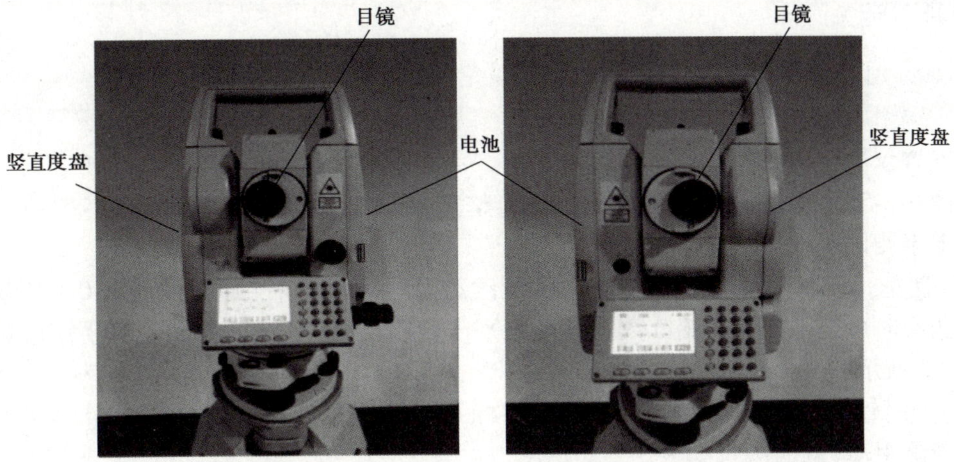

(a)盘左状态　　(b)盘右状态

图 3-2-3　盘左与盘右

表 3-2-1　水平盘设置

观测测回数	测回	水平盘置盘值
二	1	0°
	2	180°/2＝90°
三	1	0°
	2	180°/3＝60°
	3	120°
六	1	0°
	2	180°/6＝30°
	3	60°
	4	90°
	5	120°
	6	150°

二、仪器和工具准备

角度测量需要准备的仪器和工具如表 3-2-2 所示。

表 3-2-2　仪器和工具

序号	仪器或工具	数量	序号	仪器或工具	数量
1	全站仪	1 台	4	棱镜	5 个
2	三脚架	1 个	5	记录手簿	—
3	棱镜杆	5 个	6	签字笔	—

任务实施

一、测回法测水平角(图 3-2-4)

(一)操作步骤

1. 安置仪器

如图 3-2-5 所示,在 O 点安置仪器,对中、整平,在 A、B 两点架设棱镜。

2. 上半测回

(1)盘左。瞄准左侧目标 A,将水平度盘读数设置为 0°左右(通常设置为 0°02′30″,只观测一个测回时可以不配置起始读数),读取水平度盘读数 $a_{左}$,记入水平角观测手簿(测回法),如表 3-2-3 所示。

(2)顺时针方向旋转照准部,瞄准右侧目标 B,读取水平度盘读数 $b_{左}$(如 91°54′42″),记入水平角观测手簿(测回法),如表 3-2-3 所示。

图 3-2-4　测回法测水平角

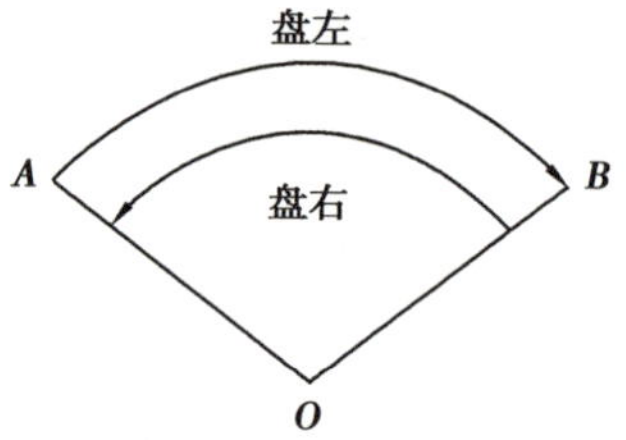

图 3-2-5　测回法示意图

(3)上半测回(盘左)观测完成,盘左位置观测所得水平角为:

$$\beta_{左}=b_{左}-a_{左} \tag{3-2-1}$$

3. 下半测回

(1)纵转望远镜,旋转照准部 180°成盘右位置,瞄准目标 B,读记水平度盘读数 $b_{右}$(如 271°54′50″),如表 3-2-3 所示。

(2)逆时针方向旋转照准部,瞄准目标 A,读记水平度盘读数 $a_{右}$(如 180°02′34″),如表 3-2-3 所示。

(3)下半测回(盘右)观测完成,盘右位置观测所得水平角为:

$$\beta_{右}=b_{右}-a_{右} \tag{3-2-2}$$

注意:计算过程中,若右方向读数减左方向读数不够减时,应加 360°再减。

4. 计算一测回值

取上下半测回观测值的算术平均值作为一测回的水平角值。

$$\beta=\frac{1}{2}(\beta_{左}+\beta_{右}) \tag{3-2-3}$$

表 3-2-3　水平角观测手簿(测回法)

测站	测回	盘位	目标	水平度盘读数	半测回角值	一测回角值	各测回平均角值
O	第一测回	盘左	A	0°02′30″	91°52′12″	91°52′14″	91°52′15″
			B	91°54′42″			
		盘右	A	180°02′34″	91°52′16″		
			B	271°54′50″			
	第二测回	盘左	A	90°17′31″	91°52′14″	91°52′16″	
			B	182°09′45″			
		盘右	A	270°17′32″	91°52′18″		
			B	2°09′50″			

(二)注意事项

1. 水平角观测技术要求

(1)观测过程中,如发现管水准器气泡偏移超过一格时,应重新整平仪器并重新观测该测回。

(2)同一方向的盘左、盘右读数理论值相差 180°。

(3)上、下两个半测回角值较差的限差一般为±12″,各测回平均值较差的限差一般为±12″。

(4)水平角观测手簿应填写正确,字迹工整,数据修改符合规范规定。

2. 水平角观测误差来源

(1)仪器误差。仪器虽经检验校正,但还有某些剩余误差,如视准轴误差、横轴误差、竖盘指标差等,可通过盘左盘右测角取平均值消除仪器误差的影响。

(2)观测误差。

①整平误差。仪器整平不合格,导致仪器竖轴倾斜。

②对中误差。安置仪器不准确,致使仪器中心与测站点偏离,所产生的误差称为对中误差。

③目标偏心误差。由于三脚架标杆倾斜,致使目标照准位置与目标点偏离,从而造成误差。照准时应尽量瞄准目标底部以减小误差,若瞄准棱镜观测应使棱镜整平合格。

④照准误差。测角时由人眼通过望远镜瞄准目标时产生的误差称为照准误差。

⑤读数误差。读数误差与读数设备、观测者的经验及照明情况等有关,其中主要取决于读数设备。

⑥外界条件引起的误差。如温度变化、旁折光影响、土壤松软、车辆震动等引起的误差。观测时应使视线离开建筑物或山坡 1 m 以外,同时尽量选择温度及光照适宜、天气良好的时间进行观测。

(三)成果上交

(1)上交水平角观测工单(测回法)。

(2)上交水平角观测手簿。

二、竖直角测量

(一)竖直角

同一铅垂面内,视线与水平线间的夹角称为竖直角α(又称垂直角),如图3-2-6所示。

仰角:视线在水平线之上,α为正;

俯角:视线在水平线之下,α为负;

其角值范围为:-90°~+90°。

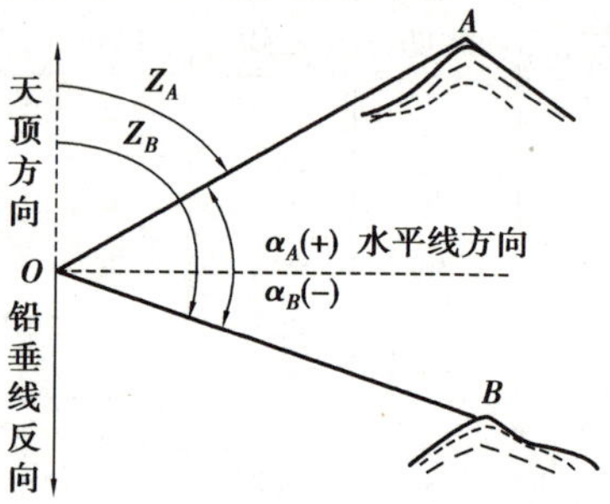

图3-2-6　竖直角

(二)竖直角测量的操作步骤

(1)在测站上安置仪器,对中、整平。

(2)盘左位置:瞄准目标,用望远镜微动螺旋使望远镜十字丝中丝的单丝精确切准目标,读取竖直度盘读数VL(如79°04′10″),并记入竖直角观测记录手簿,竖直角 $\alpha_{左}=90°-79°04'10''=10°55'50''$。

(3)盘右位置:纵转望远镜,以盘右位置用十字丝中丝的单丝精确切准目标同一位置,读取竖直度盘读数VL(如280°55′30″),并记入竖直角观测记录手簿,竖直角 $\alpha_{右}=280°55'30''-270°=10°55'30''$。

(4)盘左、盘右构成一测回竖直角观测,$\alpha=(\alpha_{左}+\alpha_{右})/2=10°55'40''$,具体如表3-2-4所示。

表3-2-4　竖直角观测记录手簿

测站	测点	盘位	竖盘读数 /(° ′ ″)	竖直角 /(° ′ ″)	平均角值 /(° ′ ″)	备注
A	B	左	79 04 10	10 55 50	10 55 40	
		右	280 55 30	10 55 30		

(三)成果上交

(1)上交竖直角观测工单。

(2)上交竖直角观测记录手簿。

任务拓展

方向观测法测多个水平角

方向观测法操作步骤如下:

(1)如图3-2-7所示,在测站点O安置全站仪,对中、整平,在待观测目标点B、C、D架设棱镜。

(2)盘左,照准起始方向A,设置水平度盘读数略大于0°。

(3)顺时针转动仪器,依次瞄准B、C、D、A,读取水平度盘读数,记入水平角观测手簿,此为上半测回。

(4)纵转望远镜,旋转照准部180°成盘右位置。从起始方向A开始,逆时针转动仪器,依

次瞄准 D、C、B、A，读取水平度盘读数，记入水平角观测手簿，此为下半测回。

(5)数据计算。

①计算上下半测回归零差，即两次瞄准起始目标 A 的读数之差。通常归零差限差应不大于±18″，否则应重新观测。

②计算两倍视准轴误差(2C)，即

$$2C=\text{盘左读数}\ L-(\text{盘右读数}\ R\pm180°)\qquad(3\text{-}2\text{-}4)$$

2C 值的互差(同测回两个方向 2C 最大值和最小值之差)是衡量观测质量的重要指标。各方向 2C 值互差越大，说明观测中的误差越多。

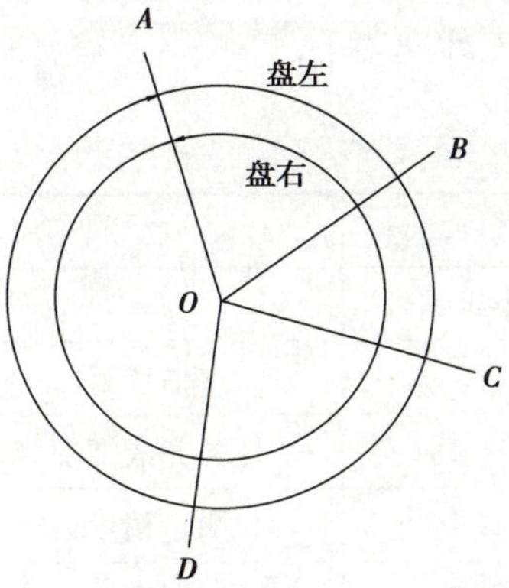

图 3-2-7　方向观测法测水平角原理

③计算各方向的平均读数，即

$$\text{平均读数}=\frac{1}{2}[\text{盘左读数}\ L+(\text{盘右读数}\ R\pm180°)]\qquad(3\text{-}2\text{-}5)$$

由于起始目标 A 观测了两次，A 有两个平均读数，故应将两次值取平均值，填入该栏上方小括号内。

④计算归零后的方向值。将各方向的平均读数减去零方向最后的平均值(括号内的值)，即得各方向归零后的平均值，起始方向归零值记为 0°00′00″。

⑤计算各测回归零后方向值的平均值。

(6)将读数和数据计算结果记入水平角观测手簿，如表 3-2-5 所示。

表 3-2-5　水平角观测手簿(方向观测法)

测回	测站	目标	盘左读数 /(° ′ ″)	盘右读数 /(° ′ ″)	2C /(″)	平均读数 (L+R±180°)/2 /(° ′ ″)	一测回归零方向值 /(° ′ ″)	各测回归零方向平均值 /(° ′ ″)
1	O	A	0　02　30	180　02　38	8	(0　02　34) 0　02　34	0　00　00	0　00　00
		B	67　49　15	247　49　25	−10	67　49　20	67　46　46	67　46　44
		C	133　21　18	313　21　20	−2	133　21　19	133　18　45	133　18　45
		D	215　32　29	35　32　36	−2	215　32　20	215　29　56	215　18　46
		A	0　02　31	180　02　35	−4	0　02　33		
2	O	A	90　17　30	270　17　34	−4	(90　17　35) 90　17　32	0　00　00	
		B	158　04　17	338　04　19	−2	158　04　18	67　46　43	
		C	223　36　18	43　36　22	−4	223　36　20	133　18　45	
		D	305　47　29	125　47　51	−2	305　47　30	215　29　55	
		A	90　17　33	270　17　43	−10	90　17　38		

任务评估

一、自我评估与同学互评

实训项目					
小组编号		场地号		实训者	
序号	评估项目	分值	实训要求		自我评定
1	任务完成情况	30	按时按要求完成实训任务		
2	测量精度	20	成果符合限差要求		
3	实训记录	20	记录规范、完整，计算正确		
4	实训纪律	15	遵守课堂纪律，无事故，仪器无损坏		
5	团队合作	15	服从组长安排，能配合其他成员工作		
实训总结与反思： 小组其他成员评价得分：________、________、________、________、________ 组长评价得分：________					

二、教师评价

实训项目					
小组编号		场地号		实训者	
序号	评估项目	分值	实训要求		考核评定
1	操作程序	20	操作动作规范，操作程序正确		
2	操作速度	20	按时完成实训		
3	安全操作	10	无事故发生		
4	数据记录	10	记录规范，无转抄、涂改、抄袭等		
5	测量成果	30	计算准确，精度符合规定要求		
6	团队合作	10	服从组长安排，能配合其他成员工作		
存在的问题： 指导教师：　　　　　　　　评价时间：					

任务练习

一、选择题

1. 用全站仪一测回观测水平角，盘左、盘右分别测得角度值之差的允许值一般规定为（　　）。

A. ±40″　　B. ±12″　　C. ±20″　　D. ±80″

2. 使用全站仪观测某一水平角，读数正确的顺序是（　　）。

A. 左右右左　　B. 左右左右　　C. 右左左右　　D. 右左右左

3. 测量工作中水平角的取值范围为（　　）。

A. 0°～180°　　B. −180°～180°　　C. −90°～90°　　D. 0°～360°

二、计算题

如图 3-2-8 所示，用全站仪按测回法测水平角，请按要求记录和计算观测数据，并判断是否符合规范要求。

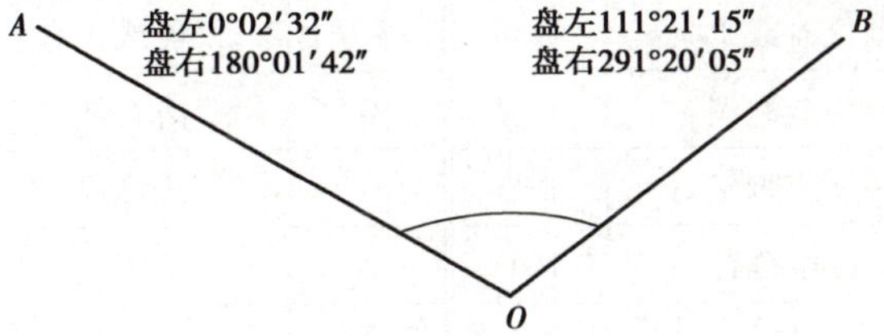

图 3-2-8　测回法测水平角

任务三　水平角测设

重庆某中学篮球场改建，要对球场尺寸进行重新放线。项目经理要求技术员小王根据已知 A、B 两点测设出 28 m×15 m 篮球场的四个角位置，以便球场重新硬化施工。如果你是小王，你该如何完成此项工作？

任务描述

已知地面上两点 A、B 和 $\angle AOB$ 的角值 β，通过水平角测设找到点 B 的方向。

任务目标

知识目标	能力目标	素养目标
（1）区分水平角测设与测定； （2）领会水平角测设的操作步骤与技术要领	能熟练完成水平角测设	（1）具备认真严谨的工作态度； （2）具有分工合作的工作意识； （3）培养精益求精的工匠精神

任务准备

一、知识准备

(一)水平角测设的定义

测设已知数据的水平角是根据给定的水平角值和一个已知方向,把该角的另一个边标定到地面上。

(二)观测水平角和测设水平角的区别

观测水平角是地面上有三个点,测量的是以其中一点 O 为测站点,另外两个点 A、B 为目标点形成的水平夹角。测设水平角是地面上有两个点和一个已知角度,测量的是以其中一个点为测站点,另一个点为待测设点。

二、仪器和工具准备

水平角测设需要准备的仪器和工具如表 3-3-1 所示。

表 3-3-1　仪器和工具

序号	仪器或工具	数量	序号	仪器或工具	数量
1	全站仪	1 台	5	滑石笔	1 支
2	三脚架	1 个	6	放样尺	1 把
3	棱镜杆	1 个	7	签字笔	—
4	棱镜	2 个	8	草稿纸	—

任务实施

一、操作步骤

(一)水平角测设的一般方法

1. 安置仪器

在 O 点安置仪器,对中、整平。

2. 上半测回

(1)瞄准目标 A,将水平度盘读数设置为 0°左右(通常设置为 0°02′30″,只观测一个测回时可以不配置起始读数),读取水平度盘读数 $\alpha_{左}$,记入观测手簿。

(2)顺时针方向旋转照准部,当水平度盘读数增加到已知 $\alpha_{左}+\beta$ 角值时,观测者指挥人员在地面上定出 B'点。

3. 下半测回

(1)纵转望远镜,旋转照准部 180°成盘右位置,瞄准目标 A,读取水平度盘读数 $\alpha_{右}$,记入观测手簿。

(2)顺时针方向旋转照准部,当水平度盘读数增加到已知 $\alpha_{右}+\beta$ 角值时,观测者指挥人员在地面上定出 B''点。

4. 标定 B 点

取上下半测回 B'和 B''中点 B,则 $\angle AOB$ 就是要测设的 β 角,OB 方向就是所需要标定的方向。

(二)水平角测设的精密方法

当测设水平角精度要求较高时,可以观测多个测回,采用作垂线改正的方法。在 O 点安置全站仪,先用一般方法测设 β 角,在地面上标定 B 点,再用测回法测 $\angle AOB$ 两个测回,取其平均值为 β_1。β 和 β_1 的差值为 $\Delta\beta$,根据 OB 的距离和 $\Delta\beta$ 计算出改正量 BB_1。

$$BB_1 = OB_1 \tan\Delta\beta \tag{3-3-1}$$

$$\Delta\beta = \beta - \beta_1 \tag{3-3-2}$$

过 B 点作 OB 的垂线,从 B 点量出 BB_1 的改正量,此时的 OB_1 就是要找的方向。

二、注意事项

(1)测设已知水平角时,手簿填写应正确,字迹工整,数据计算正确。

(2)爱护仪器、工具,轻拿轻放,操作规范。

(3)测设的水平角如果误差超限,应分析原因,重新进行测设。

三、成果上交

(1)上交水平角测设工单。

(2)上交水平角测设手簿。

任务评估

一、自我评估与同学互评

<table>
<tr><td>实训项目</td><td colspan="5"></td></tr>
<tr><td>小组编号</td><td></td><td>场地号</td><td></td><td>实训者</td><td></td></tr>
<tr><td>序号</td><td>评估项目</td><td>分值</td><td colspan="2">实训要求</td><td>自我评定</td></tr>
<tr><td>1</td><td>任务完成情况</td><td>30</td><td colspan="2">按时按要求完成实训任务</td><td></td></tr>
<tr><td>2</td><td>测量精度</td><td>20</td><td colspan="2">成果符合限差要求</td><td></td></tr>
<tr><td>3</td><td>实训记录</td><td>20</td><td colspan="2">记录规范、完整,计算正确</td><td></td></tr>
<tr><td>4</td><td>实训纪律</td><td>15</td><td colspan="2">遵守课堂纪律,无事故,仪器无损坏</td><td></td></tr>
<tr><td>5</td><td>团队合作</td><td>15</td><td colspan="2">服从组长安排,能配合其他成员操作</td><td></td></tr>
<tr><td colspan="6">实训总结与反思:

小组其他成员评价得分:________、________、________、________、________
组长评价得分:________</td></tr>
</table>

二、教师评价

实训项目					
小组编号		场地号		实训者	
序号	评估项目	分值	实训要求		考核评定
1	操作程序	20	操作动作规范，操作程序正确		
2	操作速度	20	按时完成实训		
3	安全操作	10	无事故发生		
4	数据记录	10	记录规范，无转抄、涂改、抄袭等		
5	测量成果	30	计算准确，精度符合规定要求		
6	团队合作	10	服从组长安排，能配合其他成员工作		
存在的问题： 指导教师：　　　　评价时间：					

任务练习

一、选择题

1. 用一般方法测设水平角，应取(　　)作放样方向线。
   A. 盘左方向线　　B. 盘右方向线
   C. 盘左、盘右的 1/2 方向线　　D. 标准方向线
2. 用一般方法测设水平角时，竖盘通常在什么位置进行测量？(　　)
   A. 只用盘左　　B. 只用盘右
   C. 用盘左或盘右　　D. 用盘左和盘右
3. 水平角测设可用仪器有(　　)。
   A. 水准仪　　B. 经纬仪　　C. GPS　　D. 全站仪
   E. 电子经纬仪

二、判断题

1. 用一般方法测设水平角时，应采用盘左盘右取中的方法。(　　)
2. 水平角测设就是将设计所需的角度在实地标定出来。(　　)

三、问答题

1. 当测设水平角的精度要求不高时，在施工现场是否可以采用简易方法测设水平角？

2. 水平角观测和水平角测设有什么不同？操作中有哪些相同点？

模块检测

一、单选题（每题 5 分，共 60 分）

1. 全站仪显示屏显示“HR”代表（　　）。
   A. 盘右水平角读数　　B. 盘左水平角读数
   C. 水平角（右角）　　D. 水平角（左角）
2. 全站仪显示屏显示“HD”代表（　　）。
   A. 斜距　　B. 水平距离　　C. 水平角（右角）　　D. 水平角（左角）
3. 下列选项中不属于全站仪测量的基本量的是（　　）。
   A. 水平角　　B. 竖直角　　C. 距离　　D. 坐标方位角
4. 采用测回法观测水平角，盘左和盘右瞄准同一方向的水平度盘读数，理论上应（　　）。
   A. 相等　　B. 相差 90°　　C. 相差 180°　　D. 相差 360°
5. 测回法观测某水平角一测回，上半测回角值为 102°28′13″，下半测回角值为 102°28′20″，则一测回角值为（　　）。
   A. 102°28′07″　　B. 102°28′17″　　C. 102°28′16″　　D. 102°28′33″
6. 当在同一测站上观测方向数有 3 个时，测角方法应采用（　　）。
   A. 复测法　　B. 测回法　　C. 方向观测法　　D. 分组观测法
7. 适用于观测两个方向之间的单个水平角的方法是（　　）。
   A. 测回法　　B. 方向观测法　　C. 全圆观测法　　D. 复测法
8. 用测回法对某一角度观测 6 测回，第 4 测回的水平度盘起始位置应为（　　）。
   A. 30°　　B. 60°　　C. 90°　　D. 120°
9. 用测回法观测水平角，若右方目标的方向值 $\alpha_{右}$ 小于左方目标的方向值 $\alpha_{左}$ 时，水平角 β 的计算方法是（　　）。
   A. $\beta=\alpha_{左}-\alpha_{右}$　　B. $\beta=\alpha_{右}-180°-\alpha_{左}$
   C. $\beta=\alpha_{右}+360°-\alpha_{左}$　　D. $\beta=\alpha_{右}-\alpha_{左}$
10. 全站仪安置于 O 点上，瞄准左目标 M，水平度盘的读数为 304°28′18″，瞄准目标 N 的水平度盘读数为 76°52′54″，则水平角 $\angle MON$ 为（　　）。
    A. 132°24′36″　　B. 227°35′24″　　C. 21°21′12″　　D. 228°24′36″

11 设在测站点的东南西北分别有 M、N、P、Q 4 个标志，用方向观测法观测水平角，以 N 为零方向，则盘左的观测顺序为（　　）。
    A. M、N、P、Q、M　　B. M、N、P、Q　　C. N、P、Q、M、N　　D. N、P、Q、M

12. 在全圆观测法中，同一测回不同方向之间的 2C 值为 −8″、+02″、00″、+10″，该测回 2C 互差为(　　)。

A. 8″　　B. 18″　　C. 2″　　D. 10″

二、判断题(每题 4 分，共 20 分)

1. 全站仪对中整平操作中，粗平时使用脚螺旋进行。(　　)
2. 全站仪盘左又称为正镜，盘右又称为倒镜。(　　)
3. 用测回法观测水平角时，一个测回的观测顺序应该是左—右—右—左。(　　)
4. 进行水平角观测时，角值越大，误差越大。(　　)
5. 进行水平角观测时，对中误差可以通过盘左盘右观测进行消除。(　　)

三、综合题

计算下表中的数据。(各测回平均角值 2 分，其余每空 3 分，共 20 分)

水平角观测手簿(测回法)

测站	竖盘位置	目标	水平度盘度数 (°　′　″)	半测回值 (°　′　″)	一测回平均角值 (°　′　″)	各测回平均角值 (°　′　″)
O	盘左	A	0　02　30			
		B	29　06　53			
	盘右	A	180　02　34			
		B	209　06　58			
	盘左	A	90　17　31			
		B	119　21　43			
	盘右	A	270　17　29			
		B	299　21　43			

模块四　距离测量与直线定向

距离测量是测量地面上两点连线长度的工作。通常需要测定的是水平距离，即两点连线投影在某水准面上的长度，它是确定地面点的平面位置的要素之一，也是测量工作中最基本的任务之一。测定距离的主要方法有钢尺量距、光电测距、视距测量。

在测量工作中，除了需要测量两点之间的水平距离外，还需要确定这条直线的方向，这样才能确定两点间平面位置的相对关系。在测量学中，确定一条直线与标准方向之间所夹的水平角的工作称为直线定向。

任务一　距离测量

在重庆渝中区有重庆人民的精神支柱——解放碑，还有“网红景点”——洪崖洞，两者在地形图上相隔很近。但游客白天在解放碑游玩后，夜晚到洪崖洞欣赏夜景却要走半小时以上，除交通拥堵外，还有一个原因就是两者的高差较大，导致实际距离比地图上的距离要远很多。

任务描述

地面上有两点，大于一整尺段，需丈量出两点之间的水平距离。首先要把两点连成一条直线，然后从其中一点出发，分段测量至另一已知点，在各段丈量完成后，将测量结果加在一起，就可以得到两点的水平距离。为了保证测量精度，一般还需要进行返测，若往返观测的误差满足精度要求，则取其平均值作为最后的结果。

任务目标

知识目标	能力目标	素养目标
(1)学会用钢尺进行距离丈量的一般方法和成果计算； (2)明白光电测距仪测距的原理及使用方法； (3)懂得视距法测距的原理和方法	(1)能正确使用钢尺量距； (2)能利用光电测距仪测量距离； (3)能利用经纬仪进行视距测量	(1)培养良好的团队合作意识； (2)培养严谨、细致的工作作风

任务准备

一、知识准备

测量地面上两点间的水平距离，是测量的三项基本工作之一。两点间的水平距离是指地面上两点垂直投影到水平面上的直线距离，如图 4-1-1 所示。

（一）钢尺量距

1. 钢尺

钢尺也称为钢卷尺（图 4-1-2），尺宽 1～1.5 cm，长度有 20 m、30 m、50 m 等几种。钢尺的刻划方式有多种，目前使用较多的为全尺刻有毫米分划，在厘米、分米、米处有数字注记。

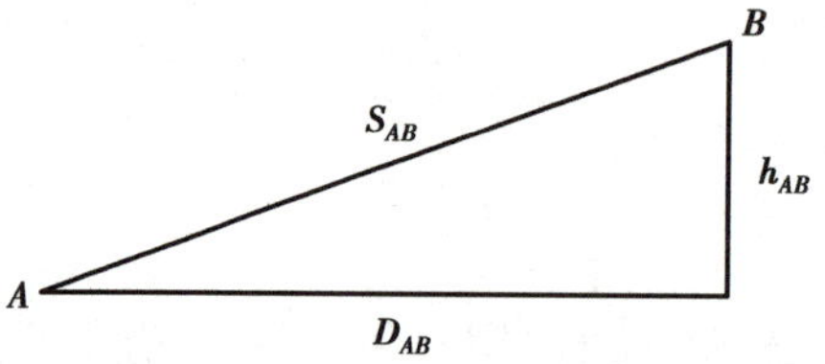

图 4-1-1　水平距离示意图

S_{AB}—斜距；D_{AB}—水平距离；h_{AB}—高差

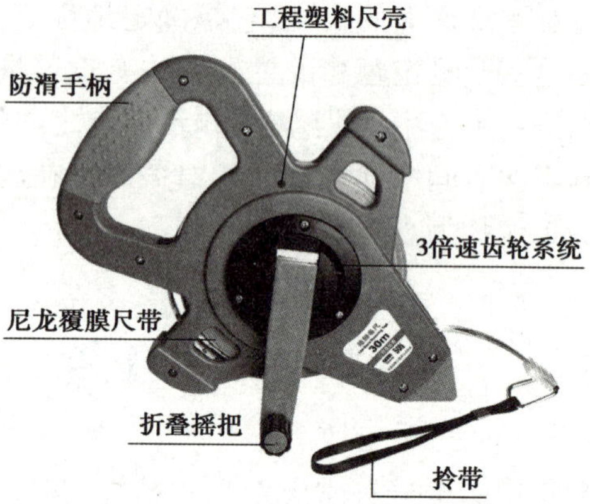

图 4-1-2　钢尺

钢尺根据零点位置的不同，分为端点尺和刻线尺两种，如图 4-1-3 所示，使用时应注意区别。

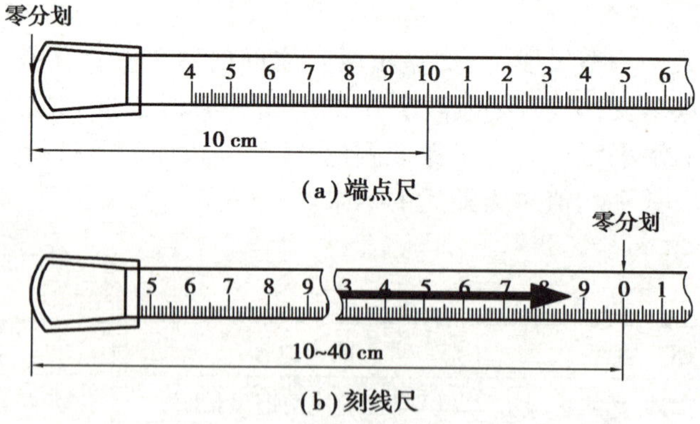

图 4-1-3　端点尺和刻线尺

（1）端点尺：以尺的最外端为零点，从建筑物墙面等位置量距比较方便。

（2）刻线尺：以尺前端的一个刻划为零点，适用于较高精度的量距工作。测量工作中常用的钢尺一般为刻线尺。

钢尺性脆容易折断，而且容易生锈，使用时应避免扭折，不要被车碾压，并要防止受潮。

测量工作结束后,需要擦净、晾干再收卷起来保存,必要时应涂上机油等进行防锈保护。

2. 辅助工具

(1)测钎:用细钢筋制成,上部弯成小圈,下部为针尖形,直径 3 ~ 5 mm,长度 30 ~ 40 cm,如图 4-1-4(a)所示。测钎上也可用油漆涂成红、白相间的色段。量距时,将测钎插入地面,用以标定尺段端点的位置,也可作为照准标志。

(2)标杆:又称为花杆,如图 4-1-4(b)所示,其长度有 2 m、3 m,直径为 3 ~ 4 cm,多为木质或铝合金材料制成,杆上用油漆涂成红、白相间的 20 cm 色段,标杆下端装有尖头铁脚,常用来插入土中作为照准标志。

(3)垂球:为铁制圆锥重物,它上大下尖,上端的中心悬吊在细线下端,如图 4-1-4(c)所示。当垂球自由静止后,细线和垂球即在同一垂线上。在量距工作中,垂球用于投点,投递点位位置,也称线锤。

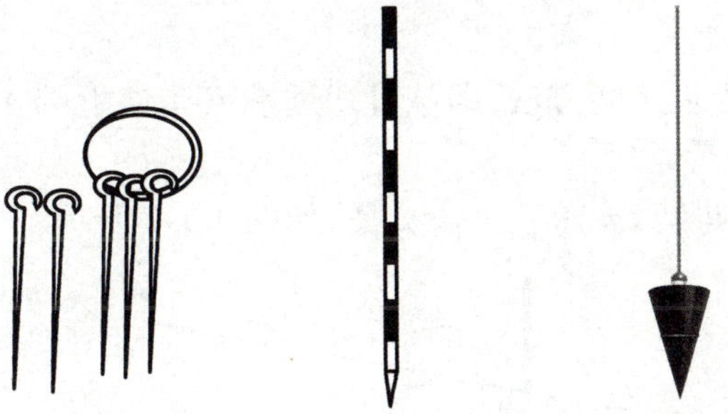

(a)测钎　　(b)标杆　　(c)垂球

图 4-1-4　钢尺量距的辅助工具

3. 钢尺量距的一般方法

1)直线定线

用钢尺进行距离测量时,若地面上两点间的距离超过一整尺段,或地势起伏较大时,为了进行距离丈量,需要在两点的连线方向上标定出若干个点,要将全长分成几个等于或小于尺长的分段,这项工作称为直线定线。

根据精度要求的不同,可采用目估定线、经纬仪定线两种方式。

(1)目估定线。目估定线适用于钢尺量距的一般方法。如图 4-1-5 所示,以三点成一线的原理,用目测的方法,指示第三根标杆插到地面两已知点的连线方向上。目估定线的精度较低。

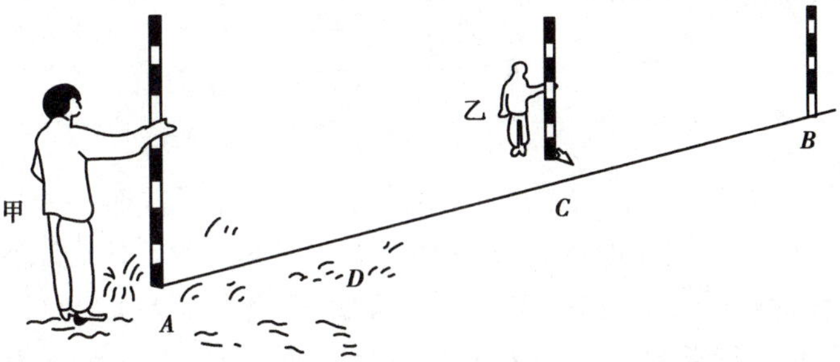

图 4-1-5　目估定线示意图

(2)经纬仪定线。当量距精度要求较高时,应采用经纬仪定线。如图 4-1-6 所示,欲在 A、B 两点间精确定出 1、2 等点的位置,可将经纬仪安置于 A 点,用望远镜照准 B 点,固定照准部制动螺旋,然后将望远镜仰俯,用十字丝交点在地面上确定出 1 点的位置。用同样的方法可定出其余各点的位置。

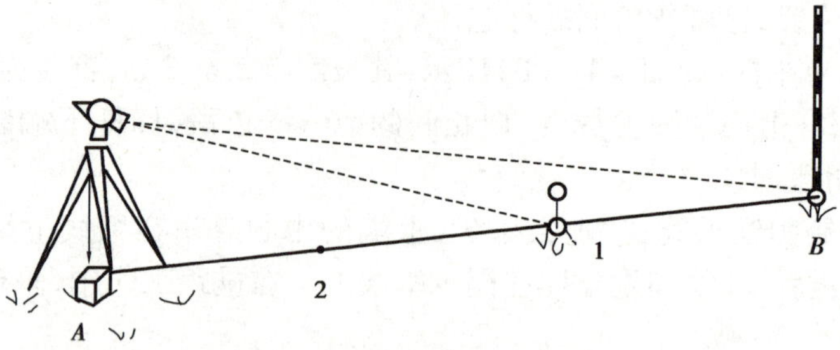

图 4-1-6　经纬仪定线示意图

在定线时,一般采取走近定线方法,即从直线远端 B 走向近端 A 的定线方法。

2)平坦地面的距离丈量

丈量工作一般由两人进行,要求整尺段丈量,如图 4-1-7 所示。

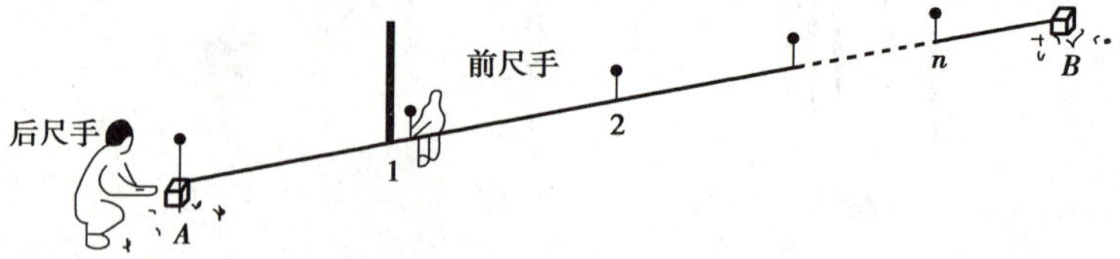

图 4-1-7　平坦地面的距离丈量

最后一段的距离一般不会刚好是一整尺段的长度,称为余长。丈量余长时,前尺手在钢尺上读取余长值,则最后 A、B 两点间的水平距离为:

$$D=nl+l'$$

式中　n——整尺段数(即所用测钎数);

l——钢尺长度;

l'——不足一整尺的余长。

在平坦地面,钢尺沿地面丈量的结果就是水平距离。

为了防止丈量中发生错误和提高量距的精度,需要往、返丈量。上述为往测,返测时要重新定线。往、返丈量距离较差的相对误差 K 为:

$$K=\frac{|D_{AB}-D_{BA}|}{\dfrac{D_{AB}+D_{BA}}{2}}$$

K 值的大小反映距离的精度。在计算距离较差的相对误差时,一般化成分子为 1 的分式,相对误差的分母越大,说明量距的精度越高。对于平坦地区,钢尺量距的相对误差 K 一般不应大于 1/3 000;在量距较困难地区,其相对误差 K 不应大于 1/1 000。

【例 4-1】用 30 m 的钢卷尺丈量 A、B 两点间的距离,往测水平距离 D_{AB} 为 194.418 m,返测水平距离 D_{BA} 为 194.376 m,则其相对误差 K 为多少?

【解】$K=\frac{|D_{AB}-D_{BA}|}{\frac{D_{AB}+D_{BA}}{2}}=\frac{|194.418-194.376|}{\frac{194.418+194.376}{2}}\approx\frac{1}{4\ 600}$

3)倾斜地面的距离丈量

(1)平量法。沿倾斜地面丈量距离，当地势起伏不大时，可将钢尺拉平丈量。如图4-1-8所示，将AB段分成若干段后，丈量出各小段的水平距离，然后将各小段的水平距离加在一起，就得到A、B两点间的水平距离，即

$$D_{AB}=l_1+l_2+l_3+l_4$$

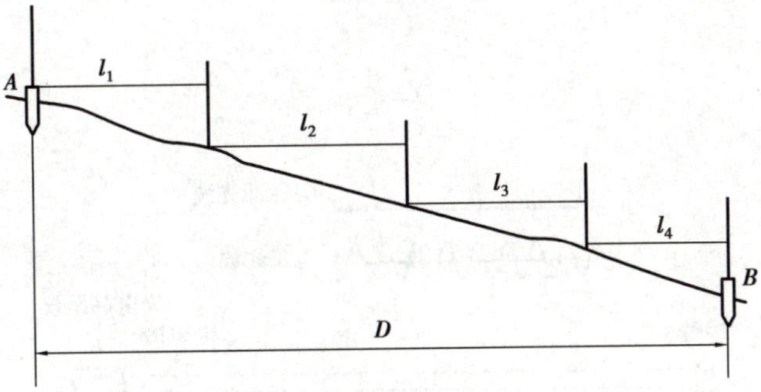

图4-1-8　平量法示意图

(2)斜量法。当倾斜地面的坡度比较均匀时，如图4-1-9所示，可以沿着斜坡丈量出AB的斜距l，测出地面倾斜角α或两端点的高差h，然后按下式计算A、B两点间的水平距离D_{AB}：

$$D_{AB}=l\ \cos\ \alpha=\sqrt{l^2-h^2}$$

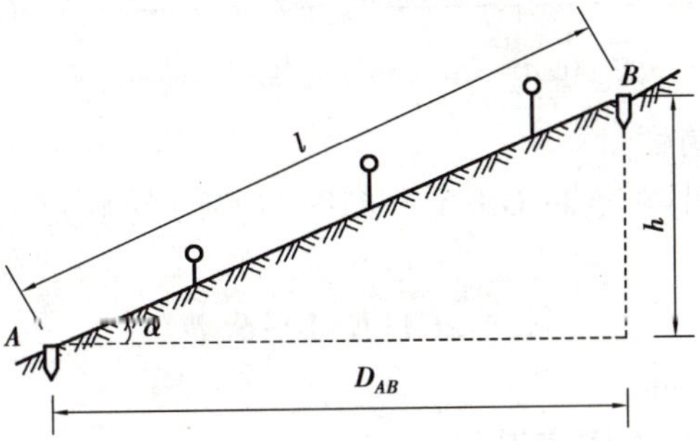

图4-1-9　斜量法示意图

钢尺量距的精密方法主要考虑尺长、温度以及高差的影响，对丈量结果进行以上三方面的改正，从而求得精度较高的水平距离。

通过上述内容，总结钢尺量距的步骤如下：

往测：定线→整尺段丈量→计算长度。

返测：定线→整尺段丈量→计算长度。

精度分析：计算相对误差K值。

(二)光电测距

钢尺量距劳动强度大，工作效率低，尤其在地形条件比较复杂的情况下，钢尺量距非常困难，甚至无法进行。随着光电技术的发展，在20世纪中叶，出现了以红外光、激光、电磁波为

载波的光电测距仪。与传统的钢尺量距相比，光电测距有精度高、作业效率高、受地形影响小等优点。光电测距仪按照测程分为远程测距仪、中程测距仪和短程测距仪。短程测距仪常以红外光为载波，故称红外测距仪。红外测距仪采用半导体砷化镓（GaAs）发光二极管作为光源，具有体积小、亮度高、功耗低、寿命长等优点。因此，红外测距仪广泛应用于测量工作中。

1. 光电测距仪（相位式）的基本原理

如图 4-1-10 所示，欲测定 A、B 两点间的距离 D，在 A 点安置测距仪，在 B 点安置反射棱镜。由 A 点测距仪发射光波，该光波经 B 点反射棱镜反射回测距仪。光波在空气中的传播速度 c 是已知的，测出光波在 A,B 两点间的往返传播时间 t，可按下式求出 A、B 两点间的距离 D，即

$$D=\frac{1}{2}ct$$

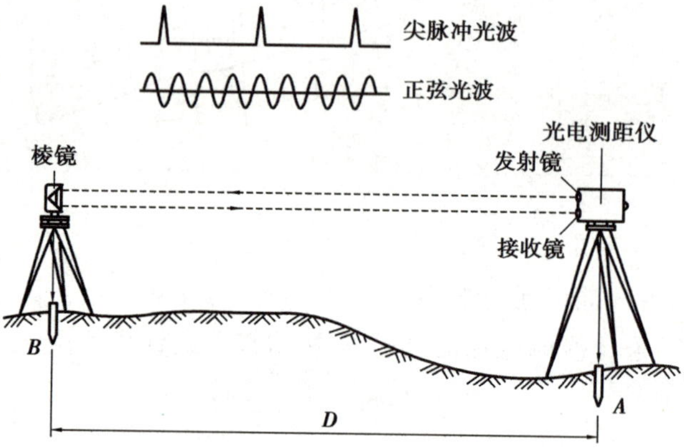

图 4-1-10　光电测距仪基本原理示意图

距离测量
(光电测距)

2. 光电测距仪的标称精度

根据《中、短程光电测距规范》（GB/T 16818—2008）的规定，测距仪出厂标称精度表达式为：

$$m_D=\pm(A+B\times10-6\times D)$$

式中　m_D——测距中误差，mm；

A——仪器标称精度中的固定误差，mm；

B——仪器标称精度中的比例误差系数，mm/ km；

D——被测距离。

3. 全站仪测距

距离测量也是全站仪的一项基本功能，特别提醒：距离测量前要确认大气压改正的设置和棱镜常数的设置。

在仪器开机时，测量模式可设置为多次、连续、单次三种测量模式。三种测量模式可以在测量过程中切换。

（三）视距测量

视距测量是根据光学原理，利用仪器望远镜十字丝上的视距丝，结合竖直角度，测算水平距离和高差的一种方法。水准仪、经纬仪、测图平板仪等仪器都可用来进行视距测量。视距

测量操作简便，不受地形限制，但精度比较低（相对精度约为1/300）。早期的地形测量主要是用视距测量进行的。

1. 视线倾斜时的视距测量

在地面起伏较大的地区进行视距测量时，用经纬仪进行观测。如图4-1-11所示，在A点安置经纬仪，量取仪器高i，在B点竖立水准尺。将经纬仪照准B点水准尺，读取中丝读数v和上、下视距丝读数M、N，求出尺间隔$l=M-N$，并读取竖盘读数，求得竖直角α。

两点间水平距离为：

$$D_{AB}=100l\cos^2\alpha$$

两点间高差为：

$$h_{AB}=\frac{100l}{2}\sin(2\alpha)+i-v$$

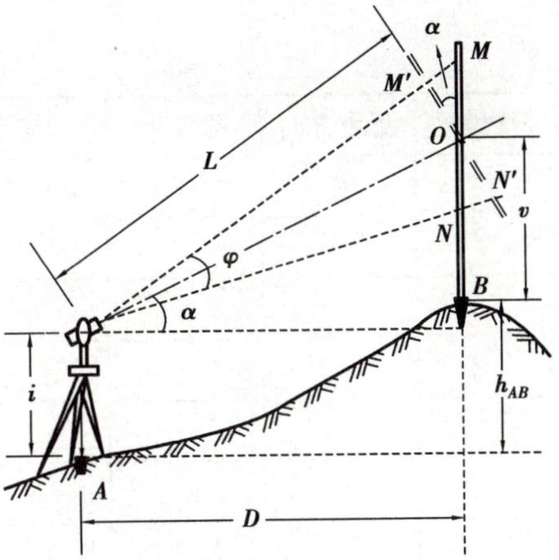

图4-1-11　经纬仪测视距

2. 视线水平时的视距测量

在平坦地区进行视距测量时，可用水准仪进行观测，即视线是水平的，此时即为视线竖直角$\alpha=0$时的情况，将$\alpha=0$代入式$D_{AB}=100l\cos^2\alpha$和$h_{AB}=\frac{100l}{2}\sin(2\alpha)+i-v$中，可得两点水平距离为$D_{AB}=100l$，同时还能得到两点高差为$h_{AB}=i-v$。

二、仪器和工具准备

钢尺量距需要准备的仪器和工具如表4-1-1所示。

表4-1-1　仪器和工具

序号	仪器或工具	数量	序号	仪器或工具	数量
1	钢尺	1个	4	签字笔	1个
2	标杆	5个	5	草稿纸	1份
3	记录手簿	2张			

任务实施

距离测量（钢尺量距）

一、操作步骤

（一）标定点位

在实习地点选定起点A和终点B，且长度大于一整尺长，并用目估方法标定出中间点。

（二）距离丈量（在平坦的地面上量距）

1. 往测

（1）在A、B两点各竖立一根标杆，后尺手执尺零端将尺零点对准点A（标杆有宽度，和前尺手统一标准）。

（2）前尺手持尺盒沿AB方向前进，行至约一整尺段的临时标杆点处停下，由前尺手和后尺手同时把尺子拉直、拉稳、拉平，同时读出读数，两人读数差为该段的距离，如发现尺子中间成弧形，应抬升尺子成水平，以减少误差，如表 4-1-2 所示。

表 4-1-2　水平距离测量记录和计算表(1)

班级________　组长________　尺长________　观测者________　记录者________

直线编号	测量方向	前尺手	后尺手	分段长	往返距离及平均值	相对误差	备注
A—1	往	0.023	49.235	49.212			

(3)同法依次丈量其他各整尺段的距离。由各整尺段的距离计算出 A、B 两点间的距离 $D_{往}=D_{A1}+D_{12}+D_{23}+D_{3B}$，如表 4-1-3 所示。

表 4-1-3　水平距离测量记录和计算表(2)

班级________　组长________　尺长________　观测者________　记录者________

直线编号	测量方向	前尺手	后尺手	分段长	往返距离及平均值	相对误差	备注
A—1	往	0.023	49.235	49.212	$D_{往}=174.245$ m		
	返						
1—2	往	0.085	42.596	42.511			
	返						
2—3	往	0.256	47.365	47.109			
	返						
3—B	往	0.384	35.797	35.413			
	返						

2. 返测

(1)由 B 点向 A 点方向观测，将观测数据记录到表格里面，计算出两点之间的距离 $D_{返}$。先丈量 3—B 段，后尺手位于 B 点，前尺手位于 3 点，分别读取前尺手和后尺手读数，如表 4-1-4 所示。

表 4-1-4　水平距离测量记录和计算表(3)

班级________　组长________　尺长________　观测者________　记录者________

直线编号	测量方向	前尺手	后尺手	分段长	往返距离及平均值	相对误差	备注
A—1	往	0.023	49.235	49.212	$D_{往}$=174.245 m		
	返						
1—2	往	0.085	42.596	42.511			
	返						
2—3	往	0.256	47.365	47.109			
	返						
3—*B*	往	0.384	35.797	35.413			
	返	**0.169**	**35.580**	**35.411**			

(2)以此丈量 2—3 段、1—2 段、*A*—1 段，记录前尺手和后尺手读数并填表。通过各尺段的距离，计算出 *A*、*B* 两点的距离 $D_{返}$，如表 4-1-5 所示。

表 4-1-5　水平距离测量记录和计算表(4)

班级________　组长________　尺长________　观测者________　记录者________

直线编号	测量方向	前尺手	后尺手	分段长	往返距离及平均值	相对误差	备注
A—1	往	0.023	49.235	49.212	$D_{往}$=174.245 m $D_{返}$=**174.271** m		
	返	**0.018**	**49.236**	**49.218**			
1—2	往	0.085	42.596	42.511			
	返	**0.112**	**42.635**	**42.523**			
2—3	往	0.256	47.365	47.109			
	返	**0.137**	**47.256**	**47.119**			
3—*B*	往	0.384	35.797	35.413			
	返	**0.169**	**35.580**	**35.411**			

(三)求往返测距离的相对误差 *K*

若 $K \leqslant 1/3\ 000$，取平均值作为最后结果；若 $K > 1/3\ 000$，误差超过精度要求，应重新返工测量，如表 4-1-6 所示。

表 4-1-6　水平距离测量记录和计算表(5)

班级________　组长________　尺长________　观测者________　记录者________

直线编号	测量方向	前尺手	后尺手	分段长	往返距离及平均值	相对误差	备注
A—1	往	0.023	49.235	49.212	$D_{往}=174.245$ m $D_{返}=174.271$ m $D_{平均}=\mathbf{174.258}$ m	$K=\dfrac{\lvert D_{往}-D_{返}\rvert}{D_{平均}}=\dfrac{1}{6\ 702}$	精度合格
	返	0.018	49.236	49.218			
1—2	往	0.085	42.596	42.511			
	返	0.112	42.635	42.523			
2—3	往	0.256	47.365	47.109			
	返	0.137	47.256	47.119			
3—B	往	0.384	35.797	35.413			
	返	0.169	35.580	35.411			

二、注意事项

(1)钢尺丈量前,要正确找出尺子的零点(有刻线尺和端点尺)。丈量时,钢尺要拉平拉紧,用力要均匀。

(2)爱护钢尺,勿沿地面拖拉,严防折绕、受压。用完将尺子擦净,妥善保管。

(3)标杆要立直。

三、成果上交

(1)上交钢尺量距实训工单。

(2)上交水平距离测量记录和计算表。

任务评估

一、自我评估与同学互评

实训项目					
小组编号		场地号		实训者	
序号	评估项目	分值	实训要求		自我评定
1	任务完成情况	30	按时按要求完成实训任务		
2	测量精度	20	成果符合限差要求		
3	实训记录	20	记录规范、完整,计算准确		
4	实训纪律	15	遵守课堂纪律,无事故,仪器未损坏		
5	团队合作	15	服从组长安排,能配合其他成员工作		
实训总结与反思: 小组其他成员评价得分:________、________、________、________、________ 组长评价得分:________					

二、教师评价

实训项目					
小组编号		场地号		实训者	
序号	考核项目	分值	实训要求		考核评定
1	操作程序	30	操作动作规范,操作程序正确		
2	操作速度	20	按时完成实训		
3	安全操作	20	无事故发生		
4	数据记录	15	记录规范,无转抄、涂改、抄袭等		
5	团队合作	15	服从组长安排,能配合其他成员工作		
存在的问题: 指导教师:　　　　　　　　评价时间:					

任务练习

一、选择题

1. 距离测量的常用方法不包括(　　)。

A. 钢尺量距　　B. 视距测量　　C. 光电测距　　D. 垂准仪测距

2. 下列方法中测量精度最高的是(　　)。

A. 光电测距　　B. 钢尺量距　　C. 视距测量　　D. 皮尺测距

3. 在较低级的地形测量中,测量水平距离的方法是(　　)。

A. 视距法　　B. 解析法　　C. 光电测距法　　D. 目测法

4. 光电测距的基本公式 $D=\frac{1}{2}ct$,式中 t 为(　　)。

A. 温度　　B. 光从仪器到目标传播的时间

C. 光速　　D. 光从仪器到目标往返传播的时间

5. 对于平坦地区,钢尺量距的相对误差 K 一般不应大于(　　)。

A. 1/1 000　　B. 1/3 000　　C. 1/5 000　　D. 1/10 000

6. 视距测量是用望远镜内视距丝装置,根据几何光学原理同时测定两点间(　　)的方法。

A. 距离　　B. 角度　　C. 高程　　D. 高差

二、判断题

1. 钢尺量距的最基本要求是平、稳、直。(　　)

2. 采用视距测量时,其精度:普通测量为 1/200 ~ 1/300;精密测量可达 1/2 000。(　　)

3. 地形起伏较大，不可能用水平视线施测时，可采用倾斜视线测算，但尽量使中丝读数 v 位于仪器高 i 处，即 $i=v$，可简化计算。 （　　）

三、综合题

1.（名词解释）直线定线。

2. 简述钢尺量距的步骤。

3.（计算）丈量两段距离，AB 段往测、返测分别为 126.78 m 和 126.68 m，CD 段往测、返测分别为 357.23 m 和 357.33 m。问哪一段丈量的结果比较精确？为什么？两段距离丈量的结果各等于多少？

任务二　直线定向

测量上的所谓直线是指两点间的连线。直线定向就是确定直线的方向。确定直线的方向是为了确定点的坐标（平面位置）。

任务描述

在全国职业院校技能大赛中职组“工程测量”赛项中，需要完成一级导线及单点放样测量。其内容为：已知坐标点和方向线，通过角度和距离测量，推算出 3 个待测点的坐标。在计算坐标时，需要用每条直线的方位角，那么方位角指的是什么？又该如何进行推算呢？

任务目标

知识目标	能力目标	素养目标
（1）知道直线定向的概念、意义及表示方法； （2）明白方位角、象限角的概念及表示方法，学会方位角与象限角之间的转换； （3）学会方位角的推算过程	（1）能进行方位角的推算； （2）能对方位角和象限角进行转换； （3）能进行坐标的正算与反算	（1）培养学生理论联系实际和解决实际问题的能力； （2）培养学生的缜密思维能力； （3）提高学生的分析判断能力

任务准备

一、直线定向的概念

确定一条直线与标准方向线之间的水平角度关系，称为直线定向。

(一)标准方向

(1)真子午线方向：通过地球表面某点的真子午线的切线方向，称为该点的真子午线方向。

(2)磁子午线方向：磁针在地面某点自由静止时所指的方向，就是该点的磁子午线方向。

(3)坐标纵轴方向：测量平面直角坐标系中的纵轴(X 轴)方向，称为坐标纵轴方向。

(二)方位角

从直线起点的标准方向北端起，量至该直线的水平夹角，称为直线的方位角，范围为 0°～360°。

根据标准方向的不同，可以分为真方位角 A、磁方位角 A_M 和坐标方位角 α。

(三)象限角

从直线起点的标准方向北端或南端起，沿顺时针或逆时针方向量至该直线的锐角，称为直线的象限角，用 R 表示，范围为 0°～90°。

坐标方位角和象限角的关系如图 4-2-1 和表 4-2-1 所示。

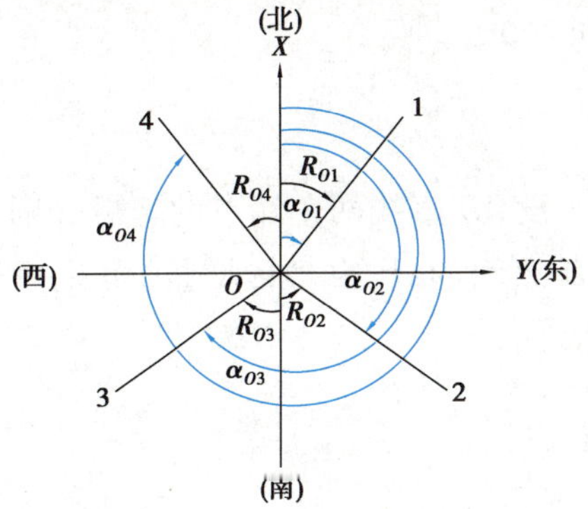

图 4-2-1　方位角和象限角示意图

表 4-2-1　坐标方位角(α)和象限角(R)的关系

直线	α 与 R 的关系
$O1$	$\alpha_{O1}=R_{O1}$
$O2$	$\alpha_{O2}=180°-R_{O2}$
$O3$	$\alpha_{O3}=180°+R_{O3}$
$O4$	$\alpha_{O4}=360°-R_{O4}$

(四)正反方位角

如图 4-2-2 所示，若为直线 12，点 1 是起点，点 2 是终点。则 α_{12} 为正坐标方位角，α_{21} 为反坐标方位角，则有

$$\alpha_{21}=\alpha_{12}+180°$$

若为直线 21，则

$$\alpha_{12}=\alpha_{21}-180°$$

因此，一条直线的正、反坐标方位角互差为 180°，即

$$\alpha_{反}=\alpha_{正}\pm180°$$

(五)坐标方位角的推算

为了整个测区坐标系统的统一，在实际工作中，每条直线的坐标方位角不是直接测定的，而是通过与已知边的连测，用与相邻边的水平夹角推算出来的。

如图 4-2-3 所示，α_{12} 已知，通过连测求得 12 边与 23 边的连接角为 β_2（右角）、23 边与 34 边的连接角为 β_3（左角），现推算 α_{23} 和 α_{34}。

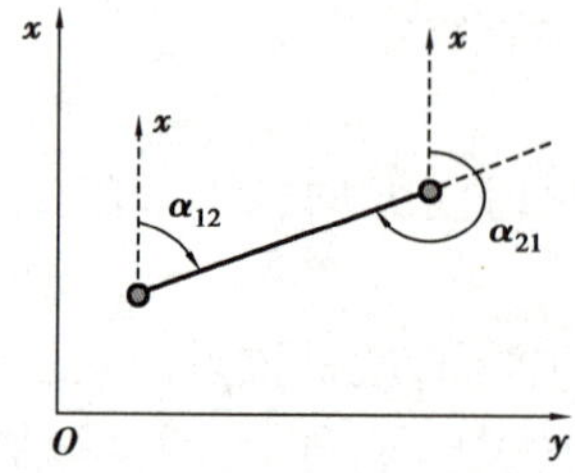

图 4-2-2　正反方位角示意图

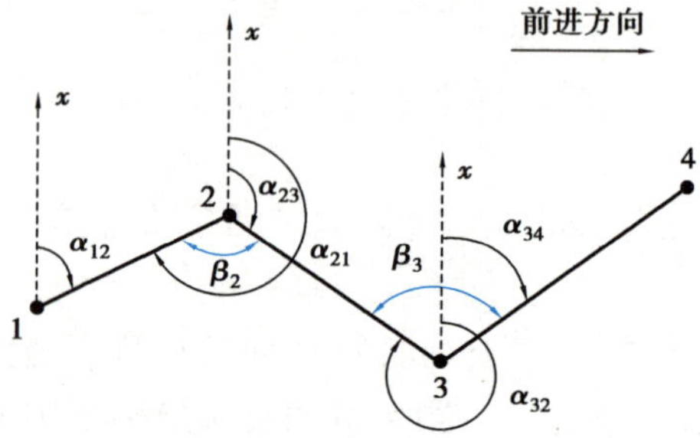

图 4-2-3　坐标方位角推算示意图

左角：若 β 角位于推算路线前进方向的左侧，称为左角；

右角：若 β 角位于推算路线前进方向的右侧，称为右角。

$$\alpha_{23}=\alpha_{21}-\beta_2=\alpha_{12}+180°-\beta_2$$

$$\alpha_{34}=\alpha_{32}+\beta_3=\alpha_{23}+180°+\beta_3$$

推算坐标方位角的通用公式为：

$$\alpha_{前}=\alpha_{后}+180°\pm\beta_{右}^{左}$$

当 β 角为左角时，取"+"；当 β 角为右角时，取"−"。

注意：计算中，若 $\alpha_{前}>360°$，减 360°；若 $\alpha_{前}<0°$，加 360°。

二、坐标计算的基本公式

（一）坐标增量的概念

两点间的坐标差称为坐标增量。如图 4-2-4 所示，设 AB 直线两个端点的坐标分别为 x_A、y_A 和 x_B、y_B，B 点对 A 点的纵、横坐标增量（简称 A、B 点间的纵、横坐标增量）分别用 Δx_{AB}、Δy_{AB} 表示，则

$$\left.\begin{aligned}\Delta x_{AB}=x_B-x_A\\ \Delta y_{AB}=y_B-y_A\end{aligned}\right\}\qquad(4\text{-}2\text{-}1)$$

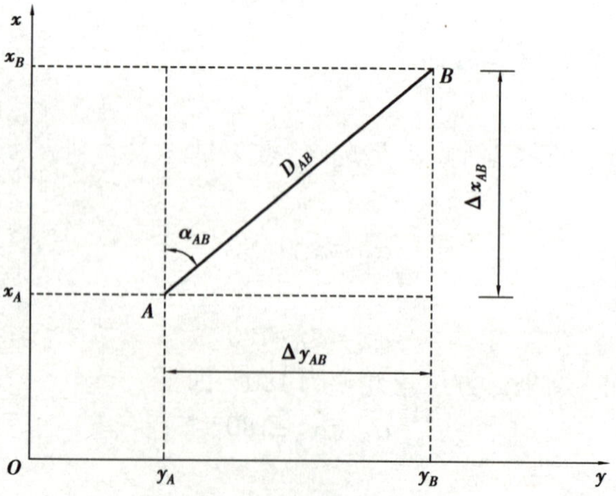

图 4-2-4　坐标增量示意图

坐标增量的符号和直线的方向有关，具体如表 4-2-2 所示。

表 4-2-2　坐标增量符号与直线方向间的关系

增量符号		坐标方位角		备注
Δx	Δy	角值范围	角值计算	
+	+	0°～90°	$\alpha=R$	$R=\arctan\left\|\frac{\Delta y}{\Delta x}\right\|$
−	+	90°～180°	$\alpha=180°-R$	
−	−	180°～270°	$\alpha=180°+R$	
+	−	27°～360°	$\alpha=360°-R$	

（二）坐标的正算

如图 4-2-4 所示，已知直线 AB 的长度、坐标方位角和始点的坐标，求其终点 B 的坐标，称为坐标正算。计算步骤：测得 AB 直线的长度 D_{AB}，推算其坐标方位角 α_{AB}，用下式算出 AB 直线的纵、横坐标增量 Δx_{AB} 和 Δy_{AB}。

$$\begin{aligned}\Delta x_{AB}&=D_{AB}\cos\alpha_{AB}\\ \Delta y_{AB}&=D_{AB}\sin\alpha_{AB}\end{aligned}\tag{4-2-2}$$

再用下式解算 B 点的坐标，即有了坐标增量，就可以计算出 B 点的坐标。

$$\left.\begin{aligned}x_B&=x_A+\Delta x_{AB}\\ y_B&=y_A+\Delta y_{AB}\end{aligned}\right\}\tag{4-2-3}$$

（三）坐标的反算

如图 4-2-4 所示，已知直线 AB 的始点和终点坐标，求其坐标方位角和长度，称为坐标的反算。计算步骤：先用式(4-2-1)算出 AB 直线的纵、横坐标增量 Δx_{AB} 和 Δy_{AB}，再用式(4-2-4)、式(4-2-5)解算 AB 的坐标象限角 R_{AB} 和水平距离 D_{AB}，即

$$R_{AB}=\arctan\frac{|\Delta y_{AB}|}{|\Delta x_{AB}|}\tag{4-2-4}$$

$$D_{AB}=\sqrt{\Delta x_{AB}^2+\Delta y_{AB}^2}\tag{4-2-5}$$

最后根据坐标方位角和坐标象限角的关系，推算出坐标方位角 α。

任务实施

如图 4-2-5 所示，已知 $P1A$ 的方位角为 45°49′57″，根据已测四边形内角，推算出各边的方位角。已知外业观测数据如表 4-2-3 所示。

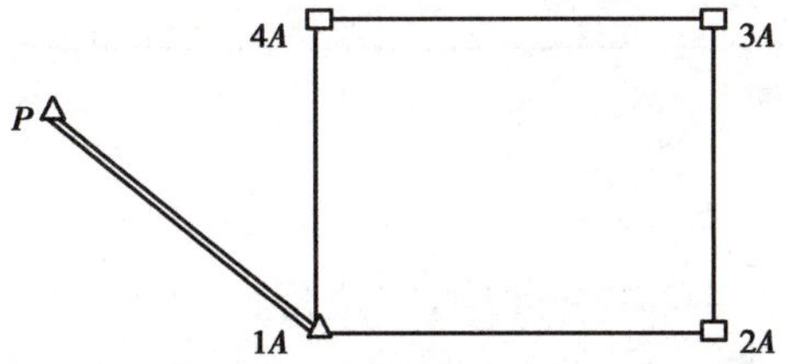

图 4-2-5　闭合导线示意图

表 4-2-3　导线测量水平角观测记录表

<table>
<tr><th>测站</th><th>竖盘
位置</th><th>目标</th><th>水平度盘读数
/(°　′　″)</th><th>半测回角值
/(°　′　″)</th><th>一测回平均角值
/(°　′　″)</th><th>备注</th></tr>
<tr><td rowspan="4">1A</td><td rowspan="2">左</td><td>P</td><td>0　02　30</td><td rowspan="2">138　50　51</td><td rowspan="4">138　50　52</td><td rowspan="4"></td></tr>
<tr><td>2A</td><td>138　53　21</td></tr>
<tr><td rowspan="2">右</td><td>P</td><td>180　02　29</td><td rowspan="2">138　50　53</td></tr>
<tr><td>2A</td><td>318　53　22</td></tr>
<tr><td rowspan="4">1A</td><td rowspan="2">左</td><td>4A</td><td>0　02　30</td><td rowspan="2">85　32　09</td><td rowspan="4">85　32　11</td><td rowspan="4"></td></tr>
<tr><td>2A</td><td>85　34　39</td></tr>
<tr><td rowspan="2">右</td><td>4A</td><td>180　02　28</td><td rowspan="2">85　32　13</td></tr>
<tr><td>2A</td><td>265　34　41</td></tr>
<tr><td rowspan="4">2A</td><td rowspan="2">左</td><td>1A</td><td>0　02　30</td><td rowspan="2">93　14　04</td><td rowspan="4">93　14　04</td><td rowspan="4"></td></tr>
<tr><td>3A</td><td>93　16　34</td></tr>
<tr><td rowspan="2">右</td><td>1A</td><td>180　02　31</td><td rowspan="2">93　14　05</td></tr>
<tr><td>3A</td><td>273　16　36</td></tr>
<tr><td rowspan="4">3A</td><td rowspan="2">左</td><td>2A</td><td>0　02　30</td><td rowspan="2">95　40　33</td><td rowspan="4">95　40　35</td><td rowspan="4"></td></tr>
<tr><td>4A</td><td>95　43　03</td></tr>
<tr><td rowspan="2">右</td><td>2A</td><td>180　02　27</td><td rowspan="2">95　40　37</td></tr>
<tr><td>4A</td><td>275　43　04</td></tr>
<tr><td rowspan="4">4A</td><td rowspan="2">左</td><td>3A</td><td>0　02　30</td><td rowspan="2">85　33　08</td><td rowspan="4">85　33　06</td><td rowspan="4"></td></tr>
<tr><td>1A</td><td>85　35　38</td></tr>
<tr><td rowspan="2">右</td><td>3A</td><td>180　02　29</td><td rowspan="2">85　33　05</td></tr>
<tr><td>1A</td><td>265　35　34</td></tr>
</table>

注：角度取位至1″，距离取位至1 mm。

一、内角平差计算

将外业观测数据填入表 4-2-4 中，根据四边形内角和理论值，计算出角度闭合差 $f_\beta = 90°14'04''+95°40'35''+85°33'06''+85°32'11''-360° = -4''$，按照平均分配的原则，分配到各个角度中，最后推算出改正后的角度值。

表 4-2-4　导线测量成果计算表(1)

点号	观测角 /(°　′　″)	角度改正数 /(″)	改正后角度值 /(°　′　″)	坐标方位角 /(°　′　″)
P				
1A	138　50　52		138　50　52	
2A	93　14　04	**+1**	93　14　05	
3A	95　40　35	**+1**	95　40　36	
4A	85　33　06	**+1**	85　33　07	
1A	85　32　11	**+1**	85　32　12	
2A				

注:角度及改正数取位至 1″。

二、方位角的推算

根据已知方向线 P1A 的方位角和改正后的角度值,推算出各边的方位角,$\alpha_{前}=\alpha_{后}\pm\beta_{右}^{左}+180°$,如表 4-2-5 所示。当最后得到的 1$A2A$ 直线的方位角与起始计算得到的方位角相同(4°40′49″)时,则说明计算结果正确。

表 4-2-5　导线测量成果计算表(2)

点号	观测角 /(°　′　″)	角度改正数 /(″)	改正后角度值 /(°　′　″)	坐标方位角 /(°　′　″)
P				
				45　49　57
1A	138　50　52		138　50　52	
				4　40　49
2A	93　14　04	+1	93　14　05	
				277　54　54
3A	95　40　35	+1	95　40　36	
				193　35　30
4A	85　33　06	+1	85　33　07	
				99　08　37
1A	85　32　11	+1	85　32　12	
				4　40　49 (检核)
2A				

注:角度及改正数取位至 1″。

三、成果提交

上交导线测量成果计算表。

任务评估

一、自我评估与同学互评

学生自评、小组内互评成绩表

任务:________ 组别:________ 姓名:________

<table>
<tr><td rowspan="2">小组成员</td><td colspan="3">个人自评(60 分)</td><td rowspan="2">个人自评得分</td><td colspan="4">小组内互评(40 分)</td><td rowspan="2">小组内互评得分</td></tr>
<tr><td>学习态度(20 分)</td><td>团队合作(20 分)</td><td>学习收获(20 分)</td><td>学习态度(10 分)</td><td>团队合作(10 分)</td><td>发挥作用(10 分)</td><td>能力提升(10 分)</td></tr>
<tr><td></td><td></td><td></td><td></td><td></td><td></td><td></td><td></td><td></td><td></td></tr>
<tr><td></td><td></td><td></td><td></td><td></td><td></td><td></td><td></td><td></td><td></td></tr>
<tr><td></td><td></td><td></td><td></td><td></td><td></td><td></td><td></td><td></td><td></td></tr>
<tr><td></td><td></td><td></td><td></td><td></td><td></td><td></td><td></td><td></td><td></td></tr>
<tr><td></td><td></td><td></td><td></td><td></td><td></td><td></td><td></td><td></td><td></td></tr>
<tr><td></td><td></td><td></td><td></td><td></td><td></td><td></td><td></td><td></td><td></td></tr>
<tr><td colspan="10">实训总结与反思:________</td></tr>
</table>

二、教师评价

教师对学生学习情况评价表

课程名称:________

学生所在班级:________ 任课教师:________ 授课日期:________

<table>
<tr><td rowspan="2">序号</td><td colspan="2" rowspan="2">评价内容</td><td colspan="4">评价分值</td></tr>
<tr><td>优
(9 ~ 10 分)</td><td>良
(7 ~ 8 分)</td><td>一般
(6 ~ 7 分)</td><td>差
(6 分以下)</td></tr>
<tr><td>1</td><td rowspan="3">学习态度</td><td>课前准备充分,学习材料完整,不迟到、早退,不随意调座位</td><td></td><td></td><td></td><td></td></tr>
<tr><td>2</td><td>上课专心听讲,认真记笔记,能够认真观察教师的演示,认真听要求</td><td></td><td></td><td></td><td></td></tr>
<tr><td>3</td><td>关心课堂学习内容,爱护各种设备,珍惜各种资源</td><td></td><td></td><td></td><td></td></tr>
</table>

续表

序号	评价内容		评价分值			
			优 (9~10 分)	良 (7~8 分)	一般 (6~7 分)	差 (6 分以下)
4	学习内容	按照教师要求计划安排合理,快慢有序,条理分明				
5		课堂中学习任务明确,重点突出,能与他人很好地进行实训探究				
6		理论联系实际,能将课堂所学知识运用到实际动手操作的过程中				
7	学习效果	能够与其他同学配合完成学习任务,且分工明确,在规定的时间内,保质保量完成任务				
8		通过学习,掌握了本任务的基本理论知识和方法				
9		通过练习,分析问题和解决问题的能力得到了提高,并有自己的创意				
10	总评	对该学生学习态度、学习方法、学习质量水平的总体评价				

任务练习

一、单选题

1. 确定直线与(　　)夹角关系的工作称为直线定向。

A. 标准方向线　　B. 东西方向线　　C. 水平线　　D. 基准线

2. 坐标方位角的取值范围为(　　)。

A. 0°~270°　　B. −90°~90°　　C. 0°~360°　　D. −180°~180°

3. 坐标方位角是以(　　)为标准方向,顺时针转到测线的夹角。

A. 真子午线方向　　B. 磁子午线方向　　C. 坐标纵轴方向　　D. 以上都不是

4. 已知直线 AB 的坐标方位角为 186°,则直线 BA 的坐标方位角为(　　)。

A. 96°　　B. 276°　　C. 6°　　D. 174°

5. 地面上有 A、B、C 三点,已知 AB 边的坐标方位角 $\alpha_{AB}=35°23'$,测得左夹角 $\angle ABC=89°34'$,则 CB 边的坐标方位角 $\alpha_{CB}=$(　　)。

A. 124°57′　　B. 304°57′　　C. −54°11′　　D. 305°49′

二、计算题

已知点 A 坐标,$x_A=1\ 000$ m,$y_A=1\ 000$ m,方位角 $\alpha_{AB}=35°17'36.5''$,AB 两点水平距离 $D_{AB}=200.416$ m,请计算 B 点的坐标。

任务三　误差分析

每一个物理量都是客观存在的，在一定条件下具有不以人的意志为转移的客观大小，人们将它称为该物理量的真值。进行测量是想获得待测量的真值。然而测量要依据一定的理论或方法，使用一定的仪器，在一定的环境中由具体的人进行。由于实验在理论上存在着近似性、实验方法难以很完善、实验仪器灵敏度和分辨能力的局限性，以及周围环境不稳定等因素的影响，待测量的真值是不可能测得的，测量结果和被测量真值之间总会存在或多或少的偏差，这种偏差就叫做测量值的误差。

任务描述

在实际工程测量中，测量员对某线段测量进行了多次观测，每次观测的结果都不一样，那么，每次观测的结果是否都正确？如何确定观测的精度？又该如何确定最终的结果呢？

任务目标

知识目标	能力目标	素养目标
(1)知道误差产生的原因； (2)分析归纳系统误差和偶然误差的特点	(1)能分辨系统误差和偶然误差的区别； (2)能计算中误差、相对误差及极限误差	(1)养成认真仔细的工作作风； (2)培养精益求精的工作态度

任务准备

一、测量误差的产生原因

测量工作所使用的仪器和工具，由于加工制造不完善及校正之后存在残余误差，会导致观测成果存在误差。在测量工作中，观测值是根据自己的感觉进行操作的，由于人的感觉器官鉴别能力的局限性，在进行仪器安置、照准、读数等工作中，都会产生一定的误差。而各种测量工作都是在一定的自然环境下进行的，外界的阳光、温度、风吹、震动、气压、湿度等都是随时变化的，这些因素都会给测量结果带来一定的误差。

由以上分析可知，产生测量误差的原因有三个方面，包括测量仪器、观测者和外界条件的影响。

在测量工作中，常将观测者、仪器和外界条件称为观测条件。条件相同的观测，称为等精度观测；条件不同的观测，称为非等精度观测。观测成果的精度与观测条件有着密切关系。观测条件好时，观测成果的精度就高；观测条件差时，观测成果的精度就低。

对测量工作来说，误差是不可避免的，错误是不允许存在的。不允许错误存在，并不是不允许错误发生。在测量过程中，有时也会出现错误，如读错、记错或算错等。所以，每项测量工作必须进行检核，如对距离和高差进行往、返观测，对角度进行多测回观测及各种记录计算检核等，目的就是检查出错误，以便及时进行纠正。

二、测量误差的分类

(一)系统误差

在相同观测条件下，对某量进行一系列的观测，如果观测误差的符号和大小不变，或按一定的规律变化，这种误差称为系统误差。如用一把名义长度为 30 m，而实际长度为 30.010 m 的钢尺丈量距离，每量一尺段就要少量 0.010 m，这 0.010 m 的误差在数值上和符号上都是固定的，丈量距离越长，误差也就越大。

系统误差在测量成果中具有积累性，对测量成果的影响较大，但它的符号和大小又具有一定的规律性，一般可采用下列三种方法进行处理：

(1)检校仪器：把仪器的各种系统误差降低到最小限度。

(2)计算改正：通过必要的计算，对观测值进行必要的改正。如在钢尺量距时，对测量结果加上尺长改正数和温度改正数，即可消除尺长误差和温度变化的影响。

(3)采用适当的观测方法：如在水平角测量时，采用盘左、盘右观测取平均值的方法，可以消除视准轴不垂直于横轴及横轴不垂直于竖轴的误差等。

(二)偶然误差

在相同观测条件下，对某量进行一系列的观测，如果观测误差的大小及符号都没有表现出一致性的倾向，表面上看没有任何规律，这种误差称为偶然误差。如瞄准目标的照准误差、读数的估读误差等。

偶然误差具有以下特性：

(1)有限性：在一定的观测条件下，偶然误差的绝对值不会超过一定的限值。

(2)聚中性：绝对值小的误差比绝对值较大的误差出现的机会多。

(3)对称性：绝对值相等的正、负误差出现的可能性相等。

(4)抵消性：随着观测次数的无限增加，偶然误差的算术平均值趋近于零。

偶然误差不能消除，一般可以采用下列三种方法进行处理：

(1)提高仪器等级：使观测值的精度得到有效提高，从而减小偶然误差。

(2)提醒多余观测：使观测值的个数多于未知量的个数。如一段距离、一段高差测量两次或更多次，一个三角形观测三个角度等，这样不但能够检核错误，而且可以进行平差计算。

(3)平差计算：计算观测值的平均值，或者根据多余观测计算出闭合差，进行平差计算。

在观测中，系统误差和偶然误差往往是同时产生的。当系统误差被设法消除或减弱后，决定观测精度的关键就是偶然误差。因此，通常所说的测量误差主要是指偶然误差。

三、衡量精度的标准

为了评定观测成果的精度，确定观测成果是否符合要求，就需要有统一的标准进行衡量。测量工作中常用的标准有中误差、相对误差和极限误差。

(一)中误差

在相同观测条件下，对同一未知量进行 n 次观测，各次观测值为 $l_1, l_2, \cdots, l_n$，其观测值的真误差分别为 $\Delta_1, \Delta_2, \cdots, \Delta_n$。取其真误差平方和的平均值的极限值，称为中误差的平方或称方差，即：

$$m=\pm\sqrt{\frac{[\Delta\Delta]}{n}}$$

式中　Δ——真误差，即测量值与真值之间的差值。

用改正数来确定中误差（白塞尔公式），适用于观测量真值未知时，公式为：

$$m=\pm\sqrt{\frac{[vv]}{n-1}}$$

式中　v——最或是值与观测值之差，一般为算术平均值与观测值之差。

由上述公式可知，中误差不等于真误差，它仅是一组真误差的代表值，中误差的大小反映了该组观测值精度的高低。因此，通常称中误差为观测值的中误差。

【例 4-2】甲、乙两人在相同观测条件下，观测同样 10 个三角形的所有内角，得到两列三角形闭合差，如表 4-3-1 所示。试计算两列闭合差的中误差。

表 4-3-1　观测记录表

观测者	三角形编号									
	1	2	3	4	5	6	7	8	9	10
	闭合差 Δ/(″)									
甲	+3	−2	−4	+2	+1	0	+4	−3	−2	+3
乙	0	+1	−7	−2	+1	−1	+8	0	−3	+1

【解】表中所列三角形闭合差属于真误差，按式来计算各自的中误差得：

$$m_{甲}=\pm\sqrt{\frac{72}{10}}=\pm2.7'' \qquad m_{乙}=\pm\sqrt{\frac{130}{10}}=\pm3.6''$$

因为 $m_{甲}<m_{乙}$，显然 $m_{乙}$ 反映出第二列观测值中含有较大的误差，故第二列观测精度比第一列的要低。

用中误差评定精度能灵敏地反映较大误差的影响，且比较稳定，通常不需要太多的观测次数就能得到比较可靠的数据来评定观测值的精度。

（二）相对误差

中误差和真误差都是绝对误差。对于某些观测成果，用中误差还不能完全判断测量精度的优劣。例如，用钢尺丈量 100 m 和 20 m 的两段距离，观测值的中误差均为±0.01 m，但不能认为两者的测量精度相同，因为量距误差与长度有关。此外，为了能客观反映实际精度，通常用相对误差 K 来表达边长观测值的精度，即

$$K=\frac{|m|}{D}=\frac{1}{\frac{D}{|m|}}$$

式中　K——相对误差；

m——观测值中误差；

D——边长观测值。

在上例中，则有

$$K_1=\frac{0.01}{100}=\frac{1}{10\ 000}\qquad K_2=\frac{0.01}{20}=\frac{1}{2\ 000}$$

上述丈量两段距离的相对中误差分别为 1/10 000 和 1/2 000，显然前者比后者的测量精度高。

(三)极限误差

根据偶然误差出现的规律，在一定的观测条件下，偶然误差的绝对值不会超过一定的限值，该限值通常称为极限误差，也称限差、容许误差或允许误差。

误差理论和实践证明，在等精度观测某量的一组误差中，大于 2 倍中误差的偶然误差出现的机会为 4.5%，大于 3 倍中误差的偶然误差出现的机会仅为 0.3%。可见，在观测次数有限的情况下，可以认为 2 倍或 3 倍中误差的偶然误差出现的可能性极小。因此，在测量工作中，通常取 2 倍的中误差作为容许误差，精度要求稍宽时，可以取 3 倍的中误差作为容许误差，即 $\Delta_{限}=2m$ 或 $\Delta_{限}=3m$。

当某个观测值的误差超过容许误差时，就可以认为该观测值是错误的，应舍去重测。

任务实施

【例 4-3】对某线段测量 6 次，其结果分别为 312.581 m，312.546 m，312.551 m，312.532 m，312.537 m，312.499 m。试求算术平均值、观测值中误差。

【解】算术平均值 $L=\frac{l_1+l_2+\cdots+l_n}{n}=\frac{312.581+312.546+312.551+312.532+312.537+312.499}{6}$

$=312.541\ \text{m}$

观测值中误差：$m=\pm\sqrt{\frac{[vv]}{n-1}}=\sqrt{\frac{0.04^2+0.005^2+0.01^2+0.009^2+0.004^2+0.042^2}{5}}$

$=\pm0.027$

【例 4-4】用钢尺丈量 AB、CD 两段距离，AB 段往测为 346.78 m，返测为 346.69 m；CD 段往测为 576.38 m，返测为 576.22 m。请问 AB、CD 两段距离丈量的精度各为多少？哪段精度高？

【解】AB 段距离平均值 $D_{AB}=(346.78+346.69)\div2=346.735(\text{m})$

CD 段距离平均值 $D_{CD}=(576.38+576.22)\div2=576.300(\text{m})$

AB 段的相对误差 $K_{AB}=\frac{|346.78-346.69|}{346.735}=\frac{1}{3\ 853}$

CD 段的相对误差 $K_{CD}=\frac{|576.38-576.22|}{576.300}=\frac{1}{3\ 602}$

因为 $K_{AB}<K_{CD}$，所以 AB 段的精度更高。

任务评估

一、自我评估与同学互评

学生自评、小组内互评成绩表

任务：______________ 组别：______________ 姓名：______________

小组成员	个人自评(60分)			个人自评得分	小组内互评(40分)				小组内互评得分
	学习态度(20分)	团队合作(20分)	学习收获(20分)		学习态度(10分)	团队合作(10分)	发挥作用(10分)	能力提升(10分)	
实训总结与反思：______________									

二、教师评价

教师对学生学习情况评价表

课程名称：______________

学生所在班级：______________ 任课教师：______________ 授课日期：______________

序号	评价内容		评价分值			
			优(9~10分)	良(7~8分)	一般(6~7分)	差(6分以下)
1	学习态度	课前准备充分，学习材料完整，不迟到、早退，不随意调座位				
2		上课专心听讲，认真记笔记，能够认真观察教师的演示，认真听要求				
3		关心课堂学习内容，爱护各种设备，珍惜各种资源				
4	学习内容	按照教师要求计划安排合理，快慢有序，条理分明				
5		课堂中学习任务明确，重点突出，能与他人很好地进行实训探究				
6		理论联系实际，能将课堂所学知识运用到实际动手操作的过程中				

续表

序号	评价内容		评价分值			
			优 (9~10分)	良 (7~8分)	一般 (6~7分)	差 (6分以下)
7	学习效果	能够与其他同学配合完成学习任务，且分工明确，在规定的时间内，保质保量完成任务				
8		通过学习，掌握了本任务的基本理论知识和方法				
9		通过练习，分析问题和解决问题的能力得到了提高，并有自己的创意				
10	总评	对该学生学习态度、学习方法、学习质量水平的总体评价				

任务练习

一、选择题

1. 测量误差按其性质可分为（　　）和系统误差。

A. 偶然误差　　B. 中误差　　C. 粗差　　D. 平均误差

2. 普通水准尺的最小分划为 1 cm，估读水准尺毫米位的误差属于（　　）。

A. 偶然误差　　B. 系统误差

C. 可能是偶然误差，也可能是系统误差　　D. 既不是偶然误差，也不是系统误差

二、判断题

1. 测量成果不可避免地存在误差，任何观测值都存在误差。（　　）
2. 观测条件好，则成果精度就高；观测条件差，则成果精度就低。（　　）
3. 观测误差与观测成果精度成反比。（　　）
4. 产生系统误差的主要原因是测量仪器和工具构造不完善或校正不完全准确。（　　）

三、综合题

1.（名词解释）等精度观测。

2.（计算）在相同观测条件下测得同一水平角角值为 173°58′58″、173°59′02″、173°59′04″、173°59′06″、173°59′10″，则观测值的中误差为多少？

模块检测

一、选择题(每题 5 分,共 60 分)

1. 钢尺尺宽一般为(　　)cm。

A. 1.2 ~ 1.5　　B. 1 ~ 1.5　　C. 1.5 ~ 2　　D. 1.2 ~ 2.5

2. 钢尺量距一般方法的相对误差精度要求小于(　　);在量距较困难的地区,其相对误差也不应超过(　　)。

A. 1/1 000　　B. 1/2 000　　C. 1/3 000　　D. 1/5 000

3. 早期的地形测量,主要是用(　　)进行的。

A. 钢尺量距　　B. 视距测量　　C. 光电测距　　D. GPS 测距

4. 已知直线 AB 的距离为 29.146 m,用钢尺测得其值为 29.134 m,则该观测值的真误差为(　　)。

A. +0.012 m　　B. −0.012 m　　C. +0.006 m　　D. −0.006 m

5. 某钢尺的名义长度为 30 m,其在标准条件检定时的实际长度为 30.012 m,则其尺长改正数为(　　)。

A. −0.012 mm　　B. +0.012 mm　　C. −0.006 mm　　D. +0.006 mm

6. 钢尺的尺长误差对距离测量产生的影响属于(　　)。

A. 偶然误差　　B. 系统误差

C. 可能是偶然误差,也可能是系统误差　　D. 既不是偶然误差,也不是系统误差

7. 已知某直线的象限角为 SW75°,则其坐标方位角为(　　)。

A. 75°　　B. 105°　　C. 255°　　D. 285°

8. 直线方位角与该直线的反方位角相差(　　)。

A. 90°　　B. 180°　　C. 270°　　D. 360°

9. 直线的坐标方位角是按(　　)方式量取的。

A. 坐标纵轴北端起逆时针　　B. 坐标横轴东端起逆时针

C. 坐标纵轴北端起顺时针　　D. 坐标横轴东端起顺时针

10. 某直线 AB 的坐标方位角为 230°,则其坐标增量的符号为(　　)。

A. Δx 为正,Δy 为正　　B. Δx 为正,Δy 为负

C. Δx 为负,Δy 为正　　D. Δx 为负,Δy 为负

11. 系统误差具有的性质是(　　)。

A. 积累性　　B. 抵消性　　C. 可消除或减弱性　　D. 规律性

12. 衡量精度高低的标准有(　　)。

A. 中误差　　B. 相对误差　　C. 容许误差　　D. 绝对误差

二、判断题(每题 4 分,共 20 分)

1. 在钢尺量距中,钢尺的量距误差与所量距离长短无关。　　(　　)

2. 在钢尺丈量中,定线不准会使测量结果偏大。　　(　　)

3. 直线方向可以用方位角表示，也可以用象限角表示。（　　）

4. 偶然误差不能用计算改正或一定的观测方法简单地消除，只能根据其特性来改进观测方法并合理地处理数据，以减少影响。（　　）

5. 在相同观测条件下，对某一量进行一系列观测，若误差的大小和符号保持不变，或按一定的规律变化，这种误差称为偶然误差。（　　）

三、计算题（每题 10 分，共 20 分）

1. 用钢尺丈量一条直线，往测丈量的长度为 216.301 m，返测为 216.383 m，规定其相对误差不应大于 1/2 000，试问：

（1）此测量成果是否满足精度要求？

（2）按此规定，若丈量 200 m，往返丈量距离最大可容许相差为多少毫米？

2. 已知图中 AB 的坐标方位角，观测了图中 4 个水平角，试计算边 $B1$、12、23、34 的坐标方位角。

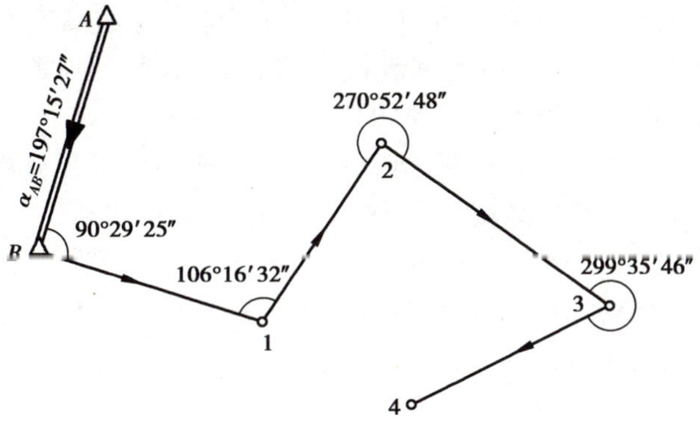

模块五　导线测量

为了减少测量误差累积，保证地形图测绘和施工放样的精度，提高地形图测绘和施工放样速度，测量工作必须遵循“从整体到局部，由高级到低级，先控制后碎部”的原则和程序，即在地形图测绘和施工放样前，先在全测区范围内，选定若干个具有控制作用的点（这些起控制作用的点称为控制点），组成一定的几何图形（形成的几何图形称为控制网），以较精确的方法，测定这些点的平面位置和高程，然后根据控制网进行地形图测测绘和施工放样。

控制网按其性质不同分为平面控制网和高程控制网；按其范围和用途分为全球控制网、国家控制网、城市控制网和小地区控制网。

全球控制网是由国际组织在全球范围内建立的大地测量参考框架，主要用于确定、研究地球的形状、大小及其运动变化，确定和研究地球的板块运动等。

在全国范围内建立的控制网，称为国家控制网。国家控制网是由国家测绘部门建立的大地测量参考框架，其作用是提供全国范围内的统一地理坐标系统；保证国家基本图的测绘和更新；满足大比例尺地形图测图的精度要求；为精密确定地面点的位置提供已知点及其在特定坐标系下的坐标，如以地球参考椭球面为基准面的大地坐标或高斯平面坐标、以大地水准面为基准面的高程。国家控制网是用精密测量仪器和方法，依照施测精度按一、二、三、四4个等级建立的，它的低级点受高级点逐级控制。

在城市地区，为测绘大比例尺地形图、进行市政工程和建筑工程放样，在国家控制网的控制下而建立的控制网，称为城市控制网。

小地区控制网是指面积在15 km^2 内的控制网，包括为大比例尺测图建立的测图控制网和为工程建设建立的工程控制网。工程控制网是工程项目的空间位置参考框架，是针对某项具体工程建设测图、施工或管理的需要，在一定区域内布设的平面和高程控制网。小地区控制网由工程建设单位或委托其他测绘单位建立。

直接供地形测图使用的控制点称为图根控制点，简称图根点。测定图根点位置的工作称为图根控制测量。

测定控制点的工作称为控制测量。控制测量按测定内容不同分为平面控制测量和高程控制测量。测定控制点的平面位置(x,y)的工作称为平面控制测量，由于测量方法不同，平面控制测量分为三角测量、导线测量和全球卫星定位系统测量（GPS 测量）。测定控制点的高程(H)的工作称为高程控制测量。

任务一　导线测量的外业

任务描述

某建筑场地附近的公路上有2个高级控制点，但该控制点不能满足工程建设对平面位置布设的要求，所以要增加3个点，用以控制整个建筑区的平面位置。因此，需要事先设定点位，形成一个闭合导线，然后测量各导线边的距离、多边形闭合导线的内角，完成外业观测（图5-1-1）。通过外业观测的数据，推算出3个新增控制点的坐标，从而满足施工现场控制测量的要求。

图5-1-1　导线外业观测

任务目标

知识目标	能力目标	素养目标
(1)掌握控制测量的基本知识； (2)分辨导线的几种不同形式； (3)清楚导线测量外业数据的采集过程	(1)能进行导线测量外业数据采集； (2)能应用规范对采集过程中的操作进行判定； (3)能对精度进行评定	(1)培养团队合作意识； (2)培养精益求精的工匠精神； (3)养成规范操作的良好品质

任务准备

一、知识准备

(一)导线测量的概念

将相邻控制点用直线连接构成连续折线，称为导线。构成导线的控制点，称为导线点。导线测量就是依次测定各导线边和各转折角，根据起算数据，推算出各边的坐标方位角，从而求出各导线点的坐标。

导线测量是建立平面控制网的一种常用方法，特别是在地物分布复杂的城镇建筑区、视线障碍较多的隐蔽区、带状地区及路线、隧道等工程测量中，多采用此方法。

用钢尺测定边长的导线，称为经纬仪导线。

用光电测距仪测定边长的导线，称为光电测距导线。

（二）导线的布设形式

在一般工程测量中，常用的导线布设形式有附合导线、闭合导线和支导线三种。

1. 附合导线

如图 5-1-2 所示，导线从已知控制点 B 和已知控制边 AB 出发，经过 1、2、3 点，最后附合到另一已知控制点 C 和已知控制边 CD 上，这样的导线称为附合导线。这种布设形式具有检核观测成果的作用。

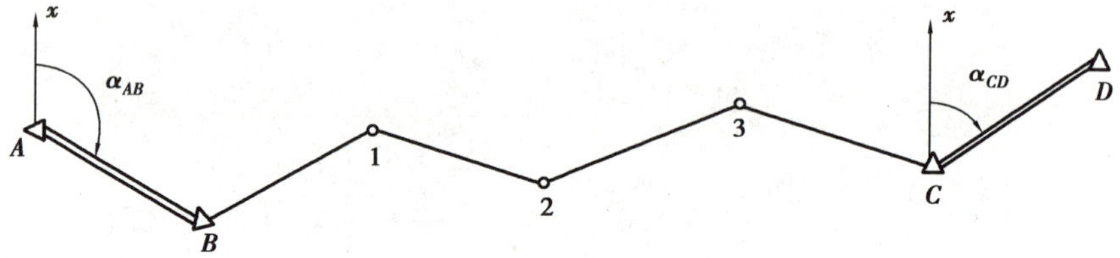

图 5-1-2　附合导线

2. 闭合导线

如图 5-1-3 所示，导线从已知控制点 B 和已知控制边 AB 出发，经过 1、2、3、4 点，最后仍回到起点 B，形成一个闭合多边形，这样的导线称为闭合导线，也称为环形导线。闭合导线本身存在着严密的几何条件，具有检核作用。闭合导线实际上是特殊的附合导线，即起始点与终边重合的附合导线。

3. 支导线

如图 5-1-4 所示，支导线是从已知控制点 B 和已知控制边 AB 出发，经过 1、2 点，既不附合到另一已知控制点，又不闭合到原起点的导线。支导线缺乏图形检核条件，应进行复测检核。

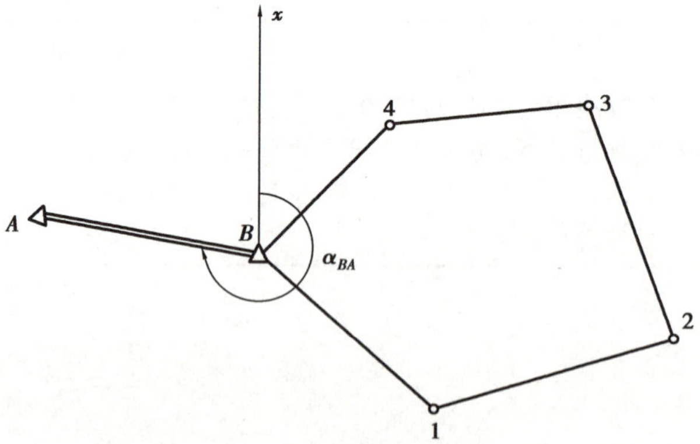

图 5-1-3　闭合导线

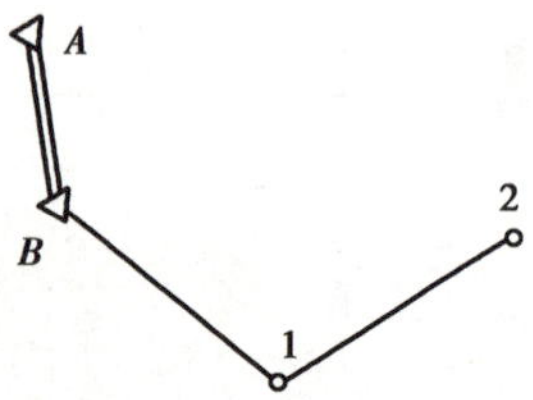

图 5-1-4　支导线

（三）导线测量的等级与技术要求

用导线测量方法建立小区平面控制网，通常分为一级导线、二级导线、三级导线和图根导线几个等级，规范规定各级导线的主要技术要求如表 5-1-1、表 5-1-2 所示。

表 5-1-1　导线测量的主要技术要求

等级	导线长度/km	平均边长/km	测角中误差/(″)	测距中误差/mm	测距相对中误差	测回数			方位角闭合差/(″)	导线全长相对闭合差
						1″级仪器	2″级仪器	6″级仪器		
一级	4	0.5	5	15	1/30 000	—	2	4	$10\sqrt{n}$	≤1/15 000
二级	2.4	0.25	8	15	1/14 000	—	1	3	$16\sqrt{n}$	≤1/10 000
三级	1.2	0.1	12	15	1/7 000	—	1	2	$24\sqrt{n}$	≤1/5 000

注：①表中 n 为测站数。

②当测区测图的最大比例尺为 1∶1 000 时，一级、二级、三级导线的导线长度、平均边长可适当放长，但最大长度不应大于表中规定相应长度的 2 倍。

表 5-1-2　图根导线测量的主要技术要求

导线长度/m	相对闭合差	测角中误差/(″)		方位角闭合差/(″)	
		首级控制	加密控制	首级控制	加密控制
$\leqslant \alpha \times M$	$\leqslant 1/(2\ 000 \times \alpha)$	20	30	$40\sqrt{n}$	$60\sqrt{n}$

注：①α 为比例系数，取值宜为 1，当采用 1∶500、1∶1 000 比例尺测图时，其值可在 1～2 选用。

②M 为测图比例尺的分母。对于矿区现状图测量，不论测图比例尺大小，M 均应取值为 500。

③隐蔽或施测困难地区导线相对闭合差可放宽，但不应大于 $1/(1\ 000 \times \alpha)$。

（四）导线测量的外业工作

导线测量的外业工作主要包括踏勘选点、建立标志、边长测量、角度测量。

1. 踏勘选点

选点前，首先要收集测区已有地形图和已有高级控制点的成果资料，拟定导线布设方案；然后到野外踏勘，确定导线点的位置。

选点时应注意下列事项：

（1）相邻点间应通视良好，便于测角和测距；

（2）点位应选在土质坚实，便于安置仪器和保存标志的地方；

（3）导线点应选在视野开阔的地方，便于碎部测量；

（4）导线边长应大致相等，其平均边长应符合要求；

（5）导线点应有足够的密度，分布均匀，便于控制整个测区。

2. 建立标志

导线点位置选定后，就要建立标志。根据导线点使用时间的长短及其重要性，将导线点分为临时性导线点和永久性导线点，分别设置临时性标志和永久性标志。

（1）临时性标志：当地基为土质地面时，可打一根木桩，在桩顶钉一小钉作为点的标志，如图 5-1-5 所示；当地基为水泥地面时，可钉一水泥钉，用红漆做出标记，作为临时标志。

（2）永久性标志：应埋设混凝土桩，桩顶嵌入带“十”字的金属标志，如图 5-1-6 所示。桩的尺寸视埋设深度而定。

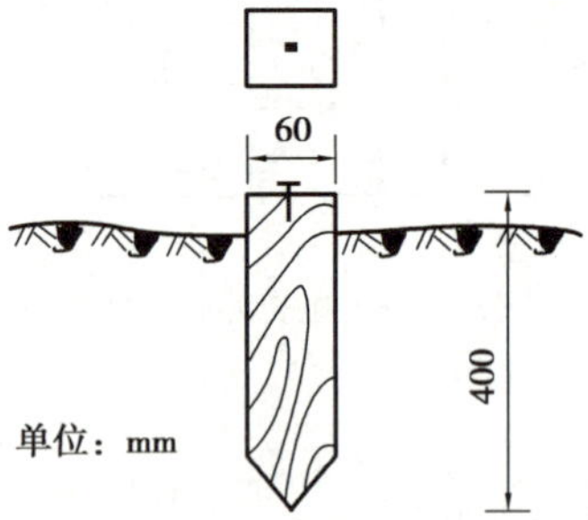

图 5-1-5　临时性标志

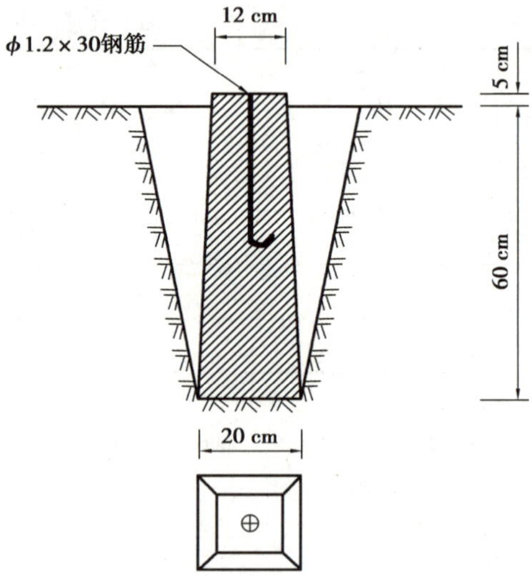

图 5-1-6　永久性标志

为了便于日后寻找使用，应量出导线点与附近明显地物的距离，绘出草图，注明尺寸，该图称为“点之记”，如图 5-1-7 所示。

3. 边长测量

导线边长可用钢尺丈量，也可用光电测距仪（或全站仪）测量。

用钢尺丈量时，应该选用检定过的钢尺。导线边长应进行往返丈量，往返丈量的相对误差应满足要求。用光电测距仪或全站仪测量时，应注意仪器参数的设置。

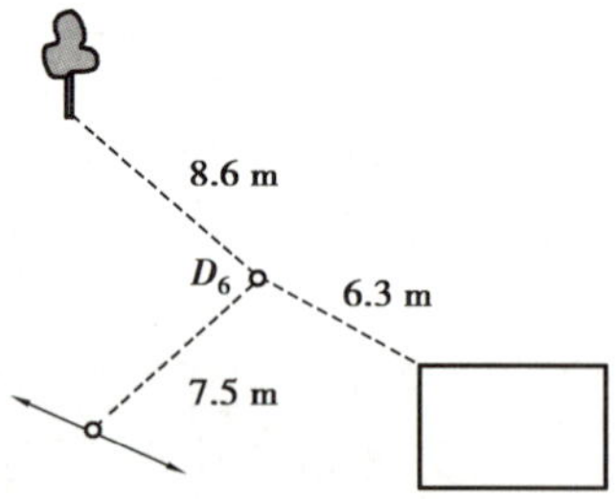

图 5-1-7　点之记

4. 角度测量

导线转折角的测量一般采用测回法进行观测。附合导线一般测左角；闭合导线一般测内角；对于支导线，应分别观测左、右角。不同等级的导线，应按其技术要求进行观测。一级导线要求用全站仪测两个测回，当上、下半测回角值的较差不超过±12″时，取其平均值即可。

二、仪器和工具准备

导线测量需要准备的仪器和工具如表 5-1-3 所示。

表 5-1-3　仪器和工具

序号	仪器和工具	数量	序号	仪器和工具	数量
1	全站仪	1 台	5	记录手簿	1 份
2	棱镜组	2 个	6	签字笔	若干
3	脚架	3 个	7	草稿纸	若干
4	地板砖	1 个			

任务实施

一级导线及单点放样测量实训
(全国技能大赛工程测量赛项之一)

一、实训内容

各队在规定时间内按一级导线精度要求独立完成抽签指定的闭合导线测量外业观测。外业观测包括1个连接角和4个转折角(左角)测量(5个角度均采用测回法两测回进行观测)以及4条导线边测量(每条导线边水平距离采用往返观测),同时完成第三点的施工放样任务。

二、仪器准备

各队准备一台全站仪、两副棱镜(带基座)、三个脚架、一个记录板、记录表格数张、直尺、签字笔、瓷砖等。起始已知点坐标 $X_{1A}=5\ 023.898$ m,$Y_{1A}=5\ 025.337$ m,其坐标方位角 $\alpha_{1A-P}=5°31'00''$。待放样点坐标为 $X_{3A}=5\ 130.500$ m,$Y_{3A}=5\ 114.950$ m。

三、导线形式

一个已知点及已知方向和三个未知点组成的闭合导线(图5-1-8),4条边总长约430 m。

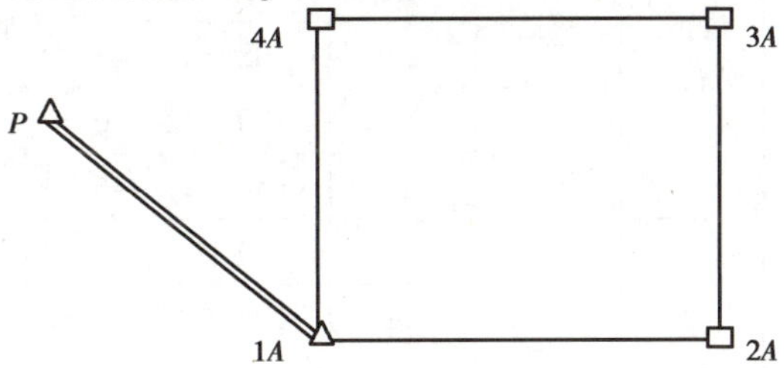

图5-1-8　闭合导线示意图

四、实训步骤

(1)各组按规定顺序将队员分别编号为1、2、3、4号(测量过程中不得变更),按要求独立完成指定一级导线的测量任务。

(2)导线的起始点及待定点、观测的路线由教师事先确定。

(3)每位队员完成一个测段(即两个固定点之间的路线)的观测和记录计算,具体方案如下:

①1A测站点由本队4号选手独立进行仪器安置,观测连接角∠P·1A·2A,内角∠4A·1A·2A,水平距离 D_{1A-2A} 和 D_{1A-4A},1号选手进行记录、计算(见表5-1-4、表5-1-5),2号和3号选手分别在2A点、4A点安置棱镜,如图5-1-9所示。

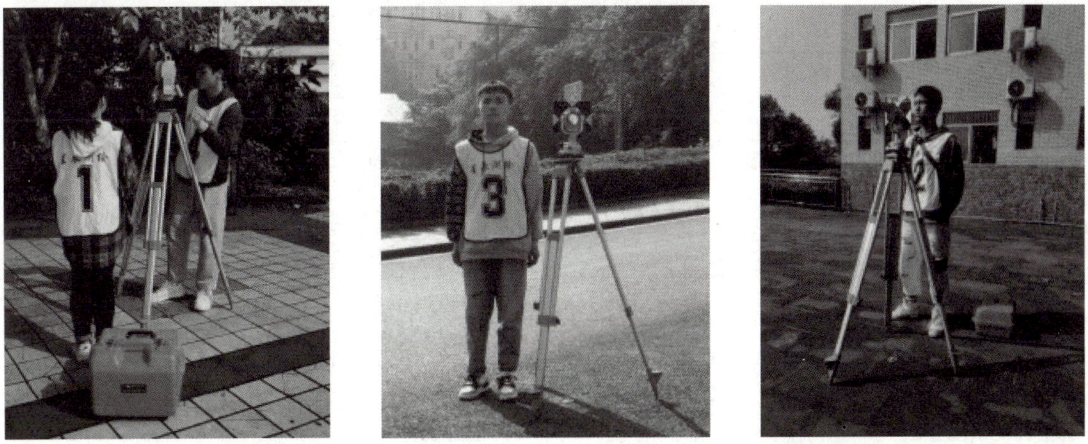

图5-1-9　1A测站的观测

表 5-1-4　水平角测量记录表

场次-线路抽签号:1-*A*　　观测日期:2023. 8. 2　　测量(号):4　　记录(号):1

测回 测站	盘位	目标	水平度盘读数 /(°　′　″)	半测回值 /(°　′　″)	一测回平均值 /(°　′　″)	二测回平均值 /(°　′　″)	备注
Ⅰ 1*A*	左	*P*	0　02　30	105　34　14	105　34　15	105　34　16	
		2*A*	105　36　44				
	右	*P*	180　02　29	105　34　16			
		2*A*	285　36　45				
Ⅱ 1*A*	左	*P*	90　17　29	105　34　16	105　34　16		
		2*A*	195　51　45				
	右	*P*	270　17　32	105　34　15			
		2*A*	15　51　47				
Ⅰ 1*A*	左	4*A*	0　02　29	108　32　14	108　32　15	108　32　14	
		2*A*	108　34　43				
	右	4*A*	180　02　30	108　32　16			
		2*A*	288　34　46				
Ⅱ 1*A*	左	4*A*	90　17　31	108　32　13	108　32　14		
		2*A*	198　47　44				
	右	4*A*	270　17　30	108　32　15			
		2*A*	18　47　45				

注:角度计算等取位至 1″。

表 5-1-5　距离测量记录表

场次-线路抽签号:1-*A*　　观测日期:2023. 8. 2　　测量(号):4　　记录(号):1

边名	测量	读数/m	备注	边名	测量	读数/m	备注
1*A*—2*A*	1	**85.052**			1		
	2	**85.052**			2		
	3	**85.053**			3		
	平均	**85.052**			平均		
往返测平均				往返测平均			
边名	测量	读数/m	备注	边名	测量	读数/m	备注
	1			**1*A*—4*A***	1	**112.957**	
	2				2	**112.957**	
	3				3	**112.957**	
	平均				平均	**112.957**	
往返测平均				往返测平均			

注:距离平均值计算等取位至 1 mm。

②2*A* 测站点由本队 1 号选手独立进行仪器安置，4 号选手安置棱镜在 1*A* 点，1 号选手观测 1*A*—2*A* 的返测距离（见表 5-1-6），连续观测 3 次取其平均值，2 号选手根据往返距离计算出 1*A*—2*A* 的水平距离，然后由该水平距离及连接角推算出 2*A* 测站点的坐标（见表 5-1-7），根据已知设计坐标放出 3*A* 点。

接下来 1 号选手观测内角∠1*A*·2*A*·3*A*、水平距离 $D_{2A\text{-}3A}$，2 号选手进行记录、计算（见表 5-1-8），3 号和 4 号选手分别在 3*A* 点、1*A* 点安置棱镜，如图 5-1-10 所示。

图 5-1-10　2*A* 测站的观测

表 5-1-6　距离测量记录表

场次-线路抽签号：1-*A*　　观测日期：2023.8.2　　测量（号）：4、1　　记录（号）：1、2

边名	测量	读数/m	备注	边名	测量	读数/m	备注
1*A*—2*A*	1	85.052		**2*A*—1*A***	1	**85.052**	
	2	85.052			2	**85.052**	
	3	85.053			3	**85.052**	
	平均	85.052			平均	**85.052**	
往返测平均				往返测平均		85.052	
边名	测量	读数/m	备注	边名	测量	读数/m	备注
	1			1*A*—4*A*	1	112.957	
	2				2	112.957	
	3				3	112.957	
	平均				平均	112.957	
往返测平均				往返测平均			

注：距离平均值计算等取位至 1 mm。

表 5-1-7　放样测站计算表

场次-线路抽签号:1-*A*　　　　　计算者(号):2　　　　　计算日期:2023. 8. 2

点号	观测角 /(° ′ ″)	坐标方位角 /(° ′ ″)	距离 /m	坐标增量 Δ*x* 计算值/m	坐标增量 Δ*y* 计算值/m	纵坐标 *x*/m	横坐标 *y*/m
P							
		185 31 00					
1*A*	105 34 16					5 023. 898	5 025. 337
		111 05 16	85. 052	-30. 602	+79. 356		
2*A*						4 993. 296	5 104. 693

注:角度计算等取位至 1″,距离、坐标计算等取位至 1 mm。

表 5-1-8　距离测量记录表

场次-线路抽签号:1-*A*　　　观测日期:2023. 8. 2　　　测量(号):4、1　　　记录(号):1、2

边名	测量	读数/m	备注	边名	测量	读数/m	备注
1*A*—2*A*	1	85. 052		2*A*—1*A*	1	85. 052	
	2	85. 052			2	85. 052	
	3	85. 053			3	85. 052	
	平均	85. 052			平均	85. 052	
往返测平均				往返测平均		85. 052	
边名	测量	读数/m	备注	边名	测量	读数/m	备注
2*A*—3*A*	1	**138. 894**			1		
	2	**138. 894**			2		
	3	**138. 894**			3		
	平均	**138. 894**			平均		
往返测平均				往返测平均			
边名	测量	读数/m	备注	边名	测量	读数/m	备注
	1			1*A*—4*A*	1	112. 957	
	2				2	112. 957	
	3				3	112. 957	
	平均				平均	112. 957	
往返测平均				往返测平均			

注:距离平均值计算等取位至 1 mm。

③3*A* 测站点由本队 2 号选手独立进行仪器安置,观测内角 ∠2*A* · 3*A* · 4*A*、水平距离 D_{3A-4A} 和 D_{3A-2A},3 号选手进行记录、计算(见表 5-1-9 和表 5-1-10),1 号和 4 号选手分别在 2*A* 点、4*A* 点安置棱镜,如图 5-1-11 所示。

图 5-1-11　3A 测站的观测

表 5-1-9　水平角测量记录表

场次-线路抽签号:1-A　　　观测日期:2023.8.2　　　测量(号):2　　　记录(号):3

测回 测站	盘位	目标	水平度盘读数 /(°　′　″)	半测回值 /(°　′　″)	一测回平均值 /(°　′　″)	二测回平均值 /(°　′　″)	备注
Ⅰ 3A	左	2A	0　02　30	88　29　54	88　29　55	88　29　54	
		4A	88　32　24				
	右	2A	108　02　27	88　29　56			
		4A	268　32　23				
Ⅱ 3A	左	2A	90　12　30	88　29　54	88　29　52		
		4A	178　47　24				
	右	2A	270　17　30	88 29　51			
		4A	358　47　21				

注:角度计算等取位至1″。

表 5-1-10　距离测量记录表

场次-线路抽签号:1-A　　　观测日期:2023.8.2　　　测量(号):4、1、2　　　记录(号):1、2、3

边名	测量	读数/m	备注	边名	测量	读数/m	备注
1A—2A	1	85.052		2A—1A	1	85.052	
	2	85.052			2	85.052	
	3	85.053			3	85.052	
	平均	85.052			平均	85.052	
往返测平均				往返测平均		85.052	

续表

边名	测量	读数/m	备注	边名	测量	读数/m	备注
2A—3A	1	138.894		**3A—2A**	1	**138.892**	
	2	138.894			2	**138.892**	
	3	138.894			3	**138.893**	
	平均	138.894			平均	**138.892**	
往返测平均				往返测平均		138.893	
边名	测量	读数/m	备注	边名	测量	读数/m	备注
3A—4A	1	**86.394**			1		
	2	**96.395**			2		
	3	**86.394**			3		
	平均	**86.394**			平均		
往返测平均				往返测平均			
边名	测量	读数/m	备注	边名	测量	读数/m	备注
	1			1A—4A	1	112.957	
	2				2	112.957	
	3				3	112.957	
	平均				平均	112.957	
往返测平均				往返测平均			

注：距离平均值计算等取位至 1 mm。

④4A 测站点由本队 3 号选手独立进行仪器安置，观测内角 ∠3A · 4A · 1A、水平距离 D_{4A-1A} 和 D_{4A-3A}，4 号选手进行记录、计算（见表 5-1-11 和表 5-1-12），1 号和 2 号选手分别在 1A 点、3A 点安置棱镜，如图 5-1-12 所示。

（4）数据记录必须用指定的记录手簿，负责记录的队员用签字笔当场准确无误地填写到相应栏内，并及时计算和填写表中其他数据，要求记录规范完整、符合记录规定、计算准确；观测数据不得改动，“″”“′”和“°”以上数据不得连环涂改，如有违反均需扣分；观测数据必须原始真实，严禁弄虚作假，否则取消实训资格。

（5）各组由 1 号和 2 号队员分别独立进行一级导线测量成果计算。计算表的辅助计算栏中必须填入导线的方位角闭合差、坐标增量闭合差和导线全长相对闭合差。

图 5-1-12　4*A* 测站的观测

表 5-1-11　水平角测量记录表

场次-线路抽签号:1-*A*　　观测日期:2023.8.2　　测量(号):2、3　　记录(号):3、4

测回 测站	盘位	目标	水平度盘读数 /(°　′　″)	半测回值 /(°　′　″)	一测回平均值 /(°　′　″)	二测回平均值 /(°　′　″)	备注
Ⅰ 3*A*	左	2*A*	0　02　30	88　29　54	88　29　55	88　29　54	
		4*A*	88　32　24				
	右	2*A*	180　02　27	88　29　56			
		4*A*	268　32　23				
Ⅱ 3*A*	左	2*A*	90　17　30	88　29　54	88　29　52		
		4*A*	178　47　24				
	右	2*A*	270　17　30	88　29　51			
		4*A*	358　47　21				
Ⅰ 4*A*	左	3*A*	0　02　30	89　09　05	89　09　06	89　09　05	
		1*A*	89　11　35				
	右	3*A*	180　02　31	89　09　06			
		1*A*	269　11　37				
Ⅱ 4*A*	左	3*A*	90　17　30	89　09　03	89　09　04		
		1*A*	179　26　33				
	右	3*A*	270　17　32	89　09　05			
		1*A*	359　26　37				

注:角度计算等取位至1″。

表 5-1-12　距离测量记录表

场次-线路抽签号:1-*A*　　观测日期:2023.8.2　　测量(号):4、1、2、3　　记录(号):1、2、3、4

边名	测量	读数/m	备注	边名	测量	读数/m	备注
1*A*—2*A*	1	85.052		2*A*—1*A*	1	85.052	
	2	85.052			2	85.052	
	3	85.053			3	85.052	
	平均	85.052			平均	85.052	
往返测平均				往返测平均		85.052	
边名	测量	读数/m	备注	边名	测量	读数/m	备注
2*A*—3*A*	1	138.894		3*A*—2*A*	1	138.892	
	2	138.894			2	138.892	
	3	138.894			3	138.893	
	平均	138.894			平均	138.892	
往返测平均				往返测平均		138.893	
边名	测量	读数/m	备注	边名	测量	读数/m	备注
3*A*—4*A*	1	86.394		**4*A*—3*A***	1	**86.392**	
	2	86.395			2	**86.393**	
	3	86.394			3	**86.392**	
	平均	86.394			平均	**86.392**	
往返测平均				往返测平均		86.393	
边名	测量	读数/m	备注	边名	测量	读数/m	备注
4*A*—1*A*	1	**112.956**		1*A*—4*A*	1	112.957	
	2	**112.958**			2	112.957	
	3	**112.958**			3	112.957	
	平均	**112.957**			平均	112.957	
往返测平均				往返测平均		112.957	

注:距离平均值计算等取位至 1 mm。

(6)观测结束后,仪器装箱收回到出发处,如图 5-1-13 所示。

(7)队员应规范作业,注意测量安全及仪器保护。不允许妨碍或阻挡其他队员的观测,全站仪迁站时仪器必须关机装箱,带觇牌的棱镜可不装箱,但不得从觇牌上卸下。迁站时不允许出现不顾安全地狂跑现象。

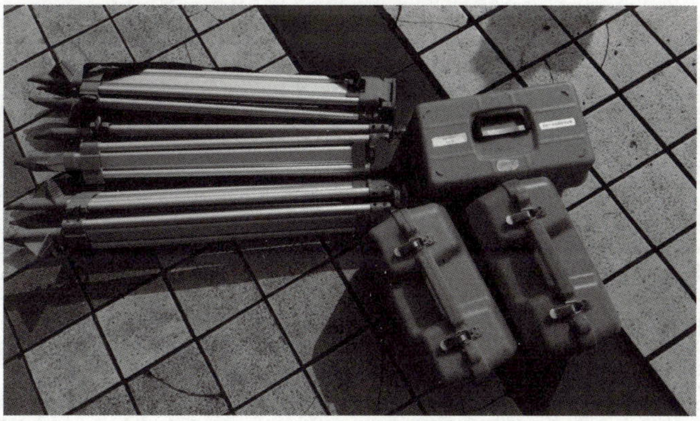

图 5-1-13　仪器及设备归还

五、一级导线测量要求

根据《工程测量标准》(GB 50026—2020)的规定，一级导线测量技术要求如表 5-1-13 所示。

表 5-1-13　一级导线测量技术要求

等级	测回数	水平角上下半测回较差/(″)	两测回角度差/(″)	距离一测回三次读数较差/mm	往返测距离差/mm	方位角闭合差/(″)	导线相对闭合差
一级	2	12	12	5	10	$10\sqrt{n}$	≤1/15 000

注：①表中 n 为转折角的个数。

②仪器和觇牌的对中误差不得超过 2 mm，整平水准管气泡偏差不得超过 1 格。

③各参赛队所测导线点点位误差不得超过±20 mm。

④记录字迹工整、清晰，不得任意修改，记录者必须回报读数。

⑤角度、距离的计算采用"奇进偶舍"的原则，记录、计算时的占位"0"及"±"必须填写。

六、一级导线测量评分表

一级导线测量评分如表 5-1-14 所示。

表 5-1-14　一级测量评分表（外业施测部分）

评分标准	次(站)数	扣分
全站仪及棱镜摔倒落地，一次扣 10 分		
阻挡或妨碍其他队观测，裁判劝阻无效，一次扣 5 分		
记录转抄或使用橡皮，一次扣 5 分		
测站重测不变换仪器度盘或不重新照准，一次扣 2 分		
每半测回观测中，盘左照准目标前先顺时针旋转一周或以上，盘右照准目标前先逆时针旋转一周或以上，违反一次扣 1 分		
每测站起始观测从盘左开始或照准目标顺序按规定进行，违反一次扣 2 分		
迁站时仪器未装箱，一次扣 3 分		
对中误差大于 2 mm，一次扣 2 分		

续表

评分标准	次(站)数	扣分
水准管气泡整平偏差大于 1 格,一次扣 2 分		
仪器 2 m 内无人看管或结束未装箱归位,一次扣 1 分		
脚架架设不稳定或有碰动(骑马观测),一次扣 2 分		
换站时不顾安全地狂跑或穿越草地,一次扣 2 分		
记录者无回报读数或观测过程中有其他明显违规或不安全现象等,一次扣 1 分		
上下半测回、两测回较差或测距差等为了不超限不扣分而重新观测的,一次扣 2 分		

说明:操作规范性共 20 分,扣完为止。　　日期:　　年　　月　　日

任务评估

一、自我评估与同学互评

实训项目					
小组编号		场地号		实训者	
序号	评估项目	分值	实训要求		自我评定
1	任务完成情况	30	按时按要求完成实训任务		
2	测量精度	20	成果符合限差要求		
3	实训记录	20	记录规范、完整,计算准确		
4	实训纪律	15	遵守课堂纪律,无事故,仪器未损坏		
5	团队合作	15	服从组长安排,能配合其他成员工作		
实训总结与反思: 小组其他成员评价得分:________、________、________、________、________ 组长评价得分:________					

二、教师评价

实训项目					
小组编号		场地号		实训者	
序号	考核项目	分值	实训要求		考核评定
1	操作程序	30	操作动作规范,操作程序正确		
2	操作速度	20	按时完成实训		
3	安全操作	20	无事故发生		

续表

序号	考核项目	分值	实训要求	考核评定
4	数据记录	15	记录规范，无转抄、涂改、抄袭等	
5	团队合作	15	服从组长安排，能配合其他成员工作	
存在的问题： 指导教师：　　　　评价时间：				

任务练习

一、选择题

1. 二级导线的方位角闭合差容许值为(　　)。

A. $10\sqrt{n}$　　B. $16\sqrt{n}$　　C. $20\sqrt{n}$　　D. $24\sqrt{n}$

2. 导线点的永久性标志应埋设混凝土桩，桩顶嵌入带(　　)字的金属标志。

A. 一　　B. 十　　C. L　　D. T

二、判断题

1. 临时性导线点标志可打一根木桩，在桩顶钉一小钉作为点的标志。(　　)
2. 全站仪导线测量时，所测距离为水平距离。(　　)
3. 踏勘选点时，应选择土质良好的位置，便于观测。(　　)
4. 三级导线的全长相对闭合差应小于等于 1/10 000。(　　)

三、综合题

1.（名词解释）控制测量。

2.（问答题）导线选点时，对点位有哪些要求？

任务二　导线测量的内业

任务描述

如图 5-2-1 所示的闭合导线，为全站仪测距的一级导线，观测的边长和角度已经填入相应的外业记录表中，已知 P-1A 的方位角以及 1A 点的坐标，所测连接角∠P·1A·2A 为左角，逆时针方向观测，所测角度全部为左角。如何通过计算，求出 2A、3A、4A 点的坐标？

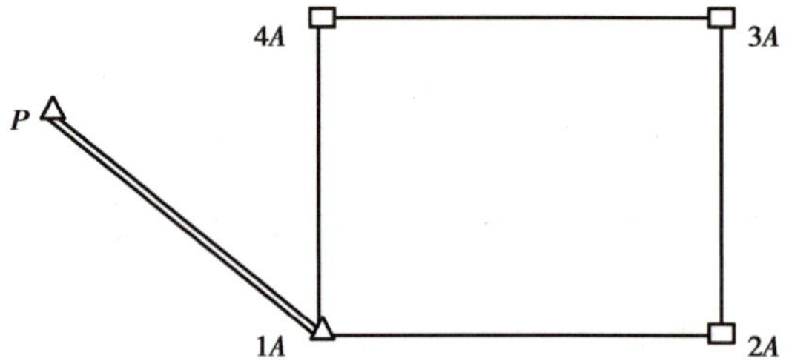

图 5-2-1　闭合导线示意图

任务目标

知识目标	能力目标	素养目标
(1)清楚内业计算的步骤； (2)学会对成果进行检查和精度评定	(1)能进行导线内业的计算； (2)能对计算结果进行检查和精度评定	(1)养成实事求是的工作作风； (2)培养专心细致的良好品质

任务准备

一、角度闭合差的计算与调整

1. 角度闭合差的计算

$$f_\beta = \sum \beta_{测} - \sum \beta_{理} = \sum \beta_{测} - (n-2) \times 180°$$

2. 角度闭合差的允许值

$$f_{\beta允} = \pm 10''\sqrt{n}$$

3. 角度改正数

角度闭合差不超过允许闭合差时，可得：

$$v_\beta = -f_\beta / n$$

4. 改正后的角度

$$\beta_{i改} = \beta_i + v_\beta$$

二、推算各边的坐标方位角

左角公式：　$\alpha_{BC} = \alpha_{AB} + 180° + \beta_{左}$

右角公式：　$\alpha_{BC} = \alpha_{AB} + 180° - \beta_{右}$

计算结果<0°，则加 360°；计算结果>0°，则减 360°。

三、计算坐标增量和坐标增量闭合差

1. 计算坐标增量

$$\Delta x = D\cos\alpha$$

$$\Delta y = D\sin\alpha$$

2. 计算坐标增量闭合差

$$f_x = \sum \Delta x$$

$$f_y = \sum \Delta y$$

3. 计算导线全长闭合差 f 和相对误差 K

$$f=\sqrt{f_x^2+f_y^2}$$

$$K = \frac{f}{\sum D} = \frac{1}{\frac{\sum D}{f}}$$

当 $K \leqslant K_{允}$ 时，调整坐标增量闭合差。

四、闭合差的调整

1. 纵坐标增量改正数

$$v_{xi} = -(f_x / \sum D) D_i$$

2. 横坐标增量改正数

$$v_{yi} = -(f_y / \sum D) D_i$$

五、计算改正后的坐标增量

$$\Delta x_{i改} = \Delta x_i + v_{xi}$$

$$\Delta y_{i改} = \Delta y_i + v_{yi}$$

六、计算各导线点的坐标

$$x_i = x_{i-1} + \Delta x_{i-1改}$$

$$y_i = y_{i-1} + \Delta y_{i-1改}$$

七、计算校核

$$\sum \beta_{改} = (n-2) \times 180^\circ$$

$$\alpha_{推算终边} = \alpha_{已知终边}$$

$$\sum \Delta x_{改} = 0$$

$$\sum \Delta y_{改} = 0$$

$$x_{推算起点} = x_{起点已知}$$

$$y_{推算起点} = y_{起点已知}$$

任务实施

一、外业数据的获取

(1)已知 P-$1A$ 的方位角为 230°10′05″，$1A$ 点的坐标为(404 527.666，503 662.459)。

(2)通过两个测回取平均值，得到：

连接角：∠P · $1A$ · $2A$ = 219°40′55″

内角：∠$4A$ · $1A$ · $2A$ = 89°06′40″　∠$1A$ · $2A$ · $3A$ = 88°41′00″

$\angle 2A \cdot 3A \cdot 4A = 90°12'41''$　$\angle 3A \cdot 4A \cdot 1A = 91°59'40''$

(3)通过水平距离的往返观测,得到:

$D_{1A-2A} = 92.070\ \text{m}, D_{2A-3A} = 65.554\ \text{m}, D_{3A-4A} = 89.592\ \text{m}, D_{4A-1A} = 63.820\ \text{m}$

(4)将相应的外业观测数据填入计算表格中,如表5-2-1所示。

二、导线测量内业计算

对表5-2-1中的外业数据进行内业计算,详细计算过程如下:

1. 角度闭合差的计算和调整

(1)角度闭合差:

$$f_\beta = \sum \beta_{测} - (n-2) \times 180°$$

$$\sum \beta_{测} = ② + ③ + ④ + ⑤ = ⑥$$

$$n = 4$$

$$f_\beta = ⑥ - 360° = +1''$$

(2)允许闭合差:

$$f_{\beta允} = \pm 10''\sqrt{n} = \pm 10''\sqrt{4} = \pm 20''$$

(3)角度改正数:

角度闭合差不超过允许闭合差时,可得:

$$v_\beta = -f_\beta / n = -1''/4 = 0.25 \approx 0$$

若改正数都为0,则不满足$\sum v_\beta = -f_\beta$,所以在最大内角上改正$-1''$,则满足$\sum v_\beta = -f_\beta$。

(4)改正后的角度:

$$\beta_{i改} = \beta_i + v_\beta$$

$$⑧ = ② + ⑦$$

同理,可以计算其他改正后角度。

满足:　$\sum \beta_{i改} = 360°$

2. 推算各边的坐标方位角

左角公式:　$\alpha_{BC} = \alpha_{AB} + 180° + \beta_{左}$

$$⑩ = ⑨ + ①$$

推算最后,⑪=⑩。

推算每一条直线的方位角,若计算结果<0°,则加360°;计算结果>0°,则减360°。

3. 计算坐标增量和坐标增量闭合差

(1)计算坐标增量:

$$\Delta x = D \cos \alpha$$

$$⑭ = ⑫ \times \cos ⑩$$

$$\Delta y = D \sin \alpha$$

$$⑮ = ⑫ \times \sin ⑩$$

(2)计算坐标增量闭合差:

$$f_x = \sum \Delta x = ⑯$$

$$f_y = \sum \Delta y = ⑰$$

(3)计算导线全长闭合差 f 和相对误差 K:

$$f = \sqrt{f_x^2 + f_y^2}$$

$$K = \frac{f}{\sum D} = \frac{1}{\sum D/f}$$

当 $K \leqslant K_{允}$ 时,调整坐标增量闭合差。

4. 闭合差的调整

(1)纵坐标增量改正数:

$$v_{xi} = -(f_x / \sum D) D_i$$

⑱ = −(⑯/⑬)×⑫

(2)横坐标增量改正数:

$$v_{yi} = -(f_y / \sum D) D_i$$

⑲ = −(⑰/⑬)×⑫

5. 计算改正后的坐标增量

$$\Delta x_{i改} = \Delta x_i + v_{xi}$$

⑳ = ⑭+⑱

$$\Delta y_{i改} = \Delta y_i + v_{yi}$$

㉑ = ⑮+⑲

6. 计算各导线点的坐标

$$x_i = x_{i-1} + \Delta x_{i-1改}$$

㉓ = ㉒+⑳

$$y_i = y_{i-1} + \Delta y_{i-1改}$$

㉖ = ㉕+㉑

7. 计算校核

$$\sum \beta_{改} = (n-2) \times 180°$$

$$\alpha_{推算终边} = \alpha_{已知终边}$$

$$\sum \Delta x_{改} = 0$$

$$\sum \Delta y_{改} = 0$$

$$x_{推算起点} = x_{起点已知}$$

㉔ = ㉒

$$y_{推算起点} = y_{起点已知}$$

㉗ = ㉕

表 5-2-1　导线测量成果计算表

点号	观测角/(° ′ ″)	角度改正数/(″)	改正后角度值/(° ′ ″)	坐标方位角/(° ′ ″)	距离/m	坐标增量 Δx			坐标增量 Δy			纵坐标 x/m	横坐标 y/m
						计算值/m	改正值/mm	改正后的值/m	计算值/m	改正值/mm	改正后的值/m		
P													
				230 10 05⑨									
1A	219 40 55①		219 40 55①									404527.666㉒	503662.459㉕
				269 51 00⑩	92.070⑫	-0.241⑭	-1⑱	-0.242⑳	-92.070⑮	-1⑲	-92.071㉑		
2A	88 41 00②	0⑦	88 41 00⑧									404527.424㉓	503570.388㉖
				178 32 00	65.554	-65.533	-1	-65.534	+1.678	0	+1.678		
3A	90 12 41③	0	90 12 41									404461.890	503572.066
				88 44 41	89.592	+1.963	-1	+1.962	+89.570	0	+89.570		
4A	91 59 40④	-1	91 59 39									404463.852	503661.636
				0 44 20	63.820	+63.815	-1	+63.814	+0.823	0	+0.823		
1A	89 06 40⑤	0	89 06 40									404527.666㉔	503662.459㉗
				269 51 00⑪（校核）									
2A													
$\sum$	360 00 01⑥	-1	360 00 00		311.036⑬	+0.004⑯	-4	0	+0.001⑰	-1	0		
辅助计算	$f_\beta = \sum\beta_{测} - 360° = +1''$　$f_x = \sum\Delta x = +0.004\ \text{m}$　$f_y = \sum\Delta y = +0.001\ \text{m}$ $f_\beta = \pm 10\sqrt{n} = \pm 20''$　$f = \sqrt{f_x^2 + f_y^2} = 0.004\ \text{m}$　$K = \frac{f}{\sum D} = \frac{1}{77\ 759}$　$k_{允} = \frac{1}{15\ 000}$												

注：角度及改正数取位至1″，距离、坐标及相关改正数等取位至1 mm。

三、导线测量内业记录计算要求

(1)记录字迹工整、清晰,不得任意修改。

(2)计算正确,表格填写完整。

(3)角度、距离的计算采用"奇进偶舍"的原则,记录、计算时的占位"0"及"±"必须填写。

四、导线测量内业成果精度要求

(1)方位角闭合差≤$10\sqrt{n}$。

(2)导线相对闭合差≤1/15 000。

任务评估

一、自我评估与同学互评

学生自评、小组内互评成绩表

任务:________________　组别:________________　姓名:________________

小组成员	个人自评(60分)			个人自评得分	小组内互评(40分)				小组内互评得分
	学习态度(20分)	团队合作(20分)	学习收获(20分)		学习态度(10分)	团队合作(10分)	发挥作用(10分)	能力提升(10分)	
实训总结与反思:									

二、教师评价

教师对学生学习情况评价表

课程名称:________________

学生所在班级:________________　任课教师:________________　授课日期:________________

序号	评价内容		评价分值			
			优(9~10分)	良(7~8分)	一般(6~7分)	差(6分以下)
1	学习态度	课前准备充分,学习材料完整,不迟到、早退,不随意调座位				
2		上课专心听讲,认真记笔记,能够认真观察老师的演示,认真听要求				
3		关心课堂学习内容,爱护各种设备,珍惜各种资源				

续表

序号	评价内容		评价分值			
			优 (9~10分)	良 (7~8分)	一般 (6~7分)	差 (6分以下)
4	学习内容	按照教师要求计划安排合理，快慢有序，条理分明				
5		课堂中学习任务明确，重点突出，能与他人很好地进行实训探究				
6		理论联系实际，能将课堂所学知识运用到实际动手操作过程中				
7	学习效果	能够与其他同学配合完成学习任务，且分工明确，在规定的时间内，保质保量完成任务				
8		通过学习，掌握了本任务的基本理论知识和方法				
9		通过练习，分析问题和解决问题的能力得到了提高，并有自己的创意				
10	总评	对该学生学习态度、学习方法、学习质量水平的总体评价				

任务练习

一、选择题

1. 衡量导线测量精度的标准是(　　)。

A. 角度闭合差　　B. 坐标增量闭合差

C. 导线全长闭合差　　D. 导线全长相对闭合差

2. 闭合导线改正后的内角和等于(　　)。

A. $\sum\beta$　　B. $-\sum\beta$　　C. 0　　D. $(n-2)\times360°$

3. 改正后的坐标增量之和等于(　　)。

A. 0　　B. Δx　　C. Δy　　D. Δd

4. 坐标增量闭合差的调整原则是将坐标增量闭合差反号，按与边长成(　　)分配在各边上。

A. 正比　　B. 反比　　C. 平均　　D. 随意

5. 某闭合导线中，横坐标增量总和为-0.003 m，纵坐标增量总和为+0.006 m，导线全长为300.289 m，则导线全长相对闭合差为(　　)。

A. 1/44 764　　B. 1/100 096　　C. 1/50 048　　D. 1/33 365

6. 坐标增量是相邻两点之间的坐标之(　　)。

A. 和　　B. 差　　C. 积　　D. 商

二、综合题

有一闭合导线，测量内角分别为76°36′26″、106°32′18″、68°29′42″和108°21′10″，则改正后各角度分别为多少？

模块检测

一、选择题（每题5分，共50分）

1. 导线测量就是测定各控制点（　　）位置的测量工作。

A. 平面　B. 高程　C. 平面和高程　D. 空间

2. 坐标增量是相邻两点之间的坐标之（　　）。

A. 和　B. 差　C. 积　D. 商

3. 图根闭合导线的坐标计算中，坐标增量闭合差的调整原则是将f_x、f_y以相同的符号并按与（　　）成正比的原则分配到相应边的纵横坐标增量中去。

A. 边长　B. 角度　C. 高差　D. 坐标增量

4. 一级导线测量外业数据观测时，全站仪和觇牌的对中误差不超过（　　）mm。

A. 1　B. 2　C. 3　D. 4

5. 附合导线的各边坐标增量代数和理论上等于终、始两点的坐标之（　　）。

A. 和　B. 差　C. 积　D. 商

6. 对于闭合导线，各边x坐标增量总和与y坐标增量总和理论值应（　　）。

A. 等于零　B. 不等于零　C. 无法计算　D. 可正可负

7. 布设和观测图根导线控制网，应尽量与测区内或附近的（　　）连接，以便求得起始点的坐标和起始边的坐标方位角。

A. Ⅰ级控制点　B. Ⅱ级控制点　C. 低级控制点　D. 高级控制点

8. 导线转折角的测量一般采用（　　）观测。

A. 测回法　B. 复测法　C. 方向观测法　D. 全员观测法

9. 导线测量的外业工作不包括（　　）。

A. 踏勘选点　B. 建立坐标　C. 导线边长测量　D. 水平角测量

10. 支导线是由一（　　）出发，既不附合到另一已知点，又不回到原起始点的导线。

A. 已知点　B. 原点

C. 已知点和已知方向　D. 未知点

二、判断题（每题4分，共20分）

1. 导线内业计算中，推算各边方位角时，若计算结果<0°，则加360°。（　　）

2. 记录、计算的占位“0”、坐标增量“±”应按规定进行填写。（　　）

3. 闭合导线中，改正后的坐标增量之和为零。（　　）

4. 观测结束后，仪器装箱可以不用收回到出发处。（　　）

5. 导线测量外业观测数据必须原始真实，严禁弄虚作假。（　　）

三、计算题（每题30分，共30分）

对下表中闭合导线的测量成果进行计算（连接角及内角均为左角）。

导线测量成果计算表

点号	观测角 /(°　′　″)	角度改正数 /(″)	改正后角度值 /(°　′　″)	坐标方位角 /(°　′　″)	距离/m	坐标增量 Δx 计算值 /m	坐标增量 Δx 改正值 /mm	坐标增量 Δx 改正后的值/m	坐标增量 Δy 计算值 /m	坐标增量 Δy 改正值 /mm	坐标增量 Δy 改正后的值/m	纵坐标 x/m	横坐标 y/m
B													
				335 33 07									
1H	108 35 18											12 037.542	20 207.028
					369.627								
2H	89 38 06												
					294.640								
3H	90 01 54												
					371.052								
4H	89 41 22												
					292.488								
1H	90 38 41												
2H													
∑													
辅助计算													

注：角度计算等取位至1″，距离，坐标计算等取位至1 mm。

模块六 数字化测图

随着科学技术的进步和计算机技术的迅猛发展以及全站仪、GPS-RTK 等先进测量仪器和定位技术的广泛应用，地形测量向自动化和数字化方向发展，数字化测图技术应运而生。数字测图与图解法测图相比，以其特有的高自动化、全数字、高精度的显著优势而具有广阔的发展前景。数字化测图是由制图自动化开始的，我国从 1983 年开始数字测图的研究工作，目前国内利用全站仪、GPS-RTK 等设备测绘地形图的方法已得到广泛应用。

任务一 数字测量外业数据采集

如图 6-1-1 所示，重庆某中学一扩建工程，需对整个校园进行地形图测绘。项目经理要求测量员小王根据两已知坐标点 A、B，使用测量仪器进行数字化测图，以便于校园的扩建改造施工。如果你是测量员小王，你计划使用哪些测量仪器来完成外业数据采集工作？

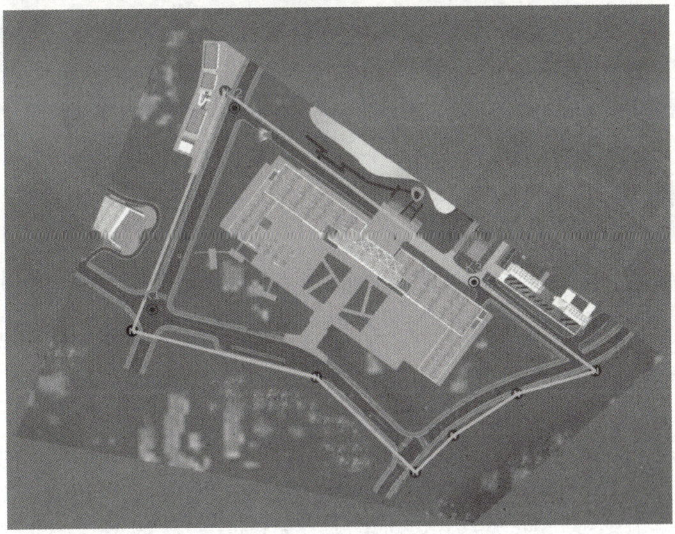

图 6-1-1 重庆某中学总平面图

任务描述

小王接到任务后，现场绘制草图，并根据已知坐标点 A、B，使用全站仪和 GPS-RTK 进行数字化测图的外业数据采集。

任务目标

知识目标	能力目标	素养目标
(1)区分地物与地貌; (2)解释比例尺、比例尺精度与测图量距的关系; (3)概括等高线的特性; (4)阐明全站仪、GPS-RTK 数字化测图的要点; (5)概括用全站仪、GPS-RTK 进行数字化测图的操作步骤	(1)能识读地物与地貌; (2)会正确选用比例尺; (3)能勾绘等高线; (4)能独立完成数据采集; (5)能手绘野外草图	(1)初步形成严谨的测量工作态度; (2)具有一定的分析问题和解决问题能力; (3)能体会测量工作的重要性; (4)能主动参与测量仪器的实际操作

任务准备

一、知识准备

(一)数字测图的基本知识

数字测图指利用全站仪或其他测量仪器进行野外数字化测图、利用数字化仪对纸质地形图进行数字化、利用无人机航摄或遥感像片进行数字化测图,再利用上述技术将采集到的地形数据传输给计算机,然后由数字成图软件进行数据处理,经过编辑、图形处理,生成数字地形图。

与传统测图方式比较,数字测图使野外测量自动记录、自动解算,使内业数据自动处理、自动成图、自动绘图,并向用户提供可处理的数字地形图,极大地缩短了野外测图时间,减轻了野外劳动强度,提高了工作效率。在学习之前,我们先了解一下地形、地形图的相关基础知识。

1. 地形图与比例尺

1)地形

地形是地物和地貌的总称。地物是指地面上各种固定性的物体,如城市街道、房屋、道路、江河湖泊、森林、草原及其他各种人工建筑物等;地貌是指地面上自然形成的高低起伏形态,如高山、深谷、陡坎、悬崖、峭壁等。

2)地形图

地形图是指通过测量将地面上各种地物和地貌的平面位置和高程沿垂直方向投影在水平面上,并按一定的比例尺,用地形图图式统一规定的符号和注记,将其缩绘在图纸上的平面图形。地形图既表示出地物的平面位置,又表示出地貌形态的情况。

3)比例尺

地形图上任意一线段的长度 d 与地面上相应线段的实际水平长度 D 之比,称为地形图的比例尺。一般将比例尺化为分子为 1,分母为一个比较大的整数 M 表示,即:$\frac{d}{D}=\frac{1}{D/d}=\frac{1}{M}$。$M$ 越大,比例尺的值就越小;M 越小,比例尺的值就越大。

一般认为人的肉眼能分辨的图上最小距离是 0.1 mm，因此通常把图上 0.1 mm 所表示的实地水平长度，称为比例尺精度。常见比例尺精度如表 6-1-1 所示。

表 6-1-1　常见比例尺精度

比例尺	1 : 500	1 : 1 000	1 : 2 000
比例尺精度/m	0.05	0.1	0.2

2. 地物与地貌

1）地物符号

地物的种类繁多，形态复杂，一般可分为两类：一类是自然地物，如河流、湖泊等；另一类是人工地物，如房屋、道路、管线等。地物的类别、大小、形状及其在图上的位置，都是按规定的地物符号和要求表示的。

现行国家标准地形图图式统一了地形图的规格要求，地物、地貌符号和注记，供测图和识图时使用。地形图上对一些地物的性质、名称等加以注记和说明的文字、数字或特定的符号，称为地物注记，如房屋的层数；河流的名称、流向、深度；工厂、村庄的名称；控制点的点号、高程；地面的植被种类等。

2）地貌符号

地貌形态多种多样，包括山地、丘陵和平原等。在地形图上表示地貌的方法有很多，而测量工作中通常用等高线表示，因为用等高线表示地貌不仅能表示地面的起伏形态，而且还能表示出地面的坡度和地面点的高程。等高线是地面上高程相同的点所连接而成的连续闭合曲线，等高线有首曲线、计曲线、间曲线和助曲线之分，如表 6-1-2 所示。

表 6-1-2　等高线的种类及定义

序号	等高线	定义	备注
1	首曲线	在同一幅地形图上，按基本等高距描绘的等高线，称为首曲线，又称基本等高线。用 0.15 mm 的细实线绘出，如右图所示 98 m、102 m、104 m、106 m、108 m 等高线	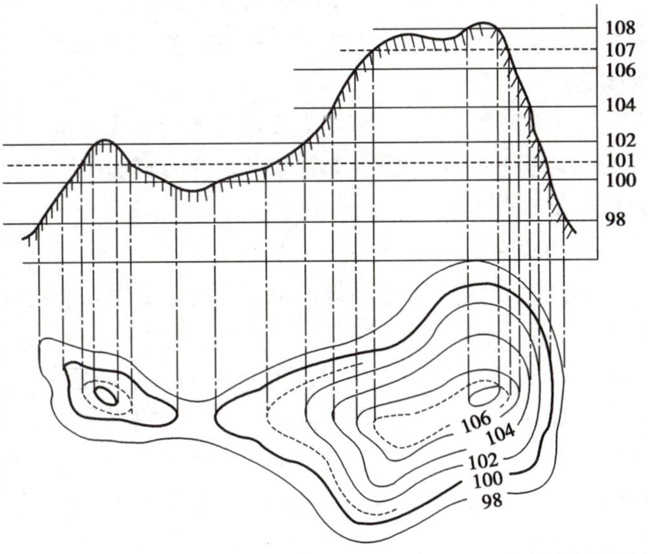

续表

序号	等高线	定义	备注
2	计曲线	为了计算和用图方便，每隔四条基本等高线或凡高程能被5整除且加粗描绘的基本等高线为计曲线或加粗等高线。用0.3 mm的粗实线绘出，如右图所示75 m、100 m等高线	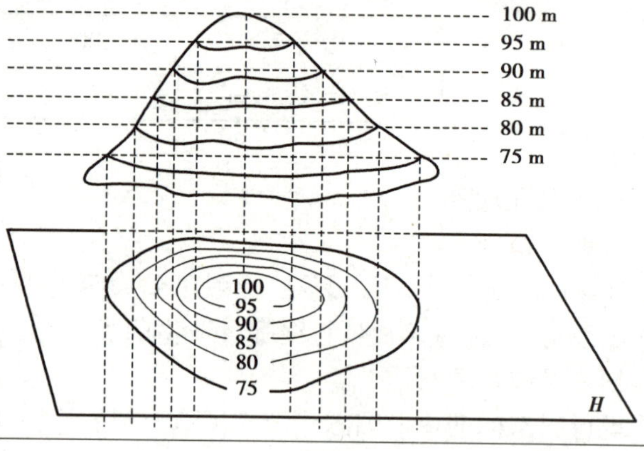
3	间曲线	为了显示首曲线不便于表示的地貌，按1/2基本等高距描绘的等高线，称为间曲线或半距等高线	常用0.15 mm的细长虚线表示，描绘时可不闭合
4	助曲线	有时为了显示局部地貌的变化，按1/4基本等高距描绘的等高线，称为助曲线	常用0.15 mm的细短虚线表示，描绘时可不闭合

3）等高线的特性

(1)同一条等高线上各点的高程相等。

(2)等高线是闭合曲线，不能中断，如果不在同一幅图内闭合，则必定在相邻的其他图幅内闭合。

(3)等高线只有在绝壁或悬崖处才会重合或相交。

(4)等高线经过山脊或山谷时改变方向，因此山脊线与山谷线应和改变方向处的等高线的切线垂直相交。

4）等高距和等高线平距

等高距是指相邻等高线之间的高差，常用 h 表示。等高距越小，显示地貌就越详细；等高距越大，显示地貌就越简略。但是当等高距过小时，图上的等高线过于密集，将会影响图面的清晰。因此，在测绘地形图时，等高距的大小是根据测图比例尺与测区地形情况来确定的。

等高线平距是指相邻等高线之间的水平距离，常用 d 表示。等高线平距 d 的大小与地面坡度有关，等高线平距越小，地面坡度就越大；反之，平距越大，则坡度越小。因此，可以根据地形图上等高线的疏、密来判断地面坡度的缓、陡。

5）常见地貌的表示方法

常见地貌的表示方法如表6-1-3所示。

表 6-1-3　常见地貌的表示方法

序号	典型地貌	定义	图示
1	山丘	山丘与洼地的等高线都是一组闭合曲线，但它们的高程注记不同，内圈等高线的高程注记大于外圈者为山丘	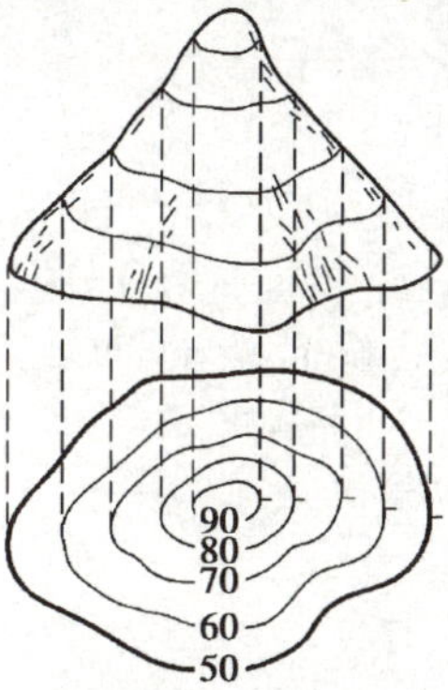
2	洼地	内圈等高线的高程注记小于外圈者为洼地。也可以用示坡线表示山丘或洼地，示坡线是垂直于等高线的短线，用以指示坡度下降的方向，示坡线指向内圈是洼地，指向外圈是山丘	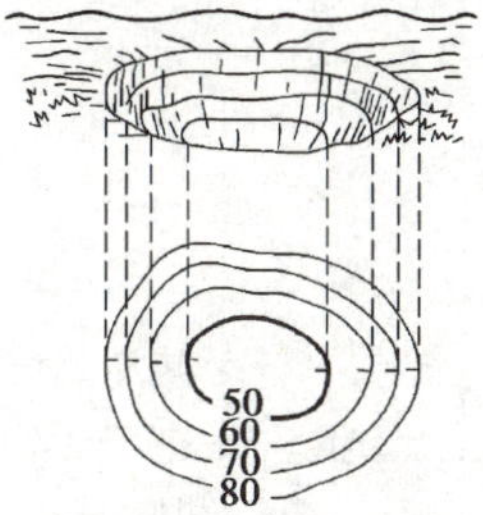
3	山脊	山的最高部分为山顶，从山顶向某个方向延伸的高地称为山脊。山脊的最高点连线称为山脊线	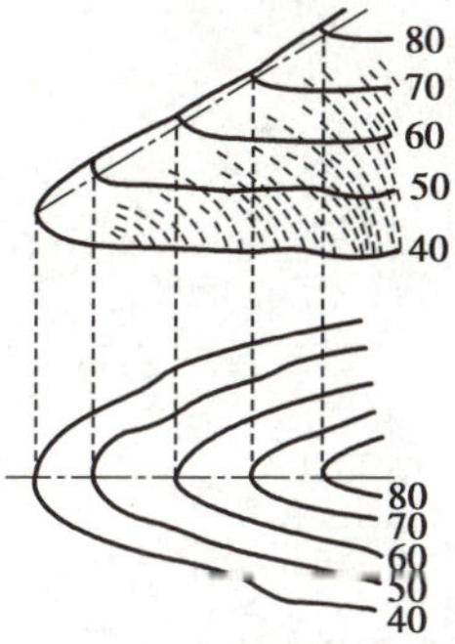
4	山谷	相邻山脊之间的凹部称为山谷，它是沿着某个方向延伸的洼地。山谷中最低点的连线称为山谷线	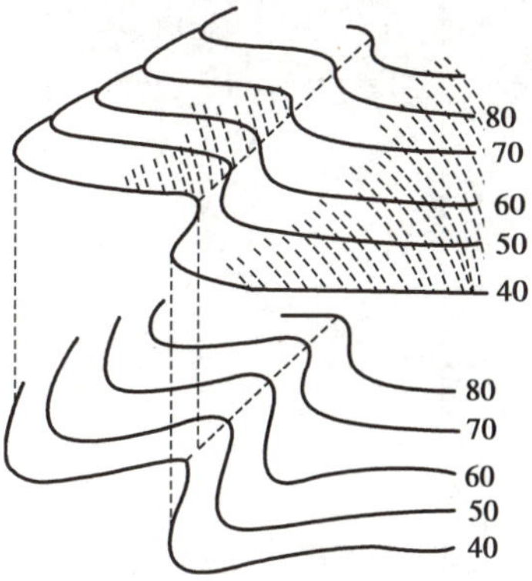

续表

序号	典型地貌	定义	图示
5	鞍部	鞍部是相邻两山头之间呈马鞍形的低凹部位,也是一对山脊线与一对山谷线会合的部位	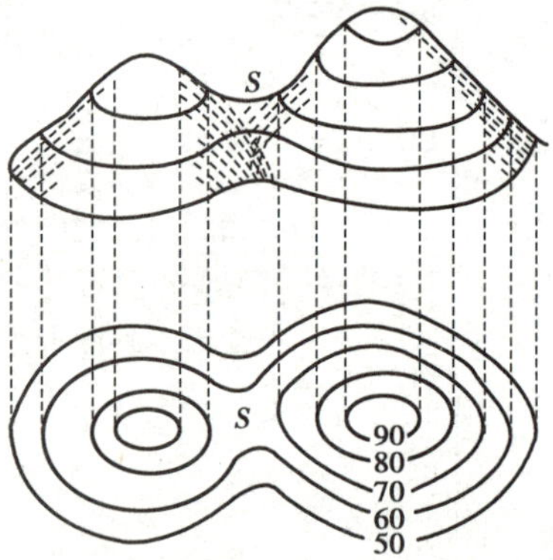
6	陡崖	陡崖是坡度在70°以上或为90°的陡峭崖壁。由于此处等高线很密集,用陡崖符号表示,其岩质有土质和石质之分	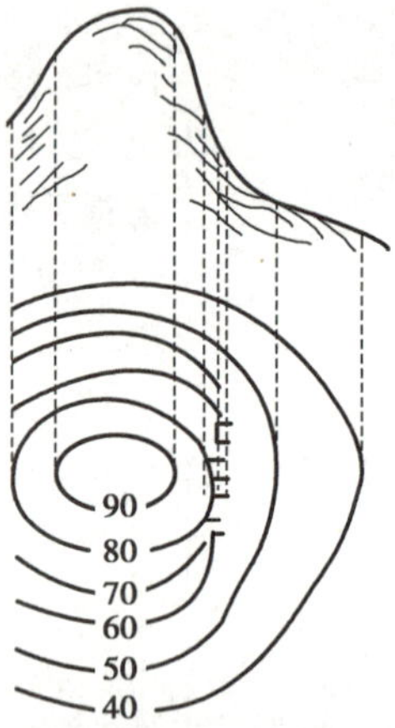
7	悬崖	悬崖是上部突出,下部凹进的陡崖的地形。地形图上的等高线相交于此,交点成对出现,不可见部分的等高线用虚线表示	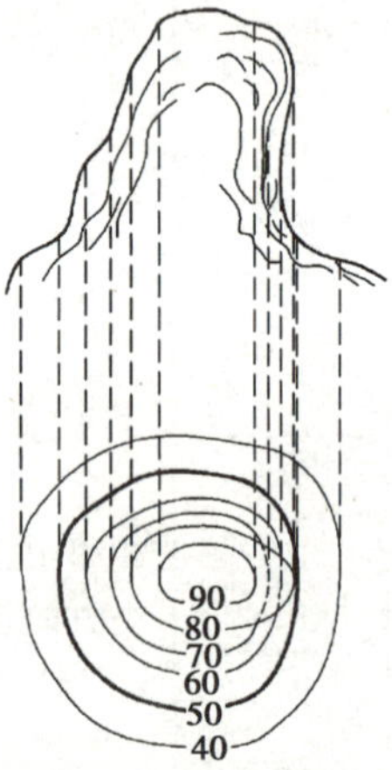

在数字化测图外业作业中,常用全站仪和GPS-RTK进行数据采集,下面介绍两种方法进行数据采集的操作步骤。

（二）全站仪外业数据采集

1. 全站仪外业数据采集准备

下面以中国某测绘公司生产的 NTS 系列全站仪为例进行介绍，操作步骤如下：

1）设置测站点

（1）按 MENU 键进入主菜单，按 F1 键选择数据采集功能，如图 6-1-2 所示。

（2）新建一个文件，按回车键确认，如图 6-1-3 所示。

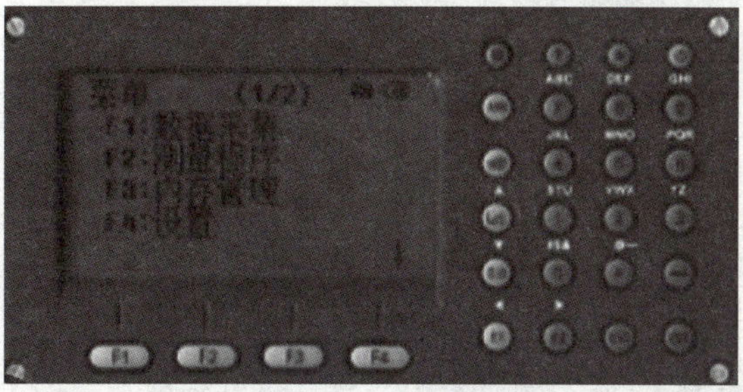

图 6-1-2　主菜单

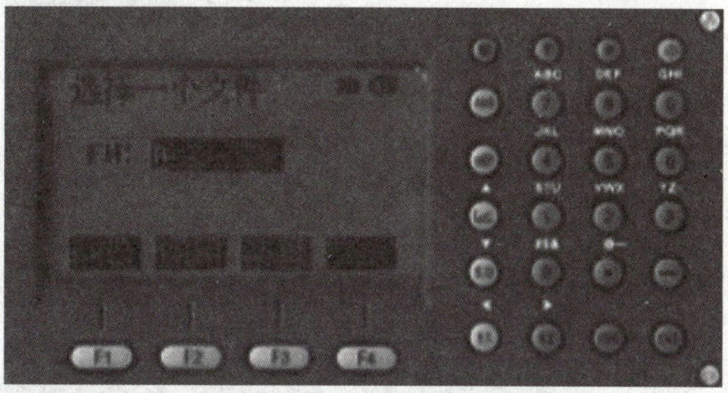

图 6-1-3　新建文件

（3）按 F1 键设置测站点（图 6-1-4），再输入点名、编码、仪高，按 F4 键确认。

图 6-1-4　设置测站点

（4）按 F4 键（坐标）（图 6-1-5），进入测站点坐标输入界面，输入坐标 N、E、Z 的值，按回车键确认。按 F4 键记录，如图 6-1-6 所示。

图 6-1-5　按 F4 键

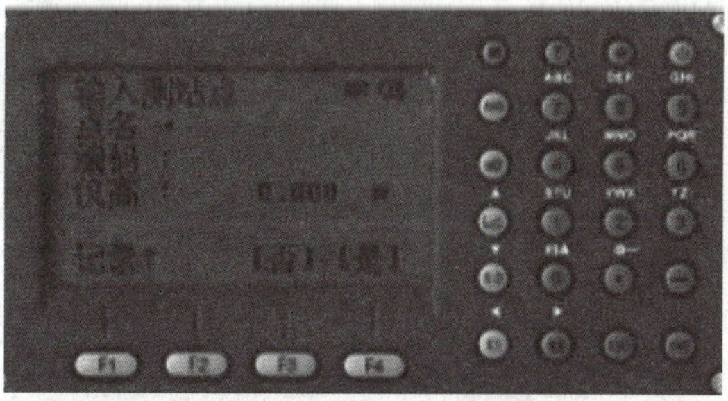

图 6-1-6　记录选“是”

（5）然后进入仪器高的输入界面（图 6-1-7），输入仪器高度，按回车键确认，完成测站点的设置。

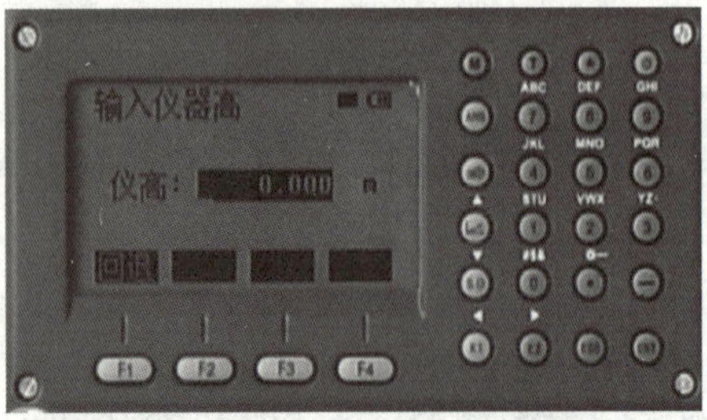

图 6-1-7　输入仪器高

2)设置后视点

(1)回到数据采集界面(图 6-1-8),按 F2 键输入后视点。

(2)按 F1 键输入点名、镜高(图 6-1-9),按 F3 键输入后视点坐标,按回车键确认。

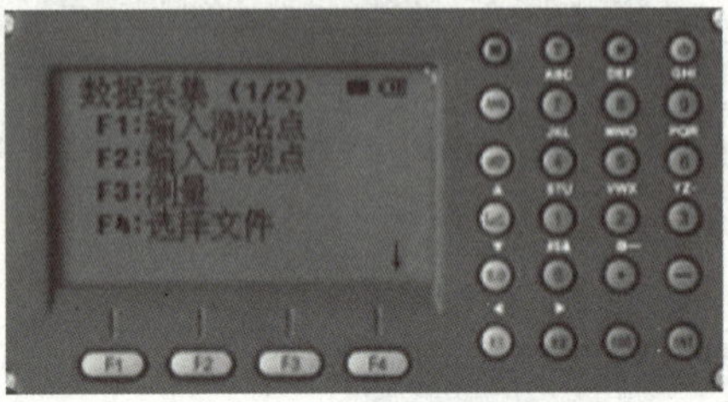

图 6-1-8　数据采集

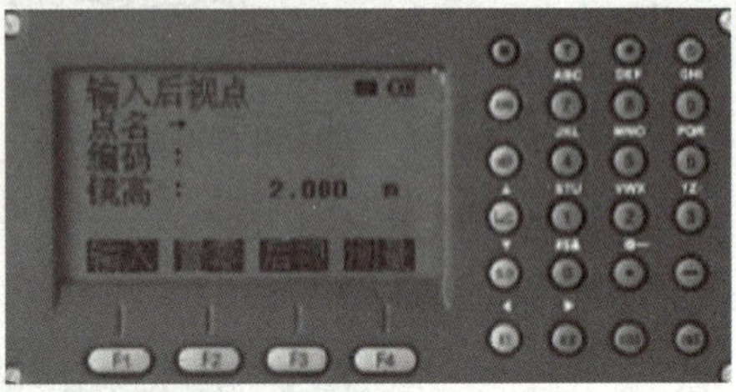

图 6-1-9　点名、镜高设置

(3)按 F4 键记录(图 6-1-10),显示后视方位角,完成定向。

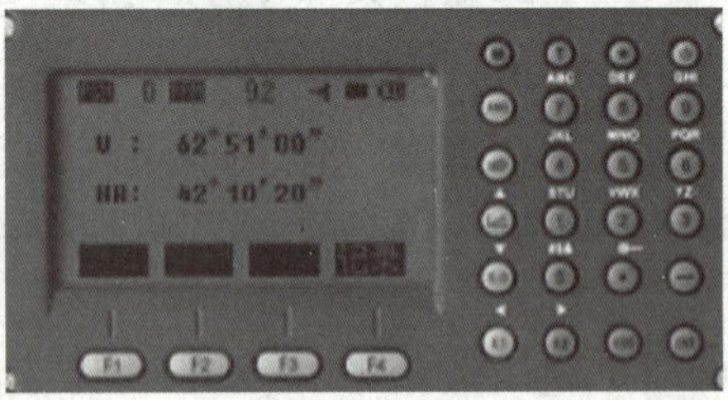

图 6-1-10　按 F4 键记录

(4)回到数据采集界面(图 6-1-8),按 F3 测量键,进行坐标检核。

2. 开始数据采集

(1)完成坐标检核后,回到数据采集界面(图 6-1-8),按 F3 测量键。

(2)按 F1,输入点名、镜高。按 F3 坐标键,开始坐标测量。测量完成后,按 F4 记录键,记录数据,如图 6-1-11 所示。

(3)按 F4 键,进入下一个点的坐标测量,如图 6-1-12 所示。

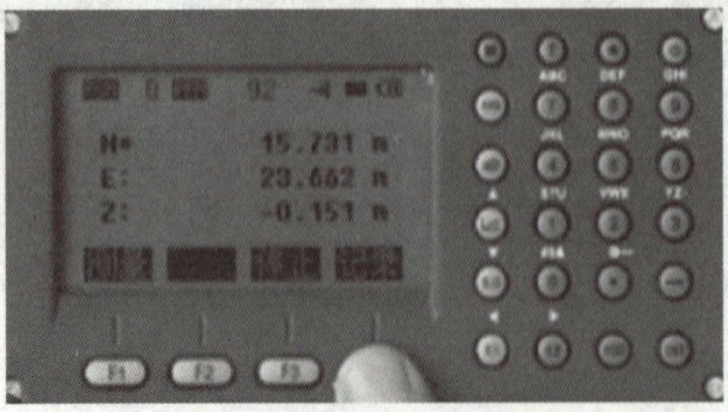

图 6-1-11　记录数据

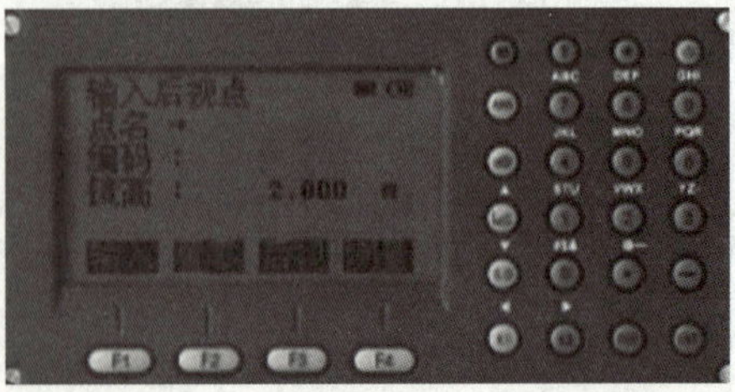

图 6-1-12　按 F4 键测量

（三）GPS-RTK 工作原理及外业数据采集准备

1. GPS-RTK 工作原理

GPS-RTK 的工作原理是将一台接收机置于基准站上，另一台或几台接收机置于载体（称为移动站）上，基准站和移动站同时接收同一时间、同一 GPS 卫星发射的信号，基准站所获得的观测值与已知位置信息进行比较，得到 GPS 差分改正值。然后将这个改正值通过无线电数据链电台及时传递给共视卫星的移动站精化其 GPS 观测值，从而得到经差分改正后移动站较准确的实时位置。

GPS-RTK 能够在野外实时得到厘米级定位精度，能实时提供测站点在指定坐标系中的三维定位结果，是 GPS 应用的重大里程碑。GPS-RTK 在工程上的运用大大提高了工作效率，因此在工程测量中应用比较广泛。

2. GPS-RTK 基准站架设

用 GPS-RTK 进行外业数据采集之前，需先架设基准站。基准站一定要架设在视野比较开阔、周围环境比较空旷、地势比较高的地方；避免架在高压输变电设备附近、无线电通信设备收发天线旁边、树荫下以及水边，这些都将对 GPS 信号的接收以及无线电信号的发射产生不同程度的影响。操作步骤如下：

GPS操作

（1）架设三脚架，如图 6-1-13 所示。

（2）打开基准站仪器箱，取出基准站主机，如图 6-1-14 所示。

图 6-1-13　架设三脚架

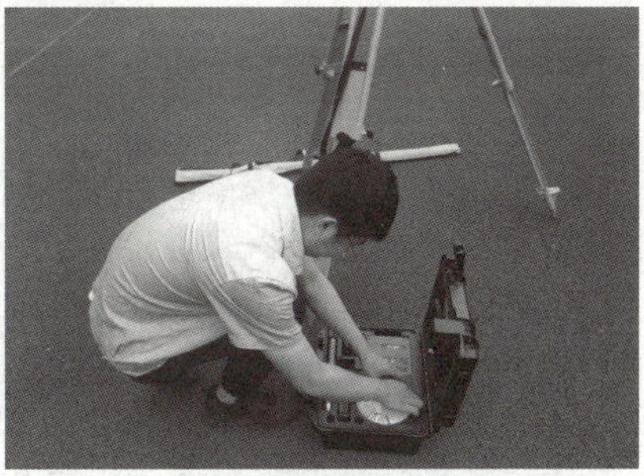

图 6-1-14　取出基准站主机

（3）解锁并打开电池仓 A 的盖板，装入 A 仓锂电池，盖好电池仓盖板并锁紧；接着打开电池仓 B 盖板，装入 B 仓锂电池，盖好电池仓盖板并锁紧，如图 6-1-15 所示。

（4）将对中杆拧入主机底部中心螺孔，如图 6-1-16 所示。

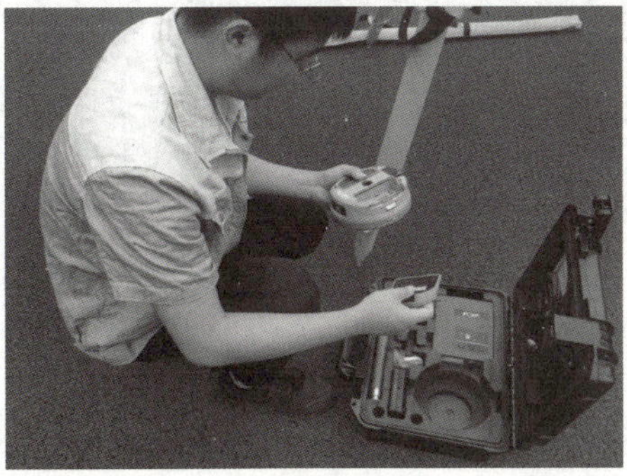

图 6-1-15　安装电池

图 6-1-16　对中杆连接

(5)从仪器箱中取出固定圆盘，将主机固定到三脚架上，注意拧紧脚架固定螺栓。固定好后长按主机面板按钮，“嘀”的一声后松开按钮，完成开机，如图 6-1-17 所示。

(6)启动基准站，设置基准站参数。

(7)手簿开机：长按电源键，屏幕亮起后松开，如图 6-1-18 所示。

(8)系统启动成功后，滑动屏幕解锁。按测点快捷键，启动测量软件，如图 6-1-19 所示。

图 6-1-17　主机开机

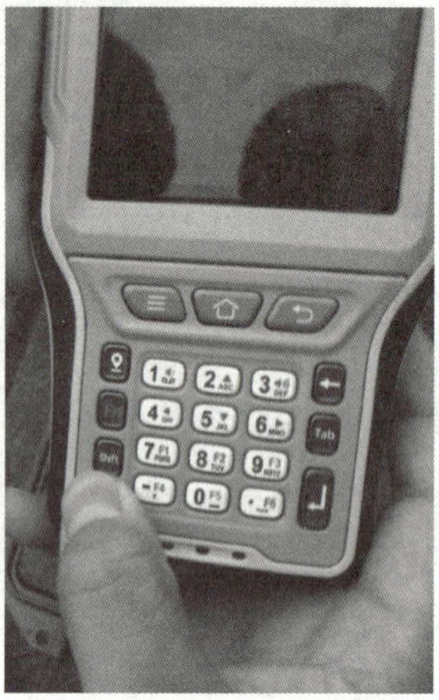

图 6-1-18　手簿开机

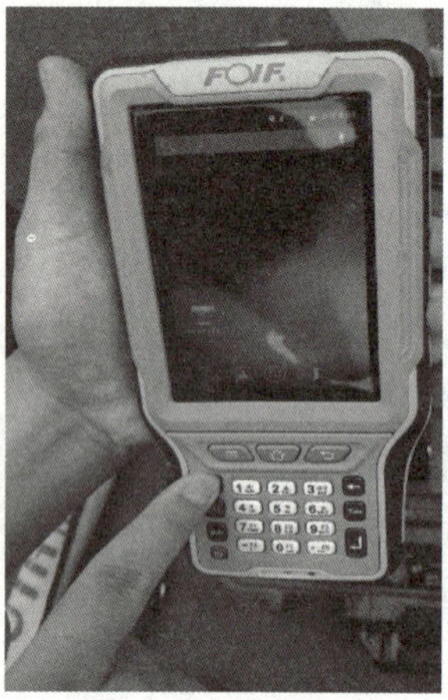

图 6-1-19　启动测量软件

(9)进入测量软件界面，将手簿连接基站主机，点击“仪器”→“通讯设置”，如图 6-1-20 所示。

(10)断开之前连接的设备。搜索基准站蓝牙，搜到以后，选中基准站编号，点击“连接”，等待连接进度条完成，如图 6-1-21 所示。

(11)在仪器菜单页面点击“基准站模式”，完成基准站设置，如图 6-1-22 所示。

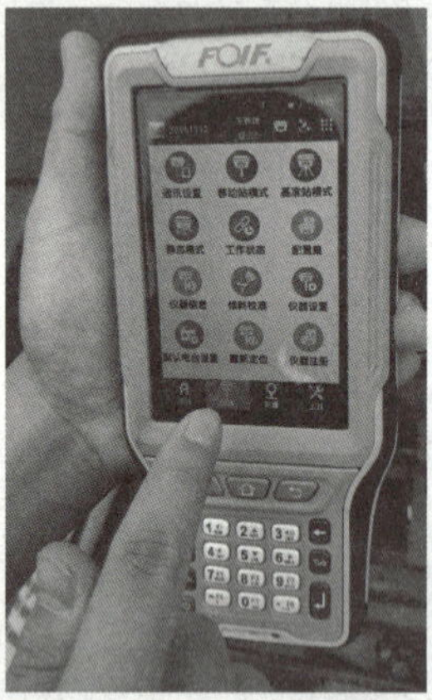

图 6-1-20　通讯设置

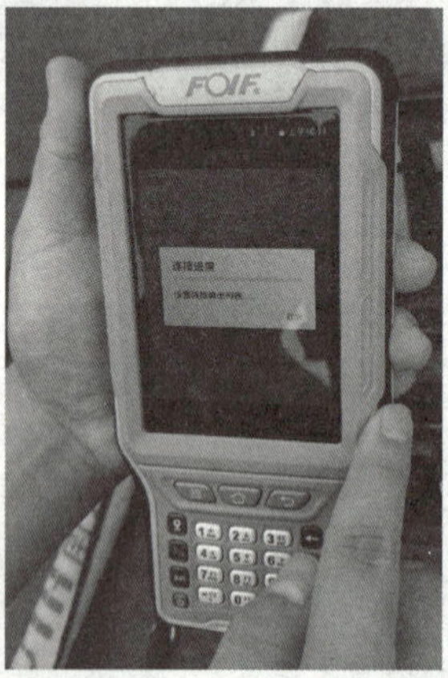

图 6-1-21　连接蓝牙

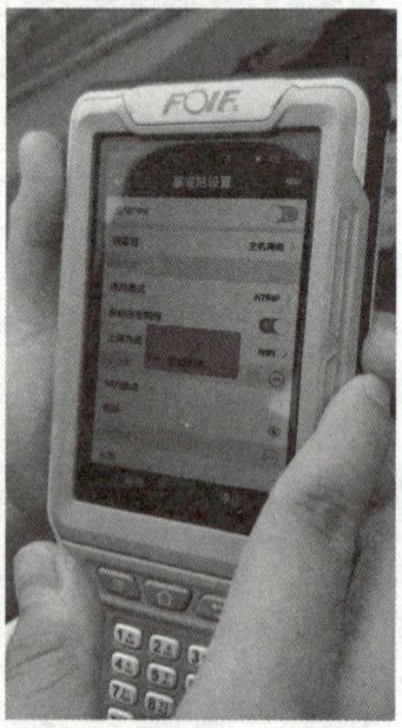

图 6-1-22　点击基准站模式

3. GPS-RTK 移动站的设置

以国内某测绘公司 RTK 为例，操作步骤如下：

(1)从移动站仪器箱中取出主机，装好锂电池，盖好电池仓盖板，锁紧锁扣，如图 6-1-23 所示。

(2)取出对中杆,将对中杆连接在主机底部中心螺孔,如图 6-1-24 所示。
(3)将铝合金杆抽出,固定到合适高度,如图 6-1-25 所示。
(4)将手簿托架装到对中杆中部,如图 6-1-26 所示。

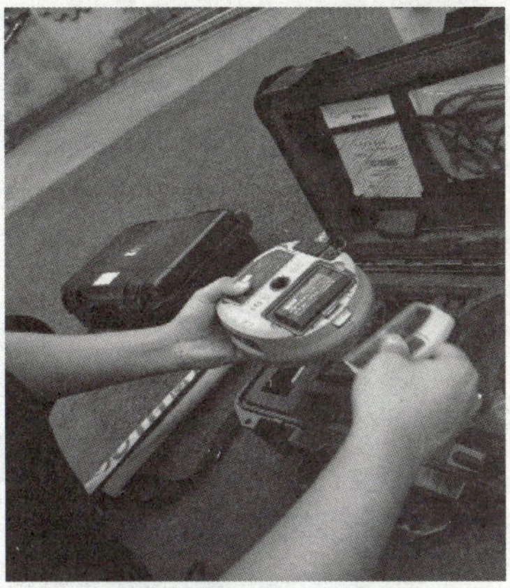
图 6-1-23　安装电池

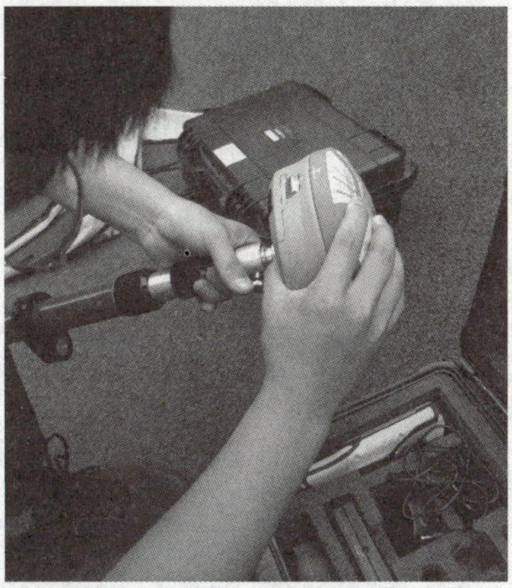
图 6-1-24　对中杆连接

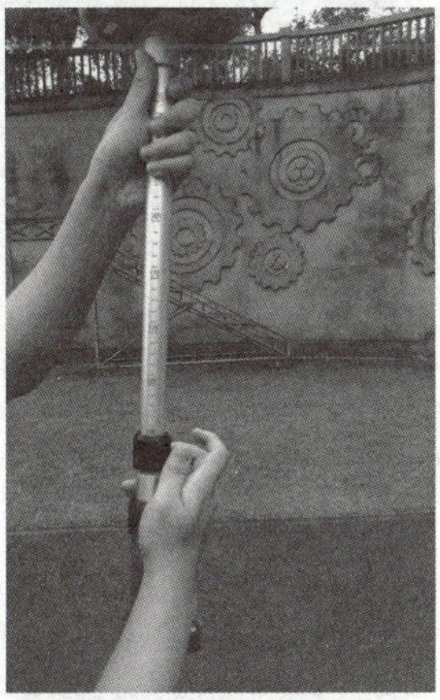
图 6-1-25　高度调整

图 6-1-26　手簿托架安装

(5)将手簿固定到手簿托架上,如图 6-1-27 所示。
(6)长按按键,"嘀"的一声后松开,移动站架设完毕,如图 6-1-28 所示。

图 6-1-27　手簿固定

图 6-1-28　长按开机

(7)从手簿启动移动站。只有初次设置移动站或更改设置参数,才需要从手簿设置移动站。其他时候,只需先将移动站开机,然后稍等半分钟再运行手簿软件,即可自动恢复设站和连接。

先将手簿连上网络,可在手簿内插入手机卡联网,或通过手簿 WIFI 热点联网。

方法一:手簿通过插卡联网。打开手簿后部的电池仓盖板,取出锂电池,将手机卡槽金属滑盖滑动解锁,向上拉开金属滑盖,装入手机卡,注意手机卡金属触片朝下,缺角朝右上角方向装入卡槽,然后盖上滑盖并锁紧,注意手机卡片要平整装入,如图 6-1-29 所示。装回电池,并盖好、锁紧盖板,如图 6-1-30 所示。

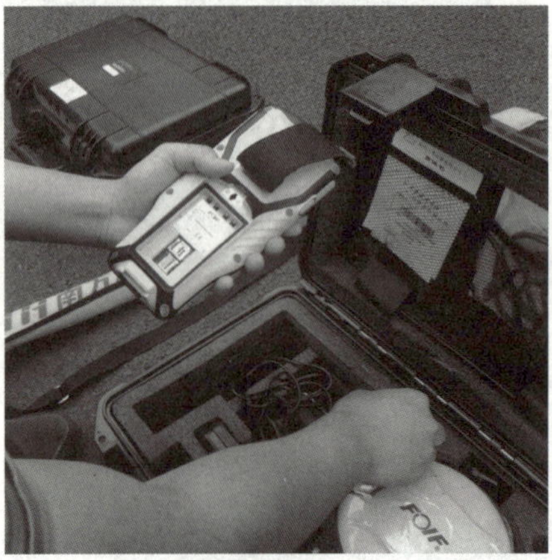

图 6-1-29　装入手机卡

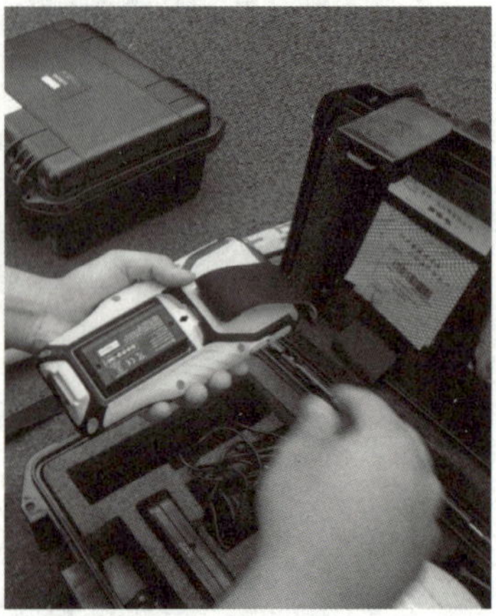

图 6-1-30　装回电池

方法二:手簿通过 WIFI 热点联网。下滑手簿顶部信息提示栏,在 WLAN 中找到 WIFI 热点,输入对应密码,点击连接即可,如图 6-1-31 所示。

(8)移动站设置操作。打开手簿软件后,点击“仪器”→“通讯设置”→“断开”,在“通讯模式”内选择“蓝牙”,如图 6-1-32 所示。

图 6-1-31　WIFI 热点联网

图 6-1-32　选择“蓝牙”

(9)点击“搜索”,搜索移动站编号,搜到后点击“停止”,如图 6-1-33 所示。

(10)选中移动站编号,点击“连接”,等待连接进度走完,如图 6-1-34 所示。

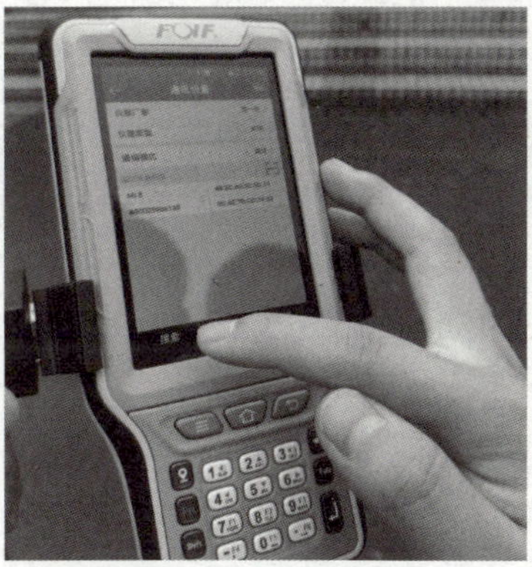

图 6-1-33　搜索移动站编号

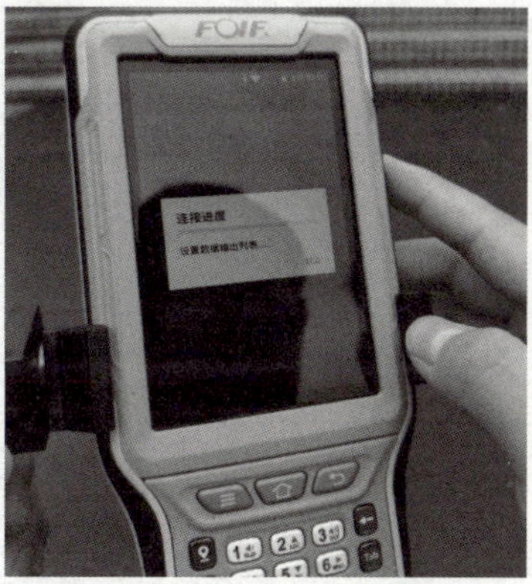

图 6-1-34　点击“连接”

(11)点击“移动站模式”,如图 6-1-35 所示。

(12)点击“获取接入点”,提示获取完毕后选择接入点,接入点为基准站仪器编号即可。点击“开始”,蓝色进度条循环前进每秒一格,联网信号正常,点击“应用”,等待连接进度走完,如图 6-1-36 所示。

图 6-1-35　点击移动站模式

图 6-1-36　连接进度

(13)移动站主机左下角信号链路灯开始每秒 1 次闪烁,等待 3 s,手簿显示固定,设站操作全部完成,开始测量。

二、仪器和工具准备

全站仪测图和 GPS-RTK 测图需要准备的仪器和工具如表 6-1-4 所示。

表 6-1-4　仪器和工具

序号	全站仪测图		GPS-RTK 测图	
	仪器或工具	数量	仪器或工具	数量
1	全站仪	1 套	GPS-RTK	1 台
2	棱镜杆	1 个	对中杆	1 个
3	棱镜	2 个	手簿	1 台
4	三脚架	2 个	三脚架	1 个
5	小钢卷尺	1 个	小钢卷尺	1 个

续表

序号	全站仪测图		GPS-RTK 测图	
	仪器或工具	数量	仪器或工具	数量
6	A4 页面图板	1 个	A4 页面图板	1 个
7	铅笔	1 支	铅笔	1 支
8	橡皮擦	1 块	橡皮擦	1 块

任务实施

一、全站仪外业施测

(一)实训步骤

(1)建立文件。按“MENU”(菜单)→“F1”(数据采集)→“FN”(输入),输入文件名,如20210329。

(2)设置测站点。按“F1”(测站点输入)进入测站点设置界面,输入测站点的点号(如D85)、仪器高、测站点的坐标和高程,记录保存并确认。

(3)后视定向。按“F12”(后视)进入后视定向界面,输入后视点的点号(如D89)、棱镜高、后视点的坐标和高程,记录保存,用望远镜瞄准后视点后确认。

(4)测量棱镜高度,如图6-1-37所示。

(5)检查测量。按“F3”(测量)进入碎部点测量界面,输入检查点号(如“1”)、棱镜高,用望远镜瞄准检查点(已知点)。按“测量”键测量检查点的坐标和高程,并将测出的坐标高程与已知数据进行对照,如果数值相差很小(如相差2 cm),则说明测站设置和后视定向正确,可以进行碎步测量。

特别需要强调的是,测站点的检查测量步骤不能省略,必须确认测站点定向正确后再进行碎部点的测绘。

(6)瞄准后视点定向,如图6-1-38所示。

图6-1-37　测量棱镜高度

图6-1-38　瞄准后视点定向

(7)碎部点测量。按“F3”(测量)进入碎部点测量界面,输入碎部点号(如“1”)、棱镜高,用望远镜瞄准前视碎部点,按“测量”键测量碎部点的坐标和高程并保存。转动望远镜瞄准2号碎部点,按“同前”键,直到数据采集完毕。

(二)手绘野外草图

用白纸(如A4纸)绘制工作草图。草图上应绘制碎部点的点号、地物的相关位置、地貌的地性线、地理名称和说明注记等。草图上标注的测点编号应与数据采集记录中的测点编号严格一致,地形要素之间的相关位置必须准确。地形图上需注记的各种名称、地物属性等,草图上也必须标注清楚、正确,如图6-1-39所示。

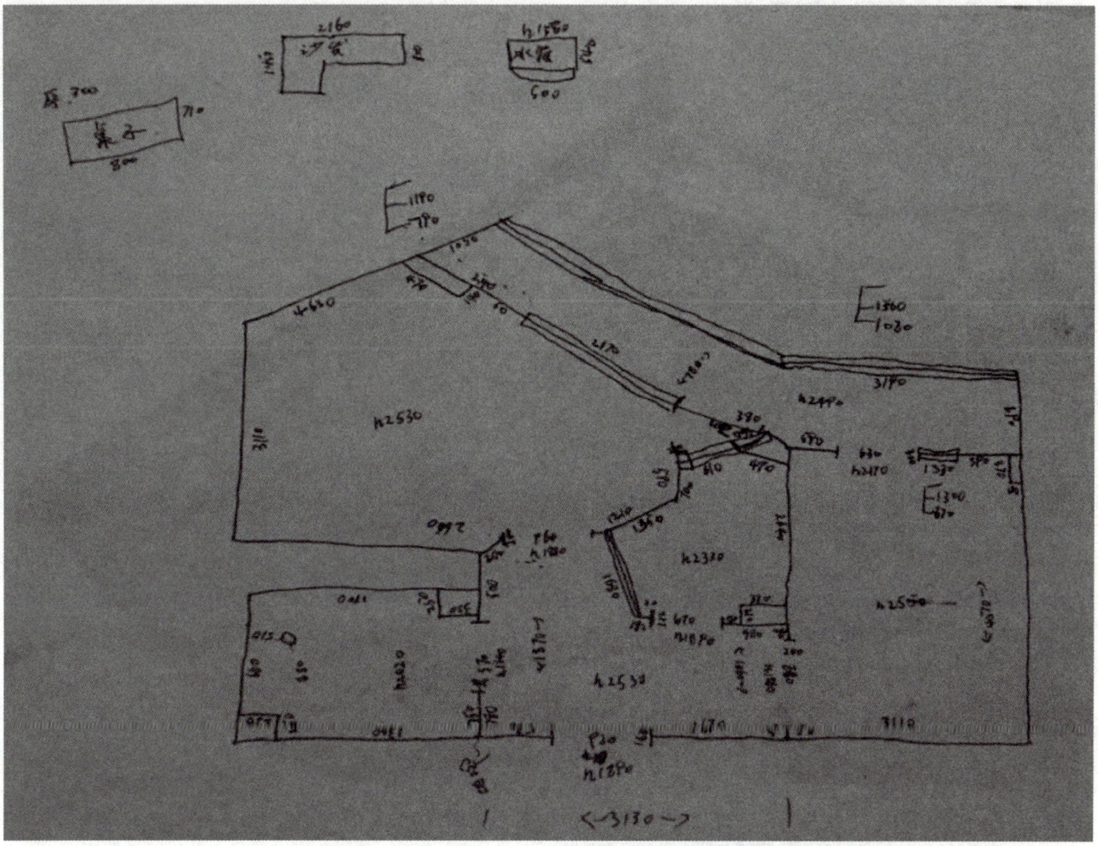

图6-1-39　手绘野外草图示意

二、GPS-RTK外业施测

(一)新建项目和项目参数设置

(1)打开手簿,运行配置的测量软件。

(2)新建项目任务:新建项目文件。

操作如下:点击“项目”→“项目管理”→“新建”,如图6-1-40所示。一般输入“项目名称”即可,点击“确定”,如图6-1-41所示。

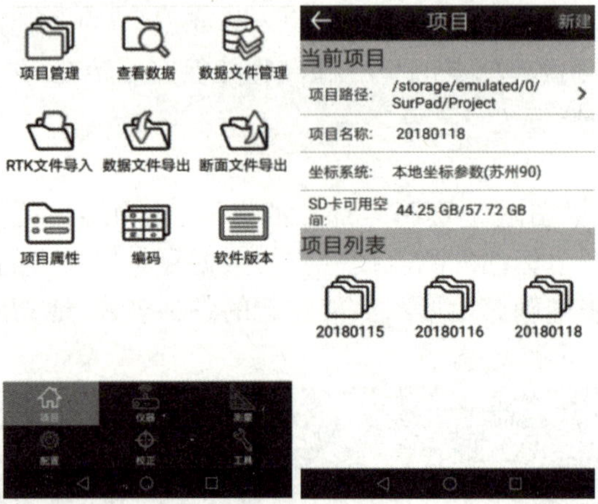

图 6-1-40　新建项目

图 6-1-41　输入项目信息

(二)转换参数

转换参数的目的是将 GPS 的测量坐标系(WGS84 经纬度坐标系)转换为当地坐标系(城建坐标系等)。

1. 计算转换参数

(1)点击“增加”(图 6-1-42),在“当前坐标系已知点”内输入点名和坐标,如图 6-1-43 所示。

(2)然后点击“WGS84 椭球原始坐标”后的符号(图 6-1-43),在点采集页面内,输入点名及对中杆高,点“确定”测量控制点经纬度坐标。也可以点符号调取点库内的点。

图 6-1-42　点击“增加”

图 6-1-43　输入点名和坐标

(3)在“选项”中,若已知点有准确的平面坐标,则将“是否使用平面校正”打开;若已知点有准确的高程坐标,则将“是否使用高程校正”打开;若没有平面或高程坐标,则将对应项关闭,然后点击“确定”,如图 6-1-44 所示。

(4)重复(1)—(3)步骤,增加多个控制点。

(5)控制点全部加完后,点击“计算”,显示“GPS 参数报告”(图 6-1-45),此时可检查校正参数是否合格,然后点击“返回”,检查点位误差是否够小。此部分详细操作参考“2. 转换参数正确性检查”。

(6)最后点击“关闭”,在“你确定把计算参数应用于当前项目?”中选“确定”即可。

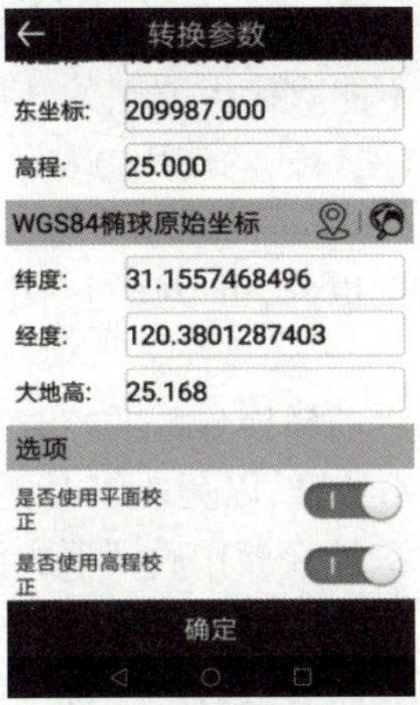

图 6-1-44　“选项”设置

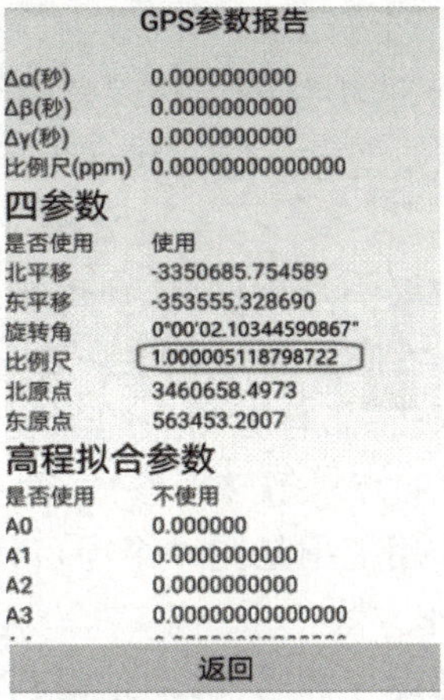

图 6-1-45　GPS 参数报告

注意事项:

(1)移动站必须保持稳定的固定解,并且对中杆要对准控制点,严格整平水泡,再进行测点。

(2)对中杆水泡不准容易带来误差,需要每 3 ~ 6 个月校准一次,出厂的新杆也需要校准后销售。

2. 转换参数正确性检查

(1)只有两个控制点进行求解转换参数时,可以在 GPS 参数报告页面查看“四参数”中的比例尺参数,如图 6-1-45 所示。

(2)还可以查看“旋转角(度分秒)”参数,一般等级较高的当地坐标系,旋转角度都比较小,旋转几分或者几秒。

(3)当多于两个控制点进行求解转换参数时,可以在进行转换参数计算后查看各个点的“水平精度”或“高程精度”,一般“水平精度”数值不大于 0.03,“高程精度”数值不大于 0.06。若超出较多,可能控制点坐标有误或输入失误,也可能测错,应重新检查控制点位置。

注意事项:

(1)控制点必须覆盖测区大部分,防止过短基线边控制长边带来误差高倍数放大。

(2)转换参数测算过程中,基准站不能有任何移动或者重设,必须在同一个架站位置和设站坐标的情况下连续测完所有控制点,然后一起计算,不能分段搬站进行。

(3)做完转换参数后,在基准站不改变状态的情况下,移动站可以立刻展开测量工作。如果基准站在同一工地附近搬站重设,需要做测站校准,重新对准坐标系,以抵消基准站移动和重新获取单点位置带来的小范围平移误差。如果搬到别的工地使用,必须重新新建任务,重新做转换参数。

(4)长期不变更状态的基准站或 CORS 站(包括 VRS 虚拟参考站),在同一作业区域可以沿用转换参数,无须重做。

（三）测站校准

1. 测站校准的意义和适用条件

测站校准一般用于修正同一区域内，基准站重复架设、基准站搬站移动并使用新的单点位置设置基准站带来的小范围平移误差。测站校准不能取代大范围的转换参数，只是配合已有转换参数，是基准站架设后快速找准坐标的一种方便快捷的使用方法。

注意事项：

（1）如果搬站距离不是很远，还在控制点控制范围以内，可以通过一个已知点进行测站校准，恢复并延续之前转换参数的坐标参数成果。

（2）若精度要求较高，且搬站后的测区范围超出之前转换参数的控制范围，则必须重新建立项目，重新以附近的点求解转换参数，而不能用测站校准，以免造成误差，耽误工程。

（3）测站校准作用范围是同一个项目任务内，此次校准操作后到下次校准操作前。

2. 测站校准操作方法

（1）基准站重新设置好后，移动站得到固定解，手簿软件选择“校准”→“测站校准”→“利用标记点校准”，如图 6-1-46 所示。

（2）在“已知点坐标”中输入或点击调取已知点当地平面坐标，如图 6-1-47 所示。

（3）流动站对中杆对准已知点，整平水泡，然后点击测量已知点经纬度坐标（注意输入杆高），最后点击“确定”即可。

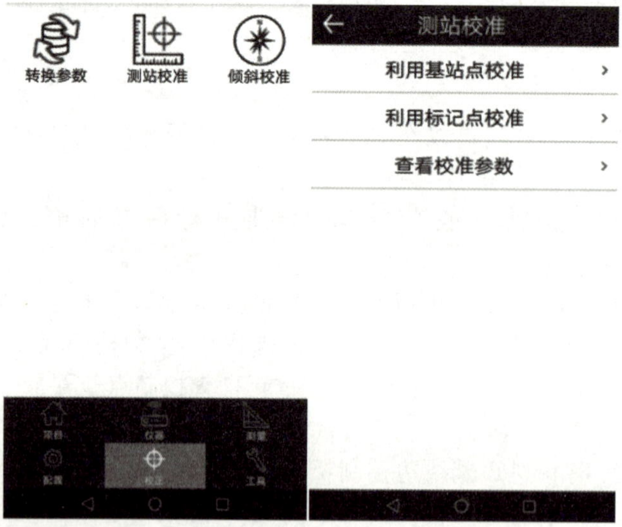

图 6-1-46　测站校准

图 6-1-47　输入已知点坐标

注意事项：

（1）移动站进行测站校准后会将校准参数推算为经纬度变化量，改正移动站的经纬度坐标，与之前坐标系的经纬度统一。

（2）测站校准后再次测量的结果，重新进行转换参数计算可能带来错误参数，所以必须在测站校准前进行转换参数计算。

（3）校准参数须小于 100 m，否则会造成经纬度转换误差过大。

（4）如果当地坐标系与投影坐标系存在较大平移，将会提示把平移量载入坐标系平移参数中,需要注意此项参数对项目中所有坐标都起平移作用。

(四)GPS-RTK 点测量

移动站获得固定解后,即可测量,操作如下:

(1)点击“测量”→“点测量”(图 6-1-48),在“点测量”界面,点击屏幕右上角按钮,切换测量点的类型,并保存设置参数(一般保持默认),如图 6-1-49 所示。

(2)点击屏幕右侧靠下的按钮,再点击“确定”即可保存测量点。

图 6-1-48　选择“点测量”

图 6-1-49　“点测量”界面

点测量左侧工具栏的功能如下:

:屏幕测量,测量屏幕上任意两点的距离和屏幕上 N(N>2)个点连线的面积。

:可选中 SHP 图中的图斑,查看属性。

:全图显示,即显示窗口的全部内容。

:采集屏幕点开关按键,图标上的黑点变绿后,表示可以进行屏幕取点了。

:点选打开或关闭地图。

:将当前点所在位置的定位显示在屏幕中间。

点测量右侧工具栏功能如下:

:测量点库,选中测量点库中的任一个测量点,可查看该点的详细信息,也可对该测量点进行“编辑”和“删除”操作。

:显示信息设置,可选择状态栏中显示信息的内容。点击“清除”,可将显示项中的所有显示项清空;点击“默认”,可设置显示项中显示的内容为系统默认的内容,包含点名、北坐标、东坐标、高程。

:采集坐标点,并默认记录类型为上一次记录的点类型,例如上一次采集的是地形点则继续保存地形点,上一次采集的是快速点则继续保存快速点。

（五）GPS-RTK 点放样

（1）点击“测量”→“点放样”，进入点库，选中坐标点库中的放样坐标点，点击“确定”进入点放样界面，红旗为放样目标点，圆圈为当前点，箭头为方向指标，表示当前移动设备的方向。当箭头方向和当前点与目标点连线重合时，沿该方向前进，可以到达目标点，如图 6-1-50 所示。

（2）根据下状态栏提示，从当前点移动至放样点的坐标处，同时会根据高程的差距提示进行挖土或者填土的高度。

（3）当前点在提示范围内时，就会出现环形提示圈进入精准放样。

（4）坐标点库中相邻放样点可以通过⇧、⇩上下键进行自动切换。

（5）到达该放样点位置后结束点放样，进行打桩。

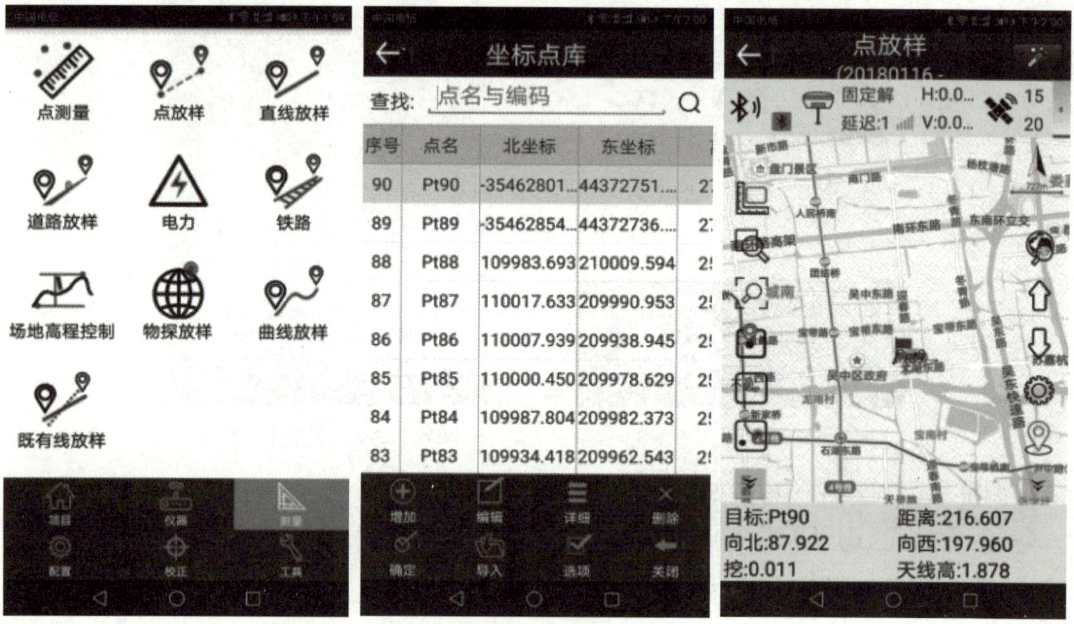

图 6-1-50　点放样

点放样右侧工具栏功能如下：（左侧工具栏与点测量左侧工具栏相同）

：坐标点库，工程项目中所有的坐标点都存储在坐标点库中。

⇧：放样上一个坐标点。

⇩：放样下一个坐标点。

：点放样设置，可以设置点放样配置，包括提示范围、是否显示轨迹、显示信息内容（点名、编码）和采集范围。

：采集点坐标。

任务拓展

无人机移动测量技术

无人机移动测量通过无人机（图 6-1-51）搭载传感设备，快速获取作业区域地物信息，并进行数据处理、信息提取与分析应用，具有机动灵活、高效快速、精细准确、经济便捷、适用范围广、生产周期短等特点，在小区域和飞行困难地区高分辨率影像快速获取方面具有明显优势，有效弥补了卫星遥感和传统人工测量技术的不足，可广泛应用于国家重大工程建设、灾害应急与处理、国土监察、资源开发、新农村和小城镇建设等方面，尤其是在山林土地确权、数字城市建设和应急救灾测绘数据获取等方面具有广阔前景。

图 6-1-51　无人机

无人机移动测量技术在测绘领域有如下应用：

1. 土地确权

传统的土地确权测量工作一般是通过地面工程测量实测方式绘制地形图。相较于传统方式，采用无人机进行移动测量具有明显的优势，经济便捷、操作简便、适用范围广。

2. 数字城市建设

数字城市是指利用空间信息构筑虚拟平台，将包括城市自然资源、社会资源、基础设施、人文、经济等有关的城市信息，以数字形式获取并加载上去，从而为政府和社会各方面提供广泛的服务。用无人机搭载高精度数码相机等设备进行移动测量能快速获取区域高精度三维数据，再通过协同作业进行快速三维建模，为数字城市建设提供支撑。

3. 应急救灾

在地震、山洪等灾害发生后的抢险救援任务中，需要对灾后现场情况进行实时监控、目标追踪、三维定位。以无人机为平台的移动测量技术的发展，突破了地理空间信息快速响应的关键技术，能有效实现动态测绘、应急测绘、精准测绘，为抢险救援决策提供测绘保障。

无人机发展到今天，已经不单单是一个领域的产品了，无人机改变着我们的生活和工作方式。按照无人机的飞行方式或飞行原理可将无人机分为固定翼无人机、旋翼无人机、扑翼无人机、动力飞艇等。目前国内的无人机品牌主要有大疆、中科遥感、智航、零度智控、极飞等。

任务评估

一、自我评估与同学互评

实训项目					
小组编号		场地号		实训者	
序号	评估项目	分值	实训要求		自我评定
1	数据采集情况	30	按时按要求完成实训任务		
2	草图完成情况	20	成果符合限差要求		
3	实训记录	20	记录规范、完整，计算准确		

续表

序号	评估项目	分值	实训要求	自我评定
4	实训纪律	15	遵守课堂纪律，无事故，仪器未损坏	
5	团队合作	15	服从组长安排，能配合其他成员工作	
实训总结与反思： 小组其他成员评价得分：________、________、________、________、________ 组长评价得分：________				

二、教师评价

实训项目					
小组编号		场地号		实训者	
序号	考核项目	分值	实训要求		考核评定
1	操作程序	30	操作动作规范，操作程序正确		
2	操作速度	20	按时完成实训		
3	安全操作	20	无事故发生		
4	数据记录	15	记录规范，无转抄、涂改、抄袭等		
5	团队合作	15	服从组长安排，能配合其他成员工作		
存在的问题： 指导教师：　　　　　　　　　　评价时间：					

任务练习

一、选择题

1. 地表面高低起伏的形态称为(　　)。

A. 地表　　B. 地　　C. 地貌　　D. 地理

2. 地表面固定性的人为的或天然的物体称为(　　)。

A. 地表　　B. 地物　　C. 地理　　D. 地标

3. 以下不是地物符号的是(　　)。

A. 比例符号　　B. 线形符号　　C. 示意符号　　D. 注记符号

4. 地物符号表示地物的形状、大小和(　　)。

A. 特征　　B. 位置　　C. 数量　　D. 面积

5. 地物符号主要分为比例符号、半比例符号、非比例符号和(　　)。

A. 线形符号　　B. 点状符号　　C. 地物注记　　D. 地貌注记

6. 地物和地貌的总称为(　　)。

A. 地形　　B. 等高线　　C. 地形图　　D. 示坡线

7. 地物注记的形式有(　　)、数字注记和符号注记三种。

A. 文字注记　　B. 道路注记　　C. 结构注记　　D. 用地类别注记

8. 地形图比例尺的大小是以(　　)来衡量的。

A. 比例尺的分子　　B. 比例尺的倒数　　C. 比例尺的比值　　D. 比例尺的精度

9. 地形图的比例尺是 1∶500,则地形图上 1 mm 表示地面的实际距离为 (　　)。

A. 0.05 m　　B. 0.5 m　　C. 5 m　　D. 50 m

10. 地形图的比例尺用分子为 1 的分数形式表示时,(　　)。

A. 分母大,比例尺大,表示地形详细　　B. 分母小,比例尺小,表示地形概略

C. 分母大,比例尺小,表示地形详细　　D. 分母小,比例尺大,表示地形详细

11. 地形图的等高线是地面上(　　)相等的相邻点连成的闭合曲线。

A. 距离　　B. 高程　　C. 高差　　D. 坡度

12. 地形图的内容可归纳为四类,除了地形要素、注记要素、整饰要素外,还包括(　　)。

A. 地貌要素　　B. 数字要素　　C. 地物要素　　D. 数学要素

13. 地形图上表示地貌的主要符号是(　　)。

A. 比例符号　　B. 等高线　　C. 非比例符号　　D. 高程注记

二、判断题

1. 地形是地物和地貌的总称。(　　)

2. 地形图上任意一线段的长度与地面上相应线段的实际水平长度之比,称为地形图的比例尺。(　　)

3. 地物的种类繁多,形态复杂,一般可分为两类,一类是自然地物,如河流、湖泊等;另一类是人工地物,如房屋、道路、管线等。(　　)

4. 同一条等高线上各点的高程不相等。(　　)

5. 等高线只有在绝壁或悬崖处才会重合或相交。(　　)

三、综合题

1. 在同一幅地形图上,等高线平距与地面坡度有什么关系?

2. 简述全站仪进行数据采集时的操作流程。

3. 简述 GPS 进行数据采集时的操作流程。

任务二　内业成图

如图 6-2-1 所示,某项目施工前需要对周围花圃、树木、道路、路灯、井盖、排水沟等地物进行测量,前期测量员小王已完成外业数据采集,现在项目经理安排他用国产成图软件进行展绘。如果你是测量员小王,你准备如何完成内业成图?

图 6-2-1　某项目规划图

任务描述

内业展点成图是数字测图的关键阶段,主要依靠数字化测图软件成图。现以某国产成图软件为例,介绍内业展点成图的步骤和方法,完成展绘任务。

任务目标

知识目标	能力目标	素养目标
(1)会应用成图软件的基本命令； (2)清楚成图软件的操作步骤； (3)掌握软件成图的整饰技巧	(1)能正确导入外业数据； (2)能完成地形图的绘制； (3)会运用软件输出地形图	(1)培养团队合作意识； (2)培养严肃认真、精益求精的工作态度； (3)培养正确的审美观

任务准备

某国产软件成图步骤如下：

步骤1：新建图形文件，输入样板名。

步骤2：图形存盘，将当前图形改名后保存，文件类型可根据需要选择。

步骤3：展绘碎部点，确定图形显示区域，按任务正确选择绘图比例尺，打开坐标数据文件，完成“展野外测点点号”操作。

步骤4：展点并结合草图内容，绘制地物地貌。

步骤5：绘制并整饰等高线。

步骤6：添加图框，完成软件参数设置。

步骤7：成果输出。

任务实施

一、参数配置

(一)地物绘制参数配置

功能：设置CASS软件的各个参数，用户通过设置该菜单选项，可自定义多种常用设置。

操作：用鼠标左键点击“文件”菜单的“CASS参数配置”项，系统会弹出一个对话框，该对话框内有“地物绘制”“电子平板”“高级设置”“图廓属性”4个选项卡。

(1)“地物绘制”选项卡如图6-2-2所示。

高程注记位数：设置展绘高程点时高程注记小数点后的位数。

电杆间连线：设置是否绘制电力电杆、电信线电杆之间的连线。

围墙是否封口：设置是否将比例围墙的端点封闭。

填充符号间距：设置植被或土质填充的符号间距，缺省为20 mm。

陡坎默认坎高：设置绘制陡坎后提示输入坎高时默认的坎高。

高程点字高：设置高程点字高。

展点号字高：设置展点号字高。

文字宽高比：设置文字宽高比。

建筑物字高：设置建筑物字高。

(2)“电子平板”选项卡如图6-2-3所示。提供手工输入观测值和全站仪等用户的接口参数，在电子平板作业时选用。

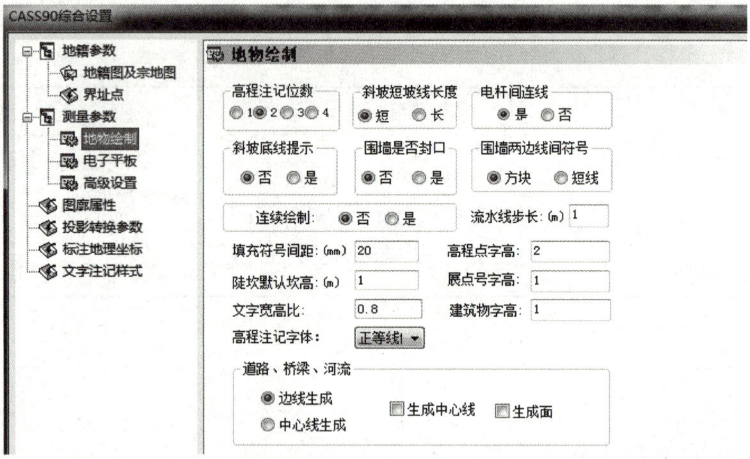

图 6-2-2 “地物绘制”选项卡

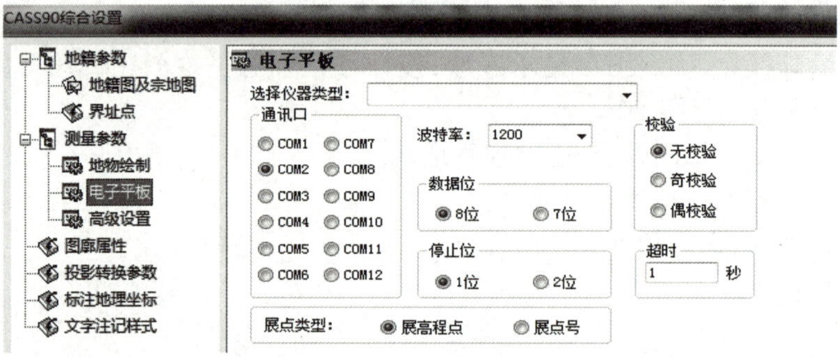

图 6-2-3 “电子平板”选项卡

(3)“高级设置”选项卡,如图 6-2-4 所示。

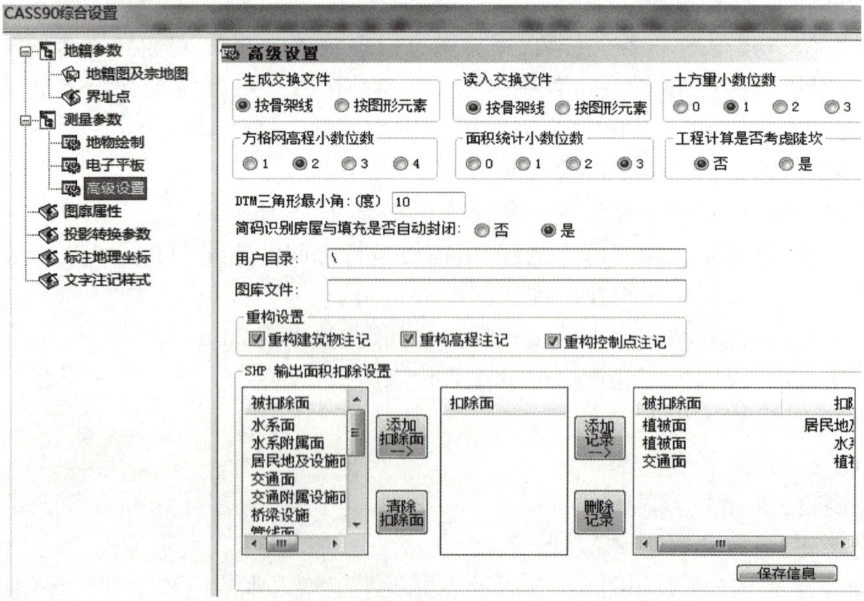

图 6-2-4 “高级设置”选项卡

（4）“图廓属性”选项卡，如图 6-2-5 所示。按实际情况填写图廓属性，完成图框设置。

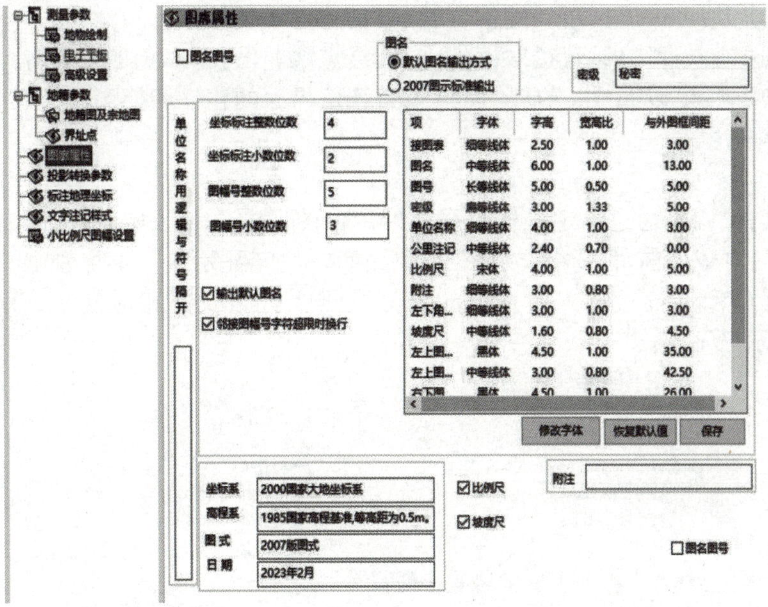

图 6-2-5　“图廓属性”选项卡

（二）CAD 参数配置

“文件”选项卡：可以指定文件搜索路径、设备驱动程序文件搜索路径、文件自动保存存储路径等，如图 6-2-6 所示。

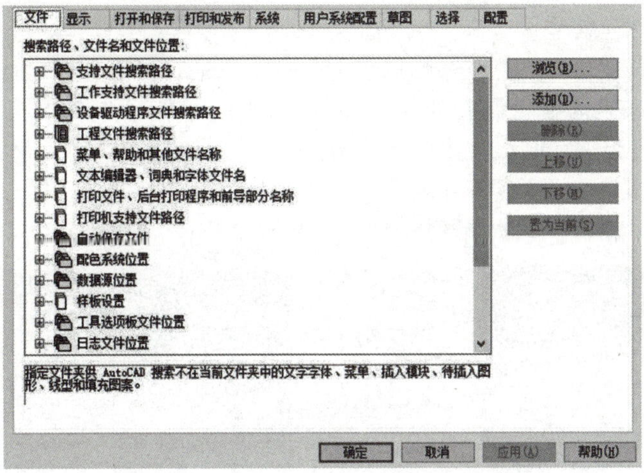

图 6-2-6　“文件”选项卡

“显示”选项卡：可以确定是否显示屏幕菜单、滚动条、命令行的行数、字体，可以改变屏幕的颜色、十字光标的大小和图形显示精度。

“打开和保存”选项卡：设置文件保存的类型、自动存盘保存的时间间隔及临时文件的扩展名等。

“打印”选项卡：设置默认的打印输出设备、默认的打印样式表等。

“系统”选项卡：设置三维图形显示的特性、启动时是否显示对话框等。

“用户系统配置”选项卡:可以设置右键单击的自定义功能、拖放比例、线宽等。

“草图”选项卡:可以进行自动捕捉设置、自动追踪设置等。

“选择集”选项卡:可以设置拾取框的大小、夹点颜色、选择对象的模式等。

“配置”选项卡:可以完成 CAD 界面与成图软件界面的相互切换。

二、展绘碎部点

(一)定显示区

定显示区的作用是通过给定坐标数据文件定出图形的显示区域,保证所有碎部点都能显示在屏幕上。打开成图软件,选择“绘图处理”菜单→“定显示区”命令,弹出“输入坐标数据文件名”对话框(图 6-2-7),输入所存放的坐标数据文件名及其相应途径,并点击“打开”按钮,完成“定显示区”操作。

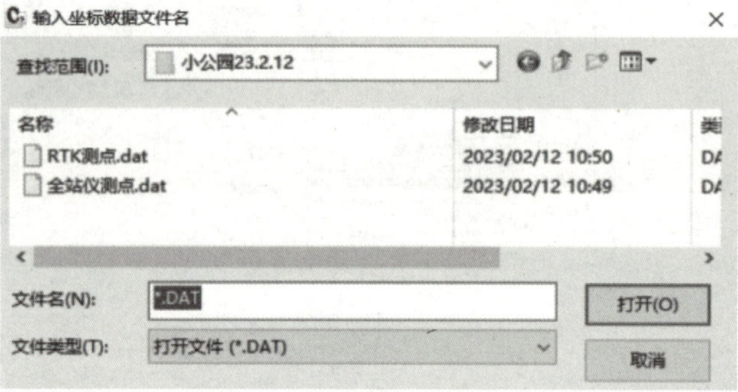

图 6-2-7 “输入坐标数据文件名”对话框

(二)展野外测点点号

1. 选择展野外测点点号

单击“绘图处理”菜单→“展野外测点点号”命令(图 6-2-8),CAD 命令提示行显示“绘图比例尺<1∶500>”,如果需要绘制其他比例尺的地形图,请输入比例尺分母数值后按回车键。本例默认绘图比例尺为 1∶500,直接回车默认即可。在弹出的“输入坐标数据文件名”对话框中,单击“打开”按钮,完成“展野外测点点号”的操作。

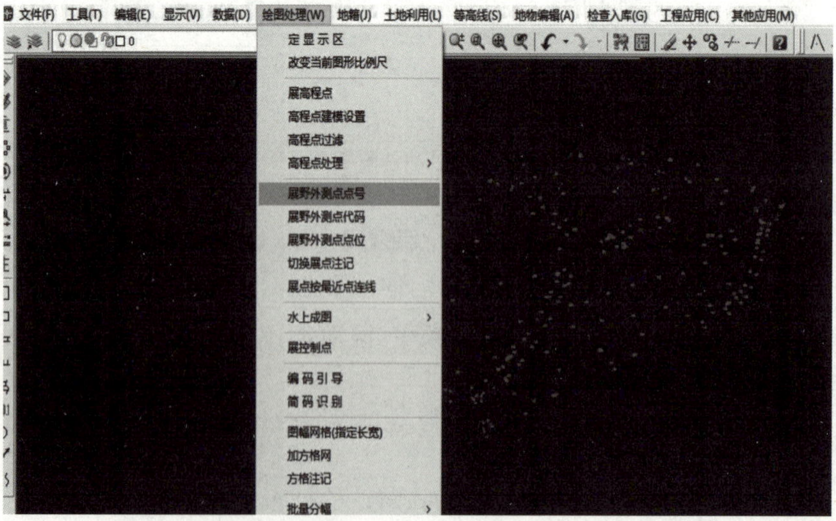

图 6-2-8 选择展野外测点点号

2. 点样式设置

(1)由于展点后坐标点很小,我们看不见,故须进行点样式设置。

(2)点样式命令:ddptype。

(3)步骤:

a. 输入上面命令,回车进入点样式菜单;

b. 选择喜欢的样式;

c. 根据需要选择点大小;

d. 选择相对于屏幕设置大小或按绝对单位设置大小。

三、绘制地物

1. 选择地物符号

(1)交通设施选择,如图 6-2-9 所示。

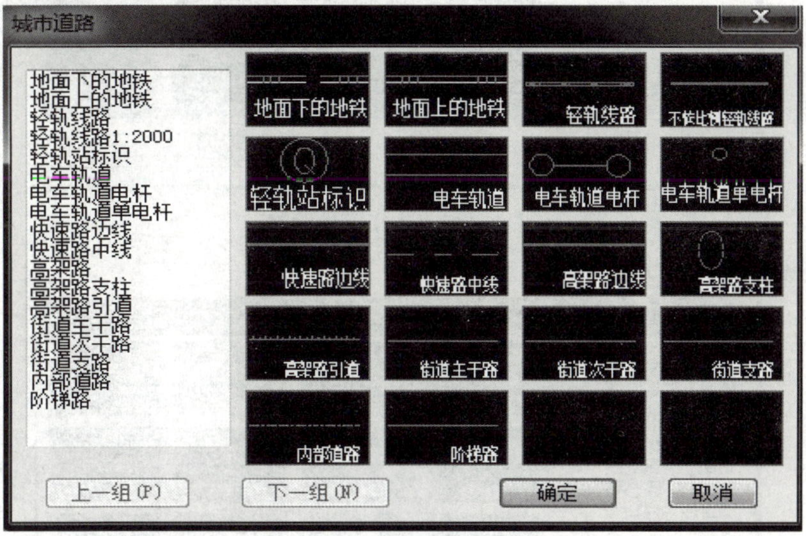

图 6-2-9　交通设施绘制

(2)房屋选择,如图 6-2-10 所示。

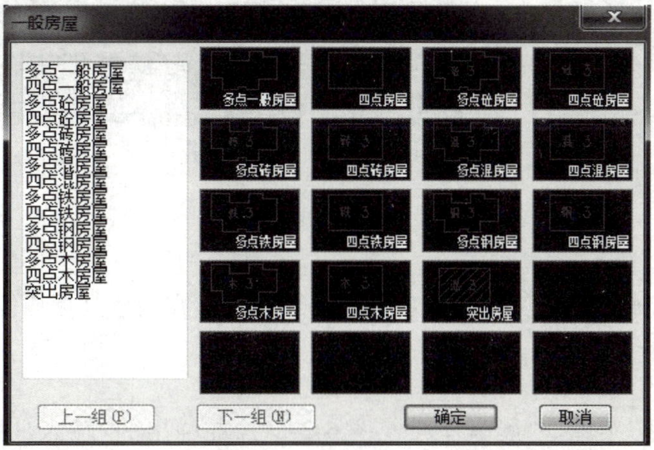

图 6-2-10　居民地绘制

(3)人工地貌选择,如图 6-2-11 所示。

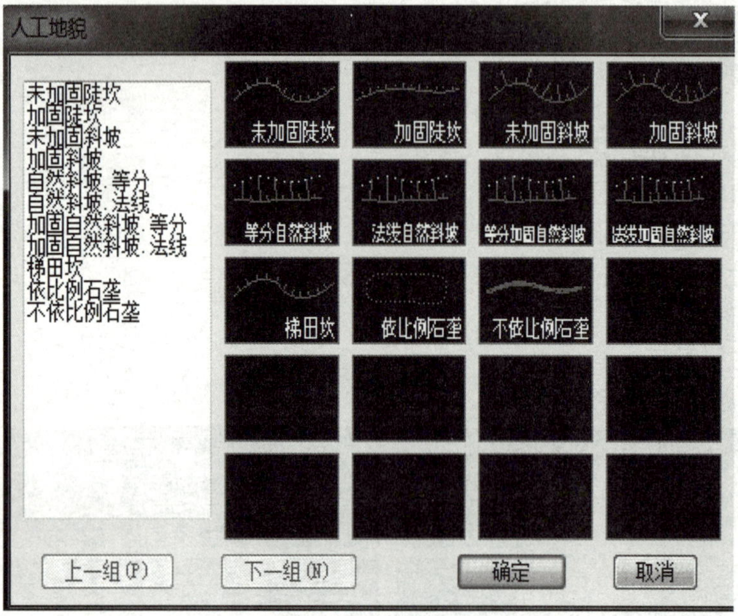

图 6-2-11 人工地貌绘制

(4)管线设施选择,如图 6-2-12 所示。

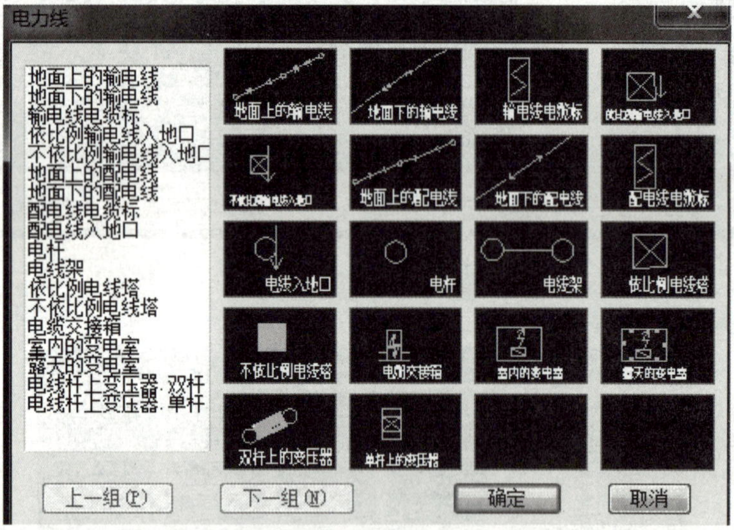

图 6-2-12 管线设施绘制

2. 绘制

在右侧地物绘制面板,找到相应地物符号,结合草图,在对应坐标点位上绘制地物符号。

四、绘制并整饰等高线

(一)展高程点

单击“绘图处理”菜单→“展高程点”(图 6-2-13),在弹出的“输入坐标数据文件名”对话框中,打开坐标数据文件,完成路径设置。

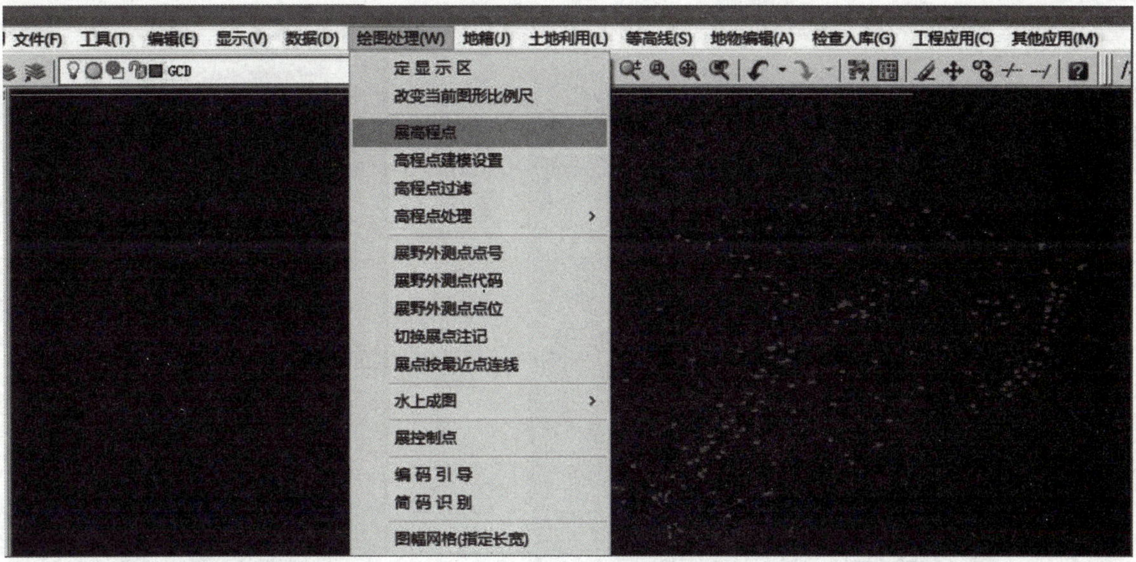

图 6-2-13　展高程点

(二)建立 DTM 模型

单击“等高线”菜单→“建立 DTM”,在弹出的“建立 DTM”对话框中做如下设置:点选“由数据文件生成”,选择“坐标数据文件名”,点选“显示建三角网结果”,复选“建模过程考虑陡坎”和“建模过程考虑地性线”,单击“确定”按钮,图面即显示出由高程点构建的三角网,如图 6-2-14 所示。

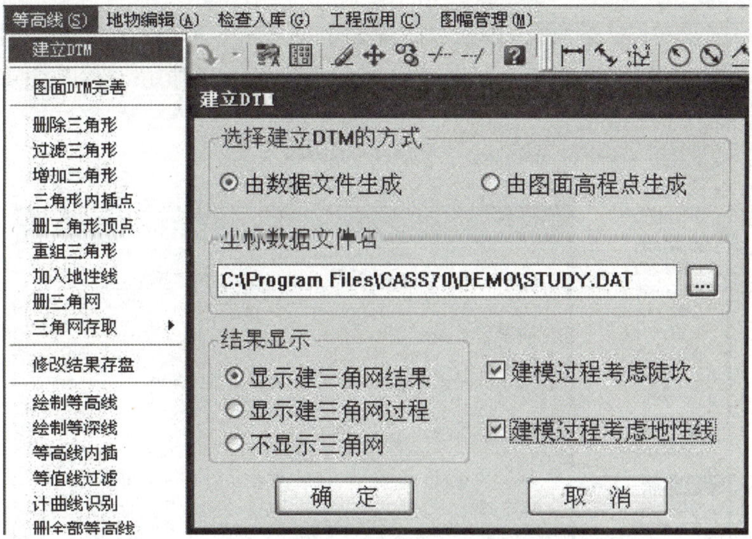

图 6-2-14　建立 DTM

(三)三角网修改结果存盘

单击“等高线”菜单→“修改结果存盘”(图 6-2-15),当命令行提示“存盘结束!”时,表明操作成功。

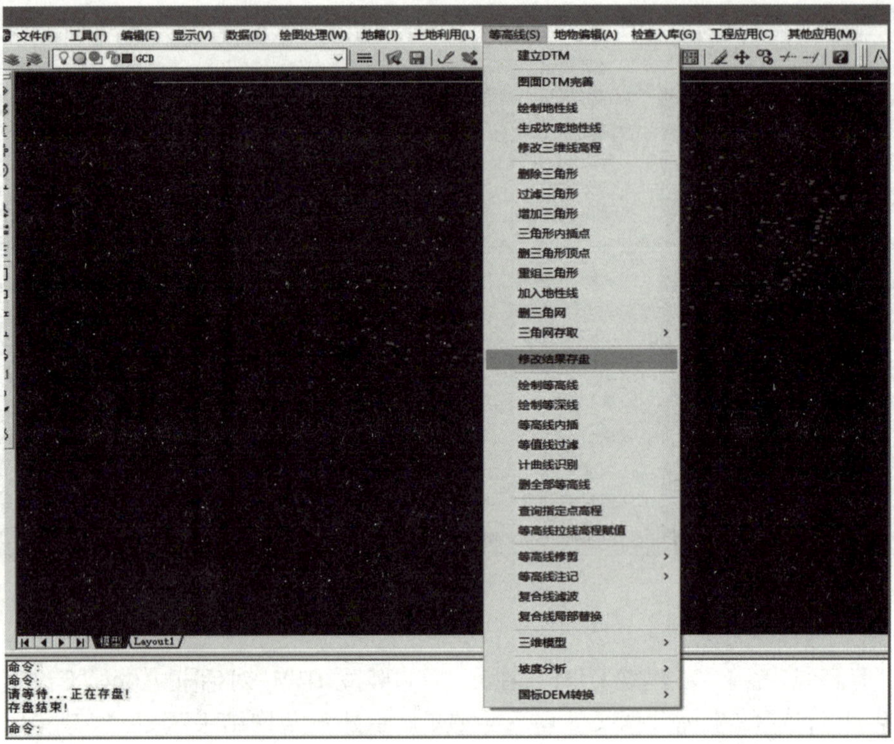

图 6-2-15　修改结果存盘

(四)绘制等高线

单击“等高线”菜单→“绘制等高线”,在弹出的“绘制等值线”对话框(图 6-2-16)中做如下设置:等高距设置为 0.5 m,点选“三次 B 样条拟合”,单击“确定”按钮,由 DTM 模型自动勾绘出对应的等高线。

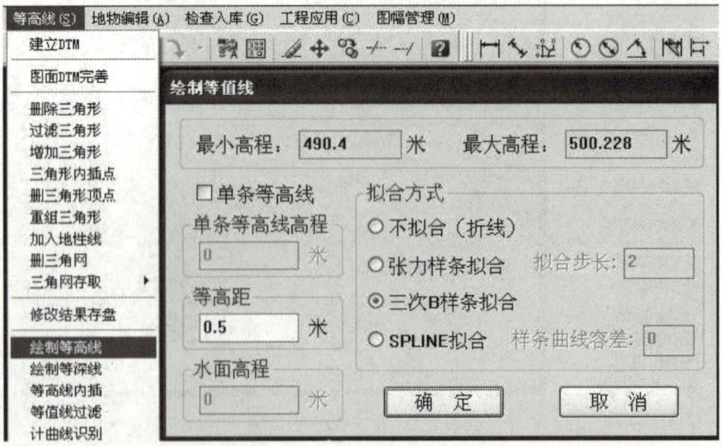

图 6-2-16　绘制等高线

(五)等高线注记

1. 计曲线高程注记

单击“等高线”菜单→“等高线注记”→“单个高程注记”,当命令行提示“选择需注记的等高(深)线”时,在绘图区单击需注记的等高线计曲线(粗绿实线);当命令行提示“依法线方向指定相邻一条等高(深)线”时,在绘图区单击其高程值比计曲线大的首曲线(细黄实线),以便等高线高程注记文字字头朝向上坡方向,也可批量进行计曲线高程注记,如图 6-2-17 所示。

图 6-2-17　等高线高程注记

2. 切除指定区域内等高线

单击“等高线”菜单→“等高线修剪”→“切除指定区域内等高线”(图 6-2-18),命令行提示“选择要切除等高线的封闭复合线”时,必须选择复合线围成的封闭边界,如池塘、房屋等,系统将对该复合线区域内的等高线进行修剪。若不是封闭的区域,系统无法完成修剪操作。

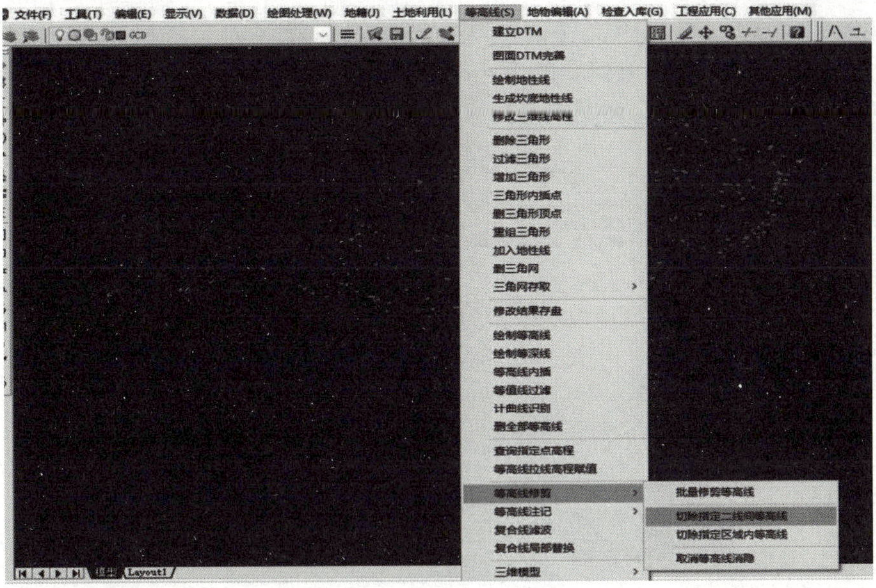

图 6-2-18　等高线修剪

五、添加图框

单击“绘图处理”菜单→“任意图幅”，在弹出的“图幅整饰”对话框中做如下设置：图名、图幅尺寸，点选“取整到十米”后，使用拾取坐标按钮点击测区左下角，并设置左下角坐标，复选“删除图框外实体”，单击“确认”按钮，如图 6-2-19 所示。

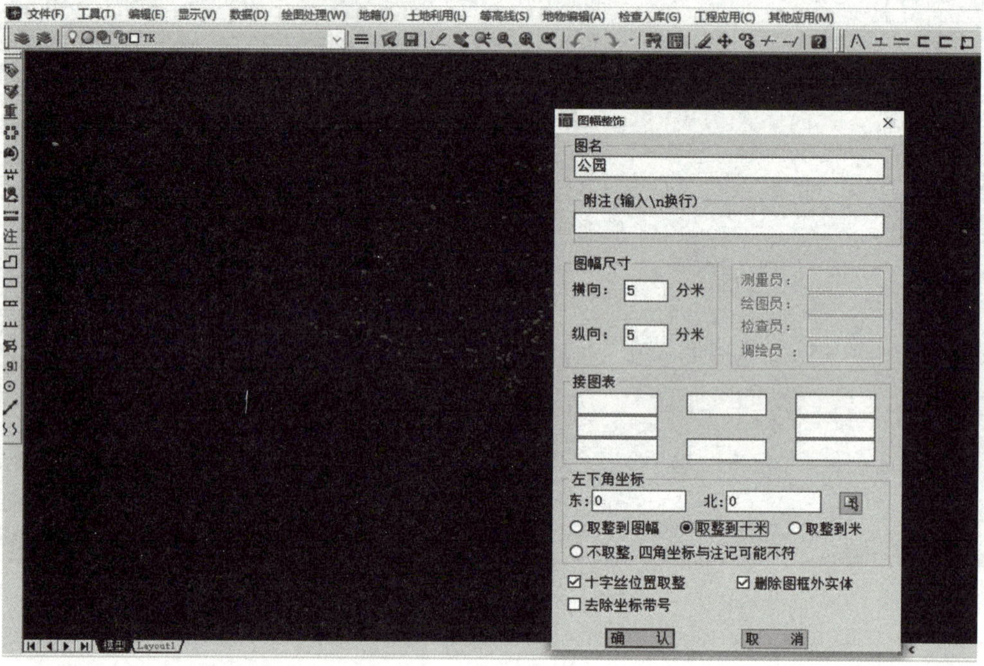

图 6-2-19　图幅整饰

六、成果输出

(一) 文件存储

地形图绘制完成后，可以用文件的形式存盘保存。保存的文件格式有＊. dwg，＊dwt，＊dws，＊dxf 4 种，一般作为成果保存的为＊dwg 文件。文件保存是在菜单“文件”中的“图形存盘”或“图形改名存盘”当中，如图 6-2-20 所示。

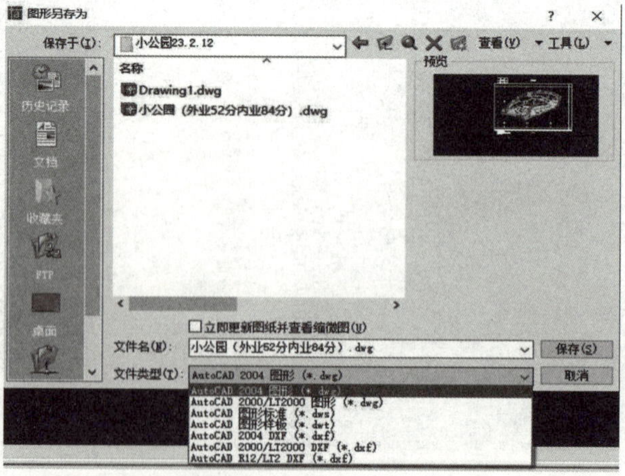

图 6-2-20　文件存储

（二）成果输出

文件存储后，单击菜单“文件”，选择“绘图输出”，按任务要求进行成果输出，既可将绘制好的地形图以文件的形式保存在磁盘上，也可直接打印到图纸上，如图 6-2-21 所示。

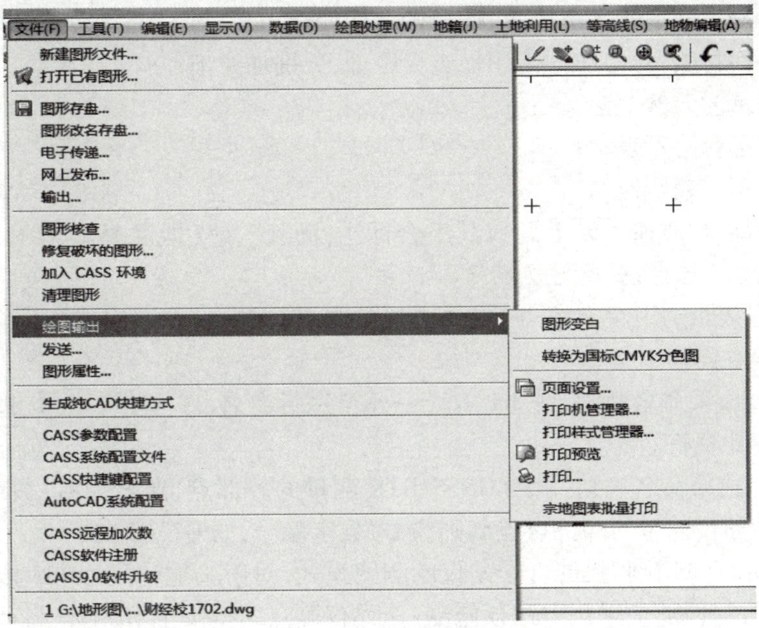

图 6-2-21　绘图输出

任务拓展

虚拟仿真数字测图竞赛

一、测绘图规则

根据任务要求，规范绘图要点，如图 6-2-22 所示。

图 6-2-22　虚拟仿真示意图

(1)测区中若有栏杆、雨棚、柱子不表示；

(2)测区中楼房只测主体轮廓线，轮廓线必须闭合；

(3)路灯、排水设施需表示，单棵树木不需表示；

(4)花坛绘制中微型弧度不表示，按规则花坛处理；

(5)道路路面材质不一致时，需用地类界区分，分别加注记；

(6)草地表示为天然草地；

(7)楼群内部台阶不表示；

(8)等高线不需表示；

(9)各种属性、材质请用以下词或其组合标注：沥、砖、砼(即混凝土)、雨，1，2，3，4，5，6，7，8，9，0 等。例如 3 层砖房，标注为砖 3。

(10)控制点表示为卫星定位点(场景内置控制点)或不埋石图根点(测钉控制点)，所有控制点均需展绘在图面上；

(11)控制点成果命名规则：按 K1，K2，…，K*N* 进行命名，序号必须从 1 起始。不符合命名规则的取消评比资格。

(12)碎部点成果命名规则：采用 GNSS RTK 测量的碎部点，点名为 G+数字序号形式，如 G1，G2，G3…；全站仪测量的碎部点点名则为 Q+数字序号，如 Q1，Q2，Q3…。

(13)须采用 GNSS 接收机配合全站仪的测图模式，对于不能使用 GNSS 接收机准确测定地物点平面位置的地物，应采用全站仪施测(全站仪测点不得少于 10 个且高程点必须展绘图面)。

二、图廓规则

按任务要求，完成参数设置，如图 6-2-23 所示。

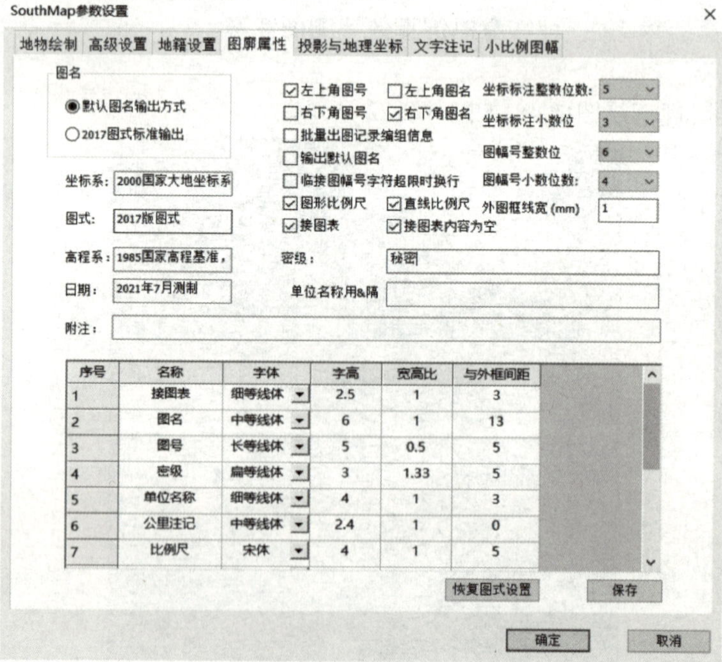

图 6-2-23　参数设置

三、读取虚拟仿真数据

读取虚拟仿真数据，如图 6-2-24 所示。

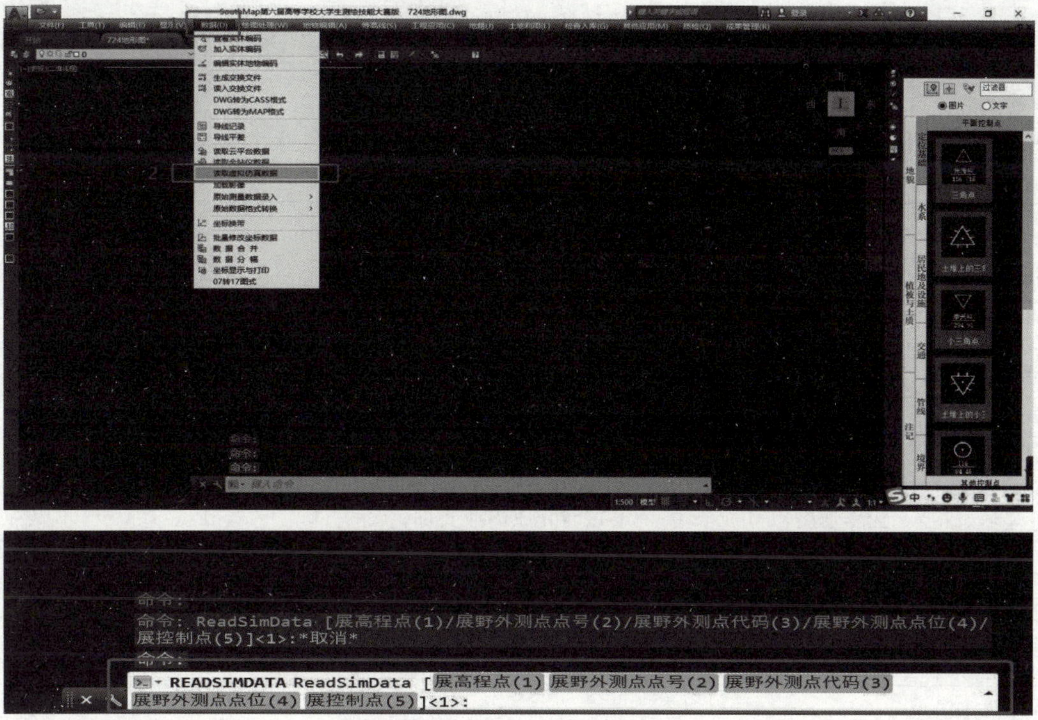

图 6-2-24　读取虚拟仿真数据

四、成果文件

成果文件包括线划图文件(.dwg)、线划图文件(.pdf)、计算机自动评分系统辅助评判文件(.mks)。

任务评估

一、自我评估与同学互评

实训项目					
小组编号		场地号		实训者	
序号	评估项目	分值	实训要求		自我评定
1	内业完成情况	30	按时按要求完成实训任务		
2	成果完整度	20	成果符合限差要求		
3	实训记录	20	记录规范、完整，计算准确		
4	实训纪律	15	遵守课堂纪律，无事故，电脑未损坏		
5	团队合作	15	服从组长安排，能配合其他成员工作		

续表

实训总结与反思：
小组其他成员评价得分：________、________、________、________、________ 组长评价得分：________

二、教师评价

实训项目					
小组编号		场地号		实训者	
序号	考核项目	分值	实训要求		考核评定
1	操作程序	20	操作动作规范，操作程序正确		
2	操作速度	20	按时完成内业实训		
3	安全操作	10	无事故发生		
4	内业成果	35	成果完整，无抄袭、无漏绘，符合规范要求		
5	团队合作	15	服从组长安排，能配合其他成员工作		
存在的问题： 指导教师：			评价时间：		

任务练习

一、选择题

1. 成图软件中四点房屋的画法有（　　）。
   A. 四点法　B. 三点法　C. 两点及对面一点　D. 两点及宽度
2. 软件中植被土质类别码为（　　）拟合边界或 H 不拟合边界。
   A. Z　B. T　C. B　D. H
3. 软件中绘制房屋时，隔点闭合用（　　）。
   A. C　B. J　C. A　D. G
4. 为绘制好道路，沿着道路的弯曲起名要用到（　　）功能。
   A. 线性换向　B. 求中心线　C. 建立 DTM　D. 展绘高程点
5. 成图时，绘制道路一般有（　　）。
   A. 边点式　B. 边边式　C. 边宽式　D. 点点式

6. 绘制平行等外公路属于下列哪个菜单？(　　)

A. 市政部件　　B. 居民地　　C. 独立地物　　D. 交通设施

二、判断题

1. 通过展点号结合草图内容，可进行常见基本地物包括交通设施、居民地、地貌土质、管线设施等地物绘制任务。(　　)

2. 在地物绘制参数配置中，设置 CASS 软件的各个参数，用户通过设置该菜单选项，可自定义多种常用设置。(　　)

3. 填充符号间距中设置植被或土质填充的符号间距，缺省为 20 mm。(　　)

4. 数字地形图绘制完成后，可以用文件的形式存盘保存，保存的文件格式有 *. dwg、* dwt、* dws、* dxf 4 种。(　　)

5. 文件保存是在菜单“文件”中的“图形存盘”或“图形改名存盘”当中。(　　)

三、简答题

1. 软件成图的注意事项有哪些？

2. 如何在成图软件中设置点的样式？

3. 用成图软件绘制等高线，建立 DTM 提示点太少，无法建立，是什么原因？

4. 定显示区的作用是什么？

模块检测

一、填空题(每空 4 分，共 40 分)

1. 数字测图就是要实现丰富的________、________数字化和作业过程的自动化或半自动化。

2. 数字测图系统主要由________、________和________三部分组成，其作业过程与使用的设备和软件、数据源及图形输出的目的有关。

3. 数字测图的基本过程包括：________、________、________。

4. 大比例尺数字测图野外数据采集主要是通过全站仪或________接收机实地测定地形特征点的平面位置和高程，将这些点位信息自动存储在仪器内存储器或电子手簿中，并记录地物的连接关系及其属性。

5. 大比例尺数字测图野外数据采集按碎部点测量方法，主要分为全站仪和________测量方法。

二、选择题（每空 4 分，共 20 分）

1. 数字测图是一种(　　)测图技术。

A. 图解法　　B. 半解析法　　C. 图示法　　D. 全解析法

2. 大比例尺地面数字测图是 20 世纪(　　)年代电子速测仪问世后发展起来的。

A. 60　　B. 90　　C. 80　　D. 70

3. 我国从(　　)年起开始研究数字化测图技术。

A. 1986　　B. 1983　　C. 1987　　D. 1985

4. 数字测图是以(　　)的形式表达地形特征点的集合形态，数字测图实质是一种全解析、机助测图的方法。

A. 文字　　B. 栅格　　C. 图像　　D. 数字

5. 大比例尺测图是指(　　)比例尺测图。

A. 1/500 ~ 1/1 000　　B. 1/500 ~ 1/5 000　　C. 1/500 ~ 1/10 000　　D. 1/500 ~ 1/2 000

三、简答题（每空 20 分，共 40 分）

1. 简述数字测图的主要作业过程。

2. 简述全站仪采集碎步点的过程和操作步骤。

模块七　施工测量

在施工阶段进行的测量工作称为施工测量。施工测量的目的是将图纸上设计的建筑物的平面位置和高程标定在施工现场的地面上，作为施工的依据，使工程严格按设计要求进行建设。施工测量与地形图测绘都是研究和确定地面上点位的相互关系。测图是地面上先有一些点，然后测出它们之间的关系，而施工放样是先从设计图纸上算出点位之间的距离、方向和高差，再通过测量工作把点位测设到地面上。因此，距离测量、角度测量、高程测量同样是施工测量的基本内容。

施工测量的基本工作有三项：已知水平距离的放样、已知水平角的放样（在模块三任务二已学习）和已知高程的放样（在模块二任务三已学习）。

测设点平面位置的基本方法有极坐标法、直角坐标法、RTK 测设法、角度交会法、距离交会法。

任务　施工定位与放线

施工定位与放线是一项重要且实用的施工技术。定位与放线工作遵循“由整体到局部”“先控制后碎部”的原则和工作程序。首先在已经平整的场地上，根据施工控制网在实地定位出各个建筑物的角点和主轴线及辅助轴线的交点，再放出主轴线和辅助轴线或者施工边线等。定位与放线的进度与精度直接影响施工进度和施工质量，在施测过程中，对建筑物重要部位一般要再采用相应施测方法进行检核，检查无误后才可进行施工。

任务描述

为了满足教师住宿问题，学校要建一栋教师周转房，场地已平整，房屋的位置已确定。现有该建筑的一层平面图（图 7-1-1），作为现场施工人员，你如何把该建筑放到地面上？

任务目标

知识目标	能力目标	素养目标
（1）学会建筑物定位的基本方法； （2）分析并领会施工放样的操作步骤； （3）明白定位和放线的基本原理	（1）能熟练运用测量仪器和工具进行建筑物的定位测量； （2）能测设建筑轴线交点桩、轴线桩、龙门板； （3）能对建筑物定位和放线进行检验	（1）具有严谨、认真的学习态度； （2）具有良好的团队合作意识； （3）培养独立分析问题和解决问题的能力

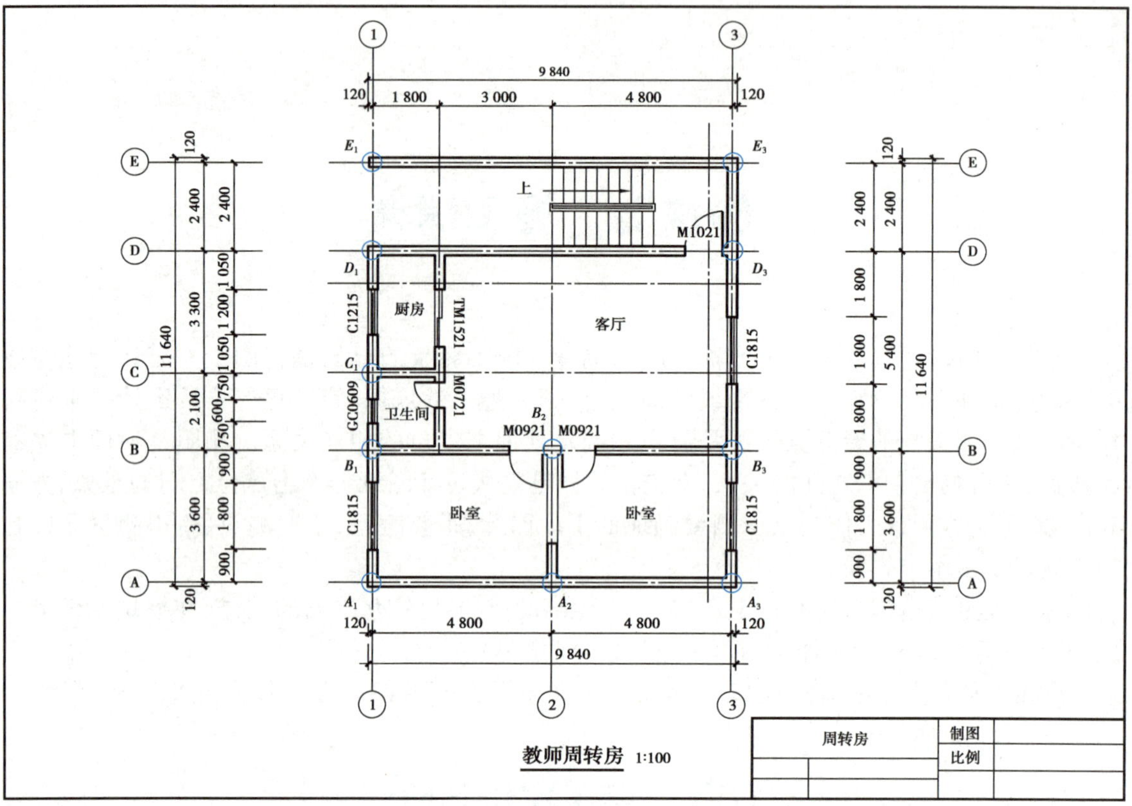

图 7-1-1 教师周转房平面图

任务准备

一、知识准备

(一)测量前的准备工作

1. 熟悉设计图纸

设计图纸是施工测量的依据,在测设前应认真阅读设计图纸及其有关说明,了解施工的建筑物与相邻地物间的位置关系,理解设计意图,对有关尺寸应仔细核对,以免出现差错。

设计图纸主要有:

(1)建筑总平面图:给出新建房屋的位置、朝向以及周围环境等,是建筑施工放样的总体依据。建筑物就是根据总平面图上所给的尺寸关系进行定位的。

(2)建筑平面图:给出建筑物各定位轴线间的尺寸关系及室内地坪标高等。

(3)基础平面图:给出基础边线和定位轴线的平面尺寸和编号等。

(4)基础详图:给出基础的立面尺寸、设计标高以及基础边线与定位轴线的尺寸关系等,这是基础施工放样的依据。

(5)立面图和剖面图:在建筑物的立面图和剖面图中,可以查出基础、地坪、门窗、楼板、屋面等设计高程,这是高程测设的主要依据。

在熟悉上述主要图纸的基础上,应认真核对各种图纸总尺寸与各分尺寸之间的关系是否正确,防止测设时出现差错。

2. 现场踏勘

现场踏勘的目的是掌握现场的地物、地貌和原有测量控制点的分布情况,弄清与施工测量有关的一系列问题,对测量控制点的点位和已知数据进行认真检查与复核,为施工测量获取正确的测量起始数据和点位。

3. 拟定测设方案

根据建筑总平面图给定的建筑物位置以及现场测量控制点情况,按照建筑设计与测量规范要求,拟定测量方案,并绘制施工放样略图。在略图上标出建筑物各轴线间的主要尺寸及有关测设数据,供现场施工放样时使用。

4. 了解建筑物放线的基本步骤

根据场地平面控制网,或设计给定的作为建筑物定位依据的建(构)筑物进行建筑物的定位放线,这是确定建筑物平面位置和开挖基础的关键环节,施测中必须保证精度、杜绝错误,否则后果难以处理。在现场条件允许的情况下,对一栋建筑物进定位放线时,应按如下步骤进行:

(1)校核定位桩是否有误或碰动;

(2)根据定位桩测设建筑物轮廓各大角外(距基槽边 1 ~5 m)的控制桩;

(3)在建筑物矩形控制网的四边上,测设建筑物各大角的轴线与各细部轴线的控制桩(也称为引桩或保险桩);

(4)以各轴线的控制桩测设建筑物四大角;

(5)按基础平面图及施工方案测设基础开挖线;

(6)经自检互检合格后,根据《建筑工程资料管理规程》(JGJ/T 185—2009)规定填写“工程定位测量记录”(表 7-1-1),提请有关部门及单位验线。沿红线新建的建筑物定位后,还要经城市规划部门验线合格后,方可破土开工,以防新建建筑物压、超红线。

表 7-1-1 工程测量记录

<table>
<tr><td colspan="6">工程测量记录</td><td>编号</td><td colspan="2"></td></tr>
<tr><td colspan="2">工程名称</td><td colspan="3"></td><td colspan="2">委托单位</td><td colspan="2"></td></tr>
<tr><td colspan="2">图纸编号</td><td colspan="3"></td><td colspan="2">施测日期</td><td colspan="2"></td></tr>
<tr><td colspan="2">平面坐标依据</td><td colspan="3"></td><td colspan="2">复测日期</td><td colspan="2"></td></tr>
<tr><td colspan="2">高程依据</td><td colspan="3"></td><td colspan="2">使用仪器</td><td colspan="2"></td></tr>
<tr><td colspan="2">允许误差</td><td colspan="3"></td><td colspan="2">仪器校验日期</td><td colspan="2"></td></tr>
<tr><td colspan="9">定位抄测示意图:</td></tr>
<tr><td colspan="9">复测结果:</td></tr>
<tr><td rowspan="3">签字栏</td><td colspan="2" rowspan="2">建设(监理)单位</td><td>施工(测量)单位</td><td colspan="2"></td><td colspan="2">测量人员岗位证书号</td><td></td></tr>
<tr><td>专业技术负责人</td><td colspan="2">测量负责人</td><td colspan="2">复测人</td><td>实测人</td></tr>
<tr><td colspan="2"></td><td></td><td colspan="2"></td><td colspan="2"></td><td></td></tr>
</table>

(二)建筑物定位

建筑物的定位是根据设计图纸,将拟建建筑物外墙的轴线交点(也称角点)测设到实地,作为建筑物基础放样和细部放线的依据。

1. 建筑物的定位方法

由于设计方案常根据施工场地条件来选定,不同的设计方案其建筑物的定位方法也不一样,主要有以下三种情况:

1)根据与原有建筑物的关系定位

图 7-1-2 中,宿舍楼为原有建筑物,教学楼为拟建建筑物,两建筑物外墙相距 14.000 m,拟建建筑物外墙面距定位轴线为 0.24 m,两建筑物南墙面齐平。现需将建筑物外廓各轴线交点(简称角桩,即图 7-1-2 中的 M、N、P 和 Q)测设到地面上,作为放样的依据。

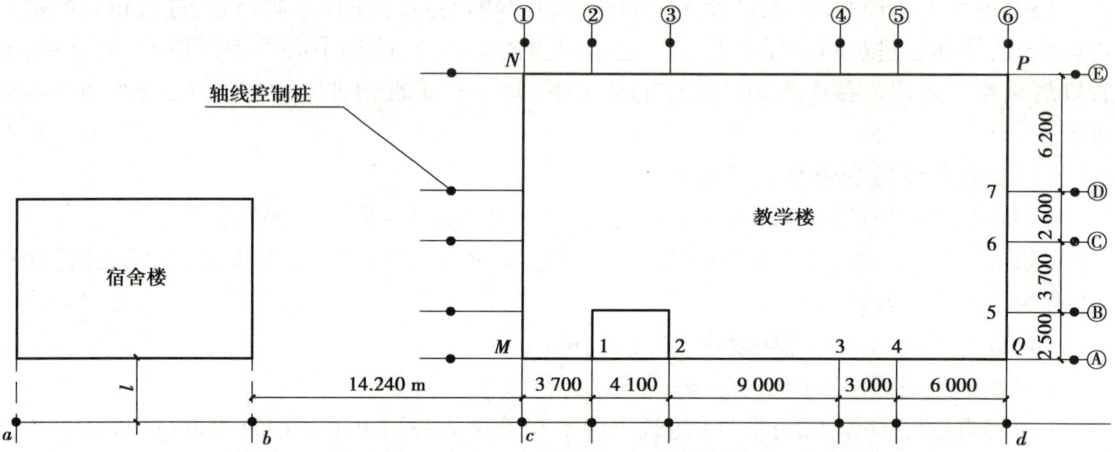

图 7-1-2　根据原有建筑定位示意图

(1)用钢尺沿宿舍楼的东、西墙延长出一小段距离 l 得 a、b 两点,并作出标记。

(2)在 a 点安置经纬仪,瞄准 b 点,并从 b 点沿 ab 方向量取 14.240 m,定出 c 点,作出标记;继续沿 ab 方向从 c 点起量取 25.800 m,定出 d 点,作出标记,cd 线可作为教学楼平面位置的建筑基线。

(3)分别在 c、d 两点安置经纬仪(全站仪),瞄准 a 点,顺时针方向测设 90°,沿此视线方向量取距离 l+0.240 m,定出 M、Q 两点,作出标记;再继续量取 15.000 m,定出 N、P 两点,作出标记。M、N、P、Q 四点即为教学楼外廓定位轴线的交点。

(4)检查 NP 的距离是否等于 25.800 m,$\angle N$ 和 $\angle P$ 是否等于 90°,其距离相对误差应小于 1/3 000,与 90°的偏差不超过±30″。

2)根据建筑方格网为控制的定位

如现场已测设建筑方格网,如图 7-1-3 所示,MN 为建筑方格网的一条边,可根据它做建筑物 $ABCD$ 的定位放线。测设方法和步骤如下:

(1)在建筑总平面图上查得 A 点的坐标值,从而计算出 MA' 等于 20 m,$A'A$ 等于 15 m,AC 等于 15 m,AB 等于 66 m。

(2)用直角坐标法测设 A、B、C、D 四大角的角点。

(3)用钢尺检验建筑物的边长,相对误差不应超过 1/2 000。

3）根据控制点的坐标定位

在建筑物场地附近，如果有测量控制点可以利用，应根据控制点坐标及建筑物定位点的设计坐标反算出角度与距离，然后采用极坐标法或角度交会法将建筑物测设到地面上。极坐标法定位应先测设建筑物的长边，这条边与视线的夹角不宜小于30°。

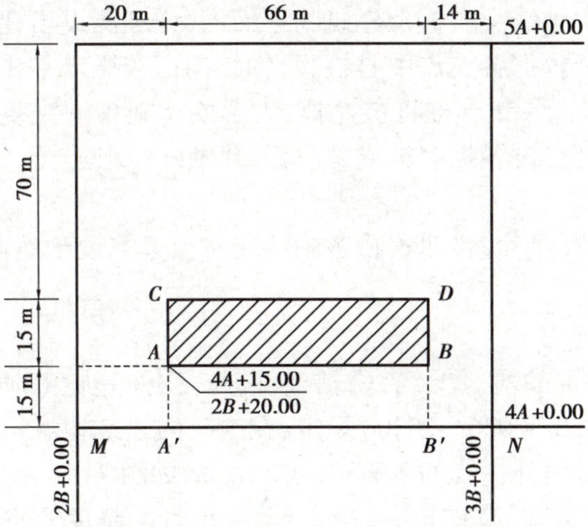

图 7-1-3　根据方格网定位示意图

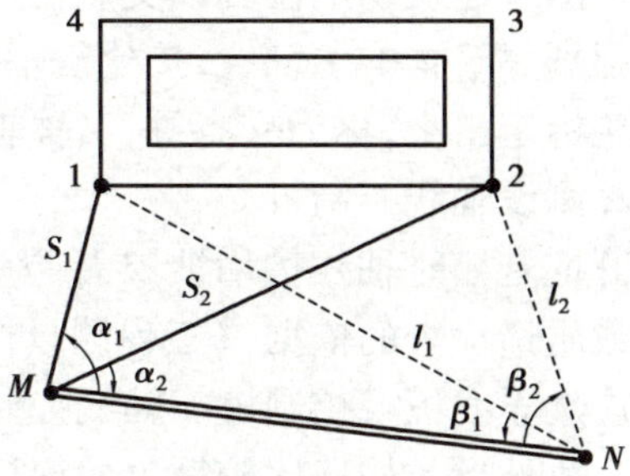

图 7-1-4　根据控制点定位示意图

如图 7-1-4 所示，各点坐标已知，用极坐标法对建筑物进行定位。测设步骤如下：

（1）根据 1、M、N 三点坐标计算出角 α_1 和 1、M 两点距离 S_1；根据 2、M、N 三点坐标计算出角 α_2 和 2、M 两点距离 S_2。

（2）将仪器置于 M 点，后视 N 点，测设角 α_2，在视线方向自 M 点量 S_2，定出 2 点；再测设角 α_1，在视线方向自 M 点量 S_1 定出 1 点。这时矩形网的一条边就测出来了。

也可以根据 M、N、1 三点坐标计算出角 β_1 和 1、N 两点距离 l_1；根据 M、N、2 三点坐标计算出角 β_2 和 2、N 两点距离 l_2。将仪器置于 N 点，后视 M 点，测设角 β_1，量 l_1 定出 1 点；后视 M 点，测角 β_2，量出 l_2 定出 2 点。

（3）用同样的方法定出 3、4 两点。

（4）校核方法：直接丈量 1、2 点及 3、4 点的距离，若符合设计边长，误差在允许范围内，也可以检查建筑物四大角的角度。例如，1、2 两点误差较大，可以 1 点为依据，改正 2 点位置，因为 $\alpha_1>\alpha_2$、$S_1<S_2$，所以 1 点的相对精度较高。

2. 定位测量中的注意事项

（1）认真熟悉设计图纸及有关技术资料，审核各项尺寸，发现图纸有不符的地方应找技术部门改正。施测前要绘制观测示意图，把各测量数据标在示意图上。

（2）施测过程的每个环节都应精心操作，对中、丈量要准确，测角应采用复测法，后视应选在长边，引测过程的测量精度不低于控制网精度。

（3）基础施工中最容易发生问题的地方是错位，主要原因是将中线、轴线、边线搞混用错。因此，凡轴线与中线不重合或同一点附近有几个控制桩时，应在控制桩上标明轴线编号，分清是轴线还是中线，防止用错。

（4）控制网测完后，应经有关人员检查验收。

(5)控制桩要做出明显标记,以便引起注意,桩的四周要钉木桩、拉铁线加以保护,防止碰撞破坏。如发现桩位有变化,要进行复测后再使用。

(6)设在冻胀性土质的桩要采取防冻措施。

(三)建筑物放线

建筑物的放线是指根据已定位的外墙主轴线交点桩及建筑物平面图,详细测设出建筑物各轴线的交点位置,并设置交点中心桩;然后根据各交点中心桩,沿轴线用白灰撒出基槽开挖边界线,以便进行开挖施工;由于基槽开挖后,各交点桩将被挖掉,为了便于施工中恢复各轴线位置,还须把各轴线延长到基槽外安全地点,设置控制桩或龙门板,并做好标志。

1. 测设建筑物定位轴线交点桩

根据建筑物的主轴线,按建筑平面图所标尺寸,将建筑物各轴线交点位置测设于地面,并用木桩标定出来,称为交点桩,又称轴线桩。

2. 测设轴线控制桩

开挖基槽时轴线桩均被挖去,为保留测设的建筑轴线,供基础、墙身、构件等施工时作为定位或质量检查的依据,《工程测量标准》(GB 50026—2020)规定,在施工的建筑物或构筑物外围应建立线板或控制桩。轴线控制桩离基槽外边线的距离可取 2 ~4 m,如图 7-1-5 所示。

一些外形或构造比较简单的房屋,如传达室、简易仓库、岗亭等,对位置的精度要求一般较低,允许采用控制桩(又称“引桩”)来控制定位轴线的位置,可以不钉设龙门桩。方法如下:

(1)在轴线测设完毕后,用经纬仪将轴线延长到基槽(坑)开挖边线外 2 ~4 m 处,钉设控制桩,如图 7-1-6 所示。

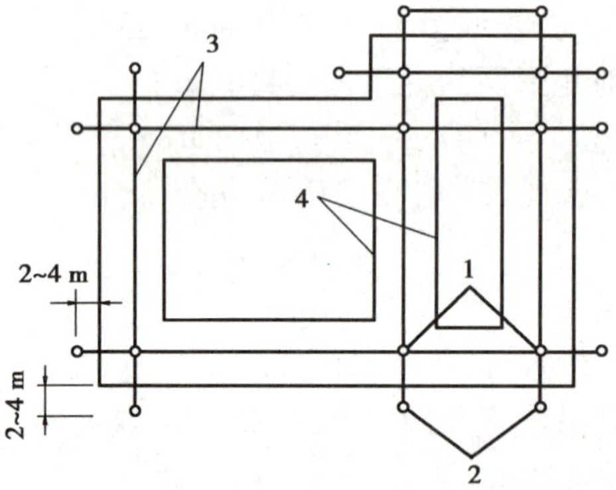

图 7-1-5　轴线控制桩示意图

1—轴线桩;2—控制桩;3—定位轴线;4—基槽灰线

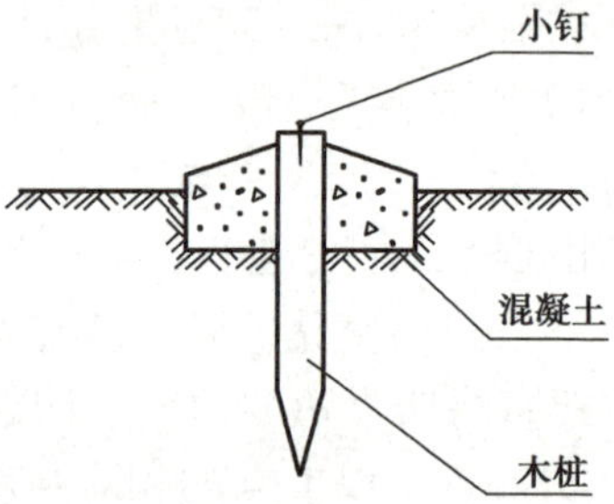

图 7-1-6　控制桩

(2)如附近有固定建筑物,可将轴线延长,投设到该建筑的墙脚或基础顶面上,用红色油漆作标记,代替控制桩。再将标高引测到墙面上,亦用红漆作标记,三角形顶点下部横线即是±0.000 标高线。

3. 设置龙门板

施工中,常将各轴线引测到线板上并编号,标高也测设在线板上。线板俗称“龙门板”,起控制基础及上部结构轴线和标高的作用,也可以作为工序交接和工程质量检验的依据。

在一般民用建筑中,常在基槽开挖线以外一定距离处钉设龙门板。控制桩设在离建筑物稍远的地方，如附近有已建固定建筑物，最好把轴线投测到固定建筑物屋顶或墙上，并做好标记。

钉设龙门板的方法如下：

(1)按前述方法，将建筑物定位轴线测设到地面后钉设轴线桩。

(2)根据土质及开挖深度，在基槽开挖边线外侧 1.5 m 以外钉设龙门板。龙门板应位于建筑物转角和内墙轴线两端。

(3)龙门板由龙门桩 4 和龙门板 2 组成，如图 7-1-7 所示。板面高程一般为该建筑物室内地坪设计标高±0.000，应用水准仪测设。龙门板标高的测定容许误差为±5 mm。

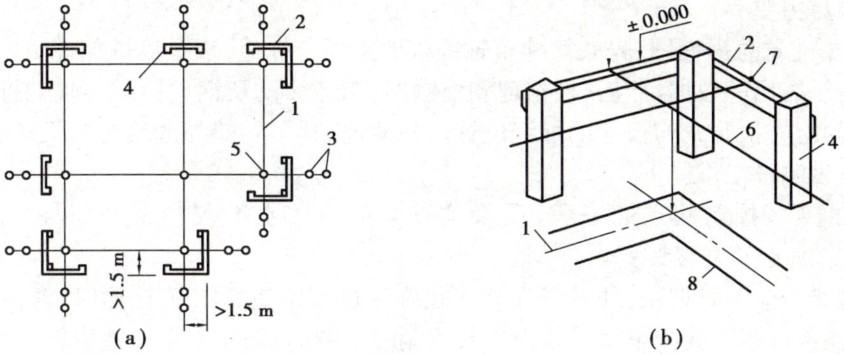

图 7-1-7　龙门板示意图

1—建筑定位轴线；2—龙门板；3—引桩；4—龙门桩；5—轴线桩；6—拉线；7—轴线钉；8—基槽灰线

(4)用经纬仪将墙、柱的轴线测设到龙门板上，钉一小钉作为标记，称为“轴线钉”。投点容许误差为±5 mm。用钢尺沿龙门板顶面检查轴线钉的间距，其相对误差不应超过 1/2 000。

(5)用钢尺在钉的两侧将基槽(坑)上口宽度标定到龙门板上，留一锯口表示。根据基槽(坑)上口宽度，由定位轴线两侧放出基槽(坑)灰线，即可开挖土方。

4. 民用建筑定位放线的检验测量

当施工员放线、钉设龙门板或控制桩完毕，填写“施工测量放线报验表”(表 7-1-2)，质量检查人员收到“施工测量放线报验表”后，应立即进行放线检验测量，以检核放线、钉桩有无错误。

表 7-1-2　施工测量放线报验表

<table>
<tr><td colspan="2">施工测量放线报验表</td><td>编号</td><td></td></tr>
<tr><td>工程名称</td><td></td><td>日期</td><td></td></tr>
<tr><td colspan="4">致________(监理单位)
我方已完成(部位)________
(内容)________
的测量放线，经自检合格，请予查验。
附件：1. □放线的依据材料________页
2. □放线成果表________页
测量员(签字)：　　岗位证书号：
查验人(签字)：　　岗位证书号：
承包单位名称：　　技术负责人(签字)：</td></tr>
</table>

续表

查验结果：
查验结论：　　□合格　　□纠错后重报
监理单位名称：　　监理工程师(签字)：　　日期：

检测项目主要有：

(1)根据建筑总平面图,先查算建筑轴线桩的平面坐标值,以及该桩与现场控制网点的相关位置和放线需用的数据;然后,根据现场控制网,用经纬仪及钢尺检验各轴线桩的位置测设是否正确,同时应检验龙门板上的标记位置。如发现问题,立即与放线施工人员查找原因,予以调整或重做测设工作。

(2)根据现场控制网点的高程,质量检查人员应用水准仪检核龙门板或墙上标出的±0.000 标高,务必符合设计要求。

以上检测均应及时记录,并妥善保存。在施工过程中进行有关检测时,常需查对原始资料。同时,在工程竣工验收填写验收报告及编制竣工图时,均需附上这些资料。

二、仪器和工具准备

施工定位和放线需要准备的仪器和工具如表 7-1-3 所示。

表 7-1-3　仪器和工具

序号	仪器或工具	数量	序号	仪器或工具	数量
1	全站仪	1 台	5	记录手簿	1 份
2	棱镜组	2 个	6	签字笔	—
3	脚架	3 个	7	草稿纸	—
4	粉笔	数支			

任务实施

一、操作步骤

教师课前给各小组在地面上标定出 A_1、A_2、A_3 共 3 个点,如图 7-1-1 所示。

(1)在 A_1 点架设全站仪,盘左,照准 A_3 点,逆时针转动 90°,在前进方向上,根据图纸上的距离测设出 B_1、C_1、D_1、E_1 点。

(2)在 A_2 点架设全站仪,盘左,照准 A_1 点,顺时针转动 90°,在前进方向上,根据图纸上的距离测设出 B_2 点。

(3)在 A_3 点架设全站仪,盘左,照准 A_1 点,顺时针转动 90°,在前进方向上,根据图纸上的距离测设出 B_3、D_3、E_3 点。

二、成果上交

检查无误后用粉笔将建筑物的主要轴线画出来,然后在地面上标注各房间的名称,为接下来的施工作业提供依据。

各组交叉进行距离和角度的测定，填写"距离、角度测量精度评定表"（见表 7-1-4），并根据评分标准打分，距离和角度分别占 40 分；教师再根据学生现场的表现和最后展示的施工平面图的效果进行评分，此项占 20 分，三项总计 100 分。

表 7-1-4　距离、角度测量精度评定表

日期:________年________月________日　　　　　　　　　　　　　　组别:________

	测段	丈量	起始位置/m	结束位置/m	距离/m	平均距离/m	与理论值之差/m	扣分	实际得分	备注
距离		往								距离总得分 40 分，误差在 3 mm 以内不扣分，每超过 1 mm 扣 2 分，扣完为止
		返								
		往								
		返								
	测站	竖盘位置	目标	水平度盘读数	半测回角值	一测回角值	与理论值之差	扣分	实际得分	备注
角度										角度总得分 40 分，误差在 36″以内不扣分，没超过 1″扣 1 分，扣完为止

任务拓展

一、基础施工测量

（一）基础开挖边线的确定

基础开挖之前，先按基础剖面图的设计尺寸，计算基槽口的 1/2 开挖宽度 d（图 7-1-8），然后根据所放基础轴线在地面上放出开挖边线，并撒白灰。1/2 开挖宽度按下式计算：

$$d=B+mh$$

式中　B——1/2 基础底宽，可由基础剖面图查得；

h——挖土深度；

m——挖土边坡的分母。

（二）基槽抄平

建筑施工中的高程测设又称为抄平，如图 7-1-9 所示。

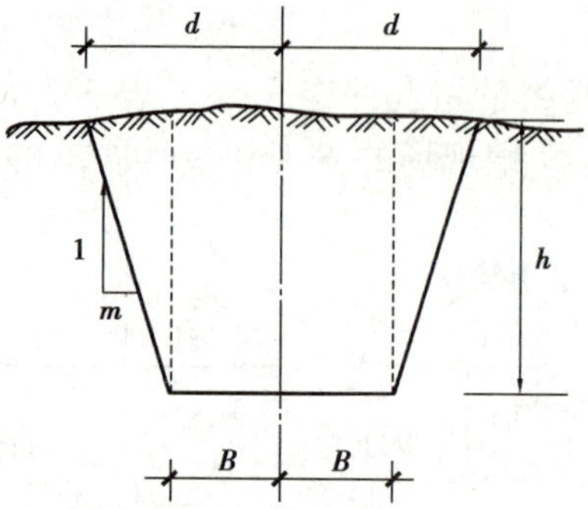

图 7-1-8　基础开挖边线确定示意图

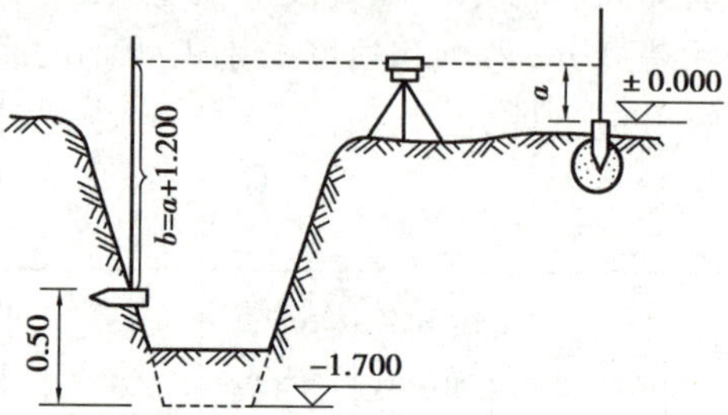

图 7-1-9　设置水平桩

为控制基槽的开挖深度，当基槽开挖接近槽底设计标高时，用水准仪根据地面上±0.000点，在槽壁每隔 3 ~5 m 及转角处测设一些水平小木桩，使木桩的上表面离槽底的设计标高为一固定值。水平桩将作为挖槽深度、修平槽底和打基础垫层的依据。

如图 7-1-9 所示，槽底设计标高为-1.700 m，欲测设比槽底设计标高高 0.500 m 的水平桩，测设方法如下：

(1)在地面适当地方安置水准仪，在±0.000 标高线位置立水准尺，读取后视读数 a(假设为 1.365 m)。则水平桩顶面立尺读数 $b=1.365+1.700-0.500=2.565$(m)。

(2)在槽内一侧竖立水准尺，并上下缓慢移动，直至水准仪中丝读数为 2.565 m 时，沿水准尺尺底在槽壁打入一小木桩，使水平木桩顶面与水准尺底面齐平。

(三)垫层中线投测

基础垫层打好后，根据轴线控制桩或龙门板上的轴线钉，用拉绳挂线锤的方法将轴线投测到垫层上，再用墨线弹出地梁中心线和边线作为基础施工的依据，如图 7-1-10 所示。

所测设中线及边线是修建基础的准线，是确定建筑物位置的关键环节，因此应严格校核后方可进行砌筑施工。

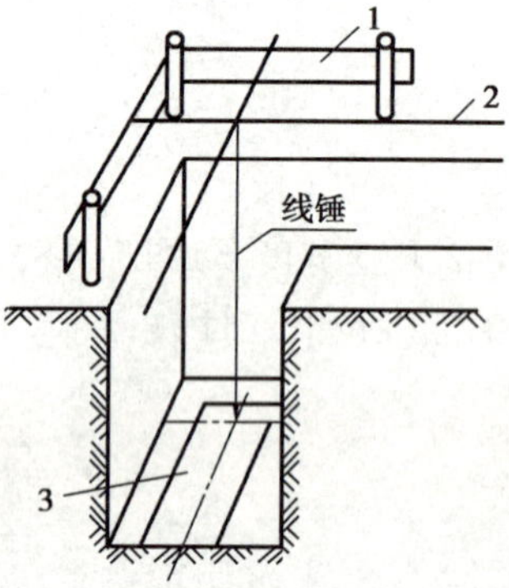

图 7-1-10　垫层中线的投测

1—龙门板；2—细线；3—垫层

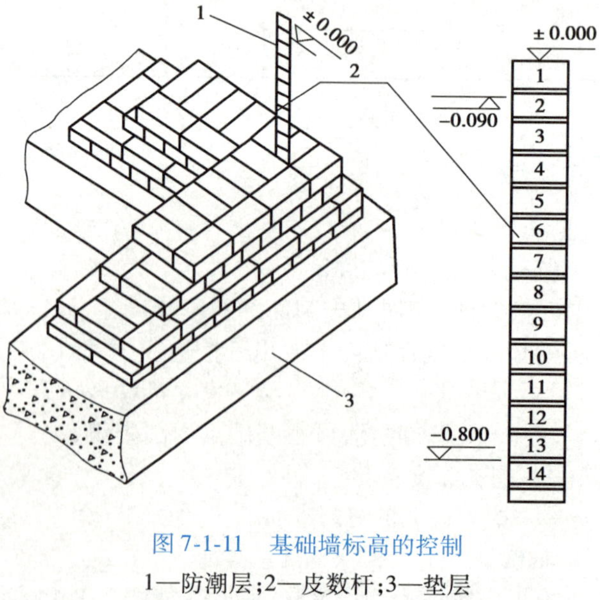

图 7-1-11　基础墙标高的控制

1—防潮层；2—皮数杆；3—垫层

（四）基础墙标高控制

房屋基础墙是指±0.000 以下的砖墙，其标高一般用基础皮数杆控制，如图 7-1-11 所示。

（1）按照设计尺寸，将砖、灰缝厚度、±0.000 和防潮层的标高位置标注在一根木制的杆子上，制成基础皮数杆。

（2）在各基础墙体转角处打一木桩，用水准仪在木桩侧面定出一条高于垫层 100 mm 的水平线，然后将皮数杆上标高相同的一条线与木桩上的水平线对齐，并用铁钉将皮数杆与木桩固定在一起，作为基础墙施工标高的依据。

（3）基础墙施工后，检查基础面标高是否符合设计要求（也可检查防潮层）。可用水准仪测出基础面上若干点的高程，和设计高程比较，允许误差为±10 mm。

（五）基础梁标高控制

基槽垫层浇筑后，在各基础梁转角处打入一木桩，然后根据设计值，用水准仪在每个木桩侧面定出地梁的标高，作为基础梁制模标高，以此控制地梁标高。

二、墙体施工测量

（一）墙体定位

（1）基础完成后，利用轴线控制桩、龙门板上的轴线钉或墙边线标志，用经纬仪或拉细绳挂线锤的方法将轴线投测到基础面上或防潮层上。

（2）用墨线弹出各柱轴心及边线（或墙中线和墙边线）。

（3）检查外墙轴线交角是否等于 90°，其误差应在允许范围内。

（4）将墙轴线延伸并画在外墙基础上，如图 7-1-12 所示，作为向上投测轴线的依据。

（5）将门、窗和其他洞口的边线也画在外墙基础上。

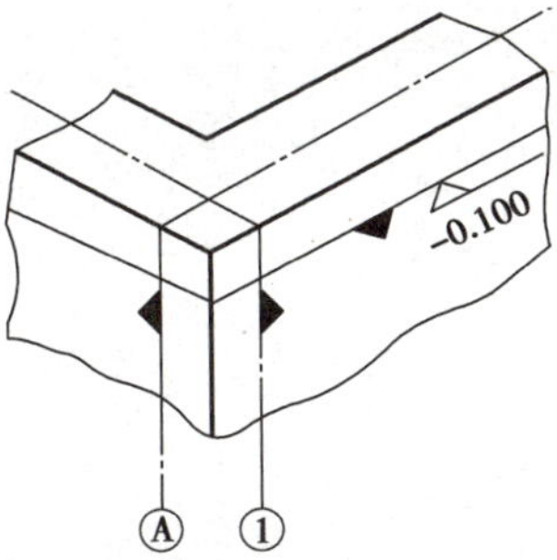

图 7-1-12　墙体定位

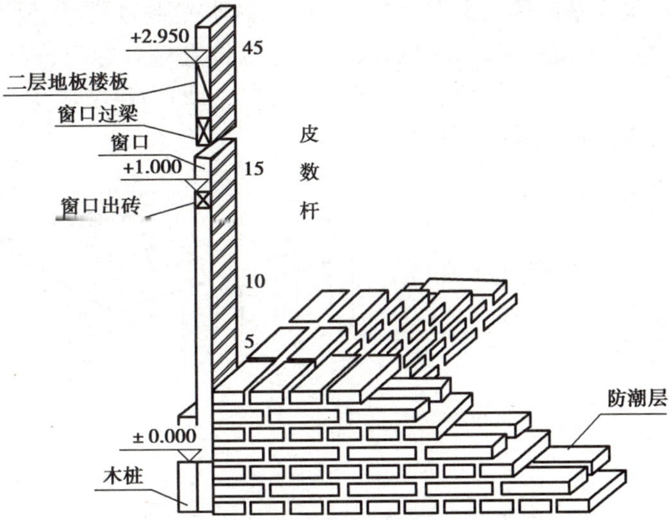

图 7-1-13　墙体皮数杆设置

（二）墙体各部位标高控制

在墙体施工中，墙身各部位标高通常用皮数杆控制。

（1）按照设计尺寸，将±0.000、门、窗、楼板等的标高制成皮数杆，并标明位置，如图 7-1-13 所示。

(2)在各墙体转角处设置一木桩,将皮数杆固定在木桩上,并使皮数杆的±0.000 标高与房屋室内地坪标高相吻合。每隔 10 ~ 15 m 墙体设置一根皮数杆。

(3)当墙身砌起 1 m 以后,即可在室内墙身上定出+0.500 m 的标高线,以供该层地面施工和室内装修用。

(4)第二层墙体施工时,用水准仪测出楼板四角的标高,取平均值作为地坪标高,并以此作为二层墙体立皮数杆的依据。

框架结构墙体砌筑是在框架施工后进行,可在柱面画线代替皮数杆。

三、楼层轴线投测

多层建筑施工中,为了保证各层建筑物轴线位置正确,可用吊线锤或经纬仪(全站仪)将各轴线投测到各层楼板边缘或柱顶上。

(一)吊线锤法

(1)将线锤悬吊在楼板或柱顶边缘,当线锤尖对准基础墙面上的轴线标志时,线在楼板或柱顶边缘的位置即为楼层轴线端点位置,并画出标志线。

(2)用同样的方法投测各轴线端点,两端点的连线即为定位轴线。

(3)用墨线弹出各轴线,检核各轴线的间距符合要求后继续施工,并把轴线逐层自下向上传递。

吊线锤法简便易行,不受施工场地限制。当有风或建筑物较高时,投测误差较大,应采用经纬仪(全站仪)投测法。

(二)用经纬仪(全站仪)投测轴线

(1)如图 7-1-14 所示,在轴线控制桩上安置经纬仪(全站仪),严格对中整平后,用望远镜盘左瞄准基础墙面上的轴线标志,旋紧水平制动螺旋;然后抬高望远镜,照准楼板或柱顶边缘,将望远镜中竖丝在楼板或柱顶边缘位置做好标记;再用望远镜盘右在楼板或柱顶边缘再做一个标记。如果两点不重合,取其中点,即为定位轴线的端点。同法投测轴线另一端点,根据两端点弹上墨线,即为定位轴线。

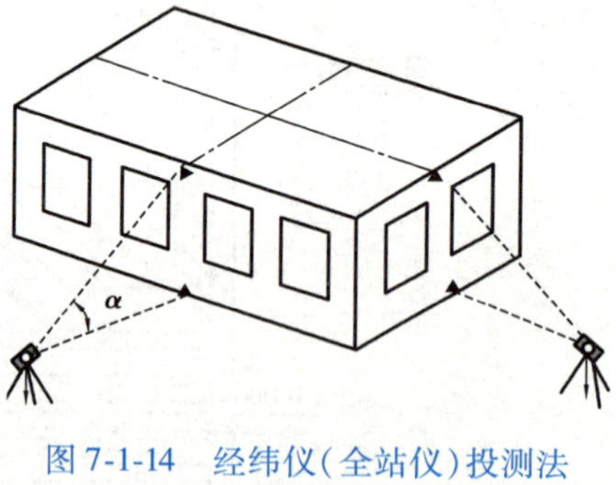

图 7-1-14　经纬仪(全站仪)投测法

(2)每层楼板应测设长轴线 1 ~ 2 条,短轴线 2 ~ 3 条。

(3)用钢尺检核其间距,相对误差不得大于 1/2 000。检查合格后,方可在楼板上分间弹线,继续施工。

(三)建筑物高程传递

此部分已在高程测设内容中讲到,此处不再赘述。

任务评估

一、自我评估与同学互评

实训项目					
小组编号		场地号		实训者	
序号	评估项目	分值	实训要求		自我评定
1	任务完成情况	30	按时按要求完成实训任务		
2	测量精度	20	成果符合限差要求		
3	实训记录	20	记录规范、完整，计算准确		
4	实训纪律	15	遵守课堂纪律，无事故，仪器未损坏		
5	团队合作	15	服从组长安排，能配合其他成员工作		

实训总结与反思：

小组其他成员评价得分：________、________、________、________、________

组长评价得分：________

二、教师评价

实训项目					
小组编号		场地号		实训者	
序号	考核项目	分值	实训要求		考核评定
1	操作程序	30	操作动作规范，操作程序正确		
2	操作速度	20	按时完成实训		
3	安全操作	20	无事故发生		
4	数据记录	15	记录规范，无转抄、涂改、抄袭等		
5	团队合作	15	服从组长安排，能配合其他成员工作		

存在的问题：

指导教师：　　　　　　　　　　评价时间：

任务练习

一、选择题

1. 下列测量中,不属于施工测量的是(　　)。

A. 测设建筑基线　　B. 建筑物定位　　C. 建筑物测绘　　D. 轴线投测

2. 建筑工程施工中,基础的抄平通常都是利用(　　)完成的。

A. 水准仪　　B. 经纬仪　　C. 钢尺　　D. 皮数杆

3. 下列关于施工测量原则的说法错误的是(　　)。

A. 应使用经过检校的仪器和工具进行步步检校

B. 测量人员应仔细操作

C. 内业计算和外业观测均应步步校核

D. 应采用高精度仪器,力求高精度测量

4. 采用设置轴线控制桩法引测轴线时,轴线控制桩一般设在开挖线(　　)以外的地方,并用水泥砂浆加固。

A. 1 ~ 2 m　　B. 2 ~ 4 m　　C. 3 ~ 5 m　　D. 5 ~ 7 m

5. 龙门板标高的测定容许误差为(　　)mm。

A. ±2　　B. ±3　　C. ±5　　D. ±10

二、判断题

1. 施工测量应遵循“从整体到局部,先控制后碎部”的原则。(　　)

2. 施工过程中测量数据要及时校核。(　　)

3. 地面上的轴线控制桩应位于基坑的上口开挖边界线内。(　　)

4. 建筑基线点应不少于 2 个,以便检测点位有无变动。(　　)

5. 当施工员放线、钉设龙门板或控制桩完毕,质量检查人员应立即进行放线检验测量,以检核放线、钉桩有无错误。(　　)

三、综合题

1. (简答)施工测量的主要内容有哪些?

2. (简答)建筑物定位的方法主要有哪些?

模块检测

一、单项选择题(每题5分,共60分)

1. 施工测量精度由控制测量精度和(　　)精度两部分组成,取决于建筑限差的大小。

A. 碎部测量　　B. 高程测量　　C. 地形图测绘　　D. 施工放样

2. 施工场地测量中,首先建立平面控制网和(　　)。

A. 高程控制网　　B. 轴线控制网

C. 建筑物基础轴线　　D. 建筑物细部特征点

3. 下列测量中,不属于施工测量的是(　　)。

A. 测设建筑基线　　B. 建筑物定位　　C. 建筑物测绘　　D. 轴线投测

4. 基础开挖线的测设依据是(　　)及施工方案。

A. 建筑总平面图　　B. 基础平面图　　C. 结构施工图　　D. 立面图

5. 布设施工平面控制网时,应根据(　　)和施工现场的地形条件来确定。

A. 建筑总平面图　　B. 建筑平面图　　C. 建筑立面图　　D. 基础平面图

6. 极坐标法定位应先测设建筑物的(　　)。

A. 长边　　B. 短边　　C. 中间边　　D. 任意一条边

7. 定位施测过程的每个环节都应精心操作,对中、丈量要准确,测角应采用(　　)。

A. 测回法　　B. 复测法　　C. 方向观测法　　D. 分组观测法

8. 根据建筑物的主轴线,按建筑平面图所标尺寸,将建筑物各轴线交点位置测设于地面,并用木桩标定出来,称为(　　)。

A. 控制桩　　B. 轴线桩　　C. 角点桩　　D. 边线桩

9. 极坐标法进行定位时,需要根据控制点及定位点的坐标,反算出(　　)。

A. 两个角度　　B. 两段距离　　C. 角度和距离　　D. 都可以

10. 下列关于轴线控制桩设置的说法错误的是(　　)。

A. 轴线控制桩是广义的桩,根据现场条件可在墙上画标记

B. 地面上的轴线控制桩应位于基坑的上口开挖边界线以内

C. 为了恢复轴线时能够安置仪器,要求至少有一个控制桩在地面上

D. 地面轴线控制桩用木桩标记时,应在其周边砌砖保护

11. 施工测量是在(　　)阶段进行的测量工作。

A. 工程设计　　B. 工程勘察　　C. 工程施工　　D. 工程管理

12. 建筑物的定位是将建筑物的(　　)测设到地面上,作为基础放样和细部放样的依据。

A. 外墙轴线交点　　B. 内部轴线交点　　C. 基础边线交点　　D. 主轴线交点

二、判断题(每题4分,共40分)

1. 施工测量应遵循“从整体到局部,先控制后碎部”的原则。　　(　　)

2. 以建筑方格网为控制的定位完成后,用钢尺检验建筑物的边长,相对误差不应超过1/2 000。　　(　　)

3. 施工场地高程控制网分为首级网和加密网。 ( )

4. 在建筑物的立面图和剖面图中，可以查出基础、地坪、门窗、楼板、屋面等设计高程，它们是平面位置测设的主要依据。 ( )

5. 高层建筑垂直度观测竖向误差，在同层内不超过 10 mm。 ( )

6. 建筑物就是根据建筑总平面图上所给的尺寸关系进行定位的。 ( )

7. 建筑定位前，要认真熟悉图纸及有关技术资料，审核各项尺寸，发现图纸有不符的地方应找技术部门改正。 ( )

8. 设在冻胀性土质的桩不需要采取防冻措施。 ( )

9. 如附近有固定建筑物，可将轴线延长，投设到该建筑的墙脚或基础顶面上，用白色油漆作标记，代替控制桩。 ( )

10. 龙门板上高程的测设可以用钢尺来完成。 ( )

附录 任务工单

模块二任务一 认识与操作自动安平水准仪工单

任务名称	认识与操作自动安平水准仪	测量员			
单位		项目部		工日	
实训设备		实训场地		日期	
项目任务	1. 了解自动安平水准仪的构造,认识其主要部件的名称与作用。 2. 初步掌握水准仪的粗略整平、照准水准尺,及水准尺读数的方法。 3. 使用自动安平水准仪,测量地面两点的高差。				
任务目的	熟悉自动安平水准仪的基本构造,初步掌握自动安平水准仪的使用方法。				
项目准备	1. 仪器、工具:自动安平水准仪 1 台,水准尺 2 根,尺垫 2 块,自备计算器、铅笔、小刀、记录板、记录表格等。 2. 分组:实训时数建议安排为 2 学时,实训小组由 4 ~ 5 人组成,具体根据仪器和班级人数合理安排。 3. 场地布置:分区域,提前用粉笔或者其他临时标记作为测点,并注写点名。				
项目决策与计划	请根据测量区域选出的测点,确定所需要的检测仪器、工具,并对小组成员进行合理分工,制定详细项目实施步骤并完成任务。 1. 所需要的检测仪器、工具: 2. 小组人员分工: 3. 写出测量两点高差的实施步骤: 4. 写出测量两点高差的注意事项:				

续表

<table>
<tr><td>项目施工</td><td>步骤 1:安置仪器。
步骤 2:认识仪器,并说出下列各序号的名称。
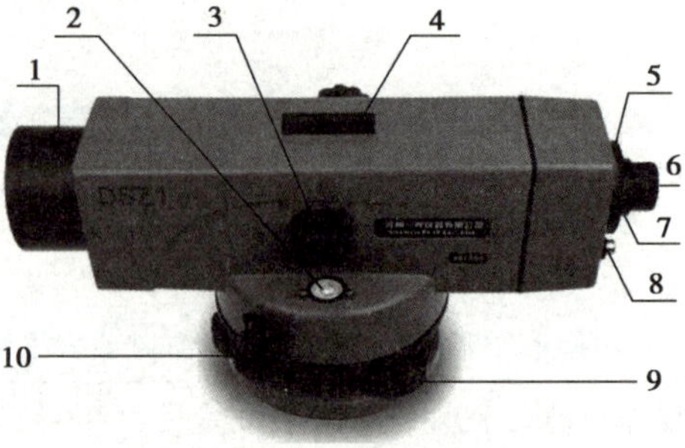
步骤 3:观测练习。
(1)粗平。若一次不能居中,可反复进行(观察左手拇指转动脚螺旋的方向与气泡移动方向之间的关系)。
(2)瞄准。使目标清晰并消除视差(观察视差现象,练习消除方法)。
(3)读数。读取 4 位数字,估读 mm 的数值,记为后视读数。
(4)分别在 B、C、D 等点立尺,按(2)~(4)步读取前视读数并记录。
(5)计算高差。
(6)改变仪器高度或搬站再次观测 A 与 B、C、D 等的高差,进行比较。</td></tr>
<tr><td>报验</td><td>1. 班组长对测量组进行自我检查,达到要求后,将外业测量及内业成果上交老师检查。
2. 考核标准
(1)任务完成情况,以时间 T 为评分主要依据,用 M 代表分数,$T\leqslant10'$时 $M\geqslant30$ 分,$10'<T\leqslant12'$时 30 分$>M\geqslant20$ 分,$12'<T\leqslant15'$时 20 分$>M\geqslant10$ 分,$T>15'$时 $M<10$ 分。
(2)其余评估项目根据任务评估要求评分。</td></tr>
<tr><td>验收</td><td>班组自检描述:
<table>
<tr><td>学号</td><td>姓名</td><td>班组评分(满分 100 分)</td><td>项目部评分(满分 100 分)</td><td>合计</td></tr>
<tr><td></td><td></td><td></td><td></td><td></td></tr>
<tr><td></td><td></td><td></td><td></td><td></td></tr>
<tr><td></td><td></td><td></td><td></td><td></td></tr>
<tr><td></td><td></td><td></td><td></td><td></td></tr>
<tr><td></td><td></td><td></td><td></td><td></td></tr>
<tr><td></td><td></td><td></td><td></td><td></td></tr>
</table>
项目部意见:</td></tr>
</table>

模块二任务二　变动仪高法测高程工单

<table>
<tr><td>任务名称</td><td>变动仪高法测高程</td><td>测量员</td><td colspan="3"></td></tr>
<tr><td>单位</td><td></td><td>项目部</td><td></td><td>工日</td><td></td></tr>
<tr><td>实训设备</td><td></td><td>实训场地</td><td></td><td>日期</td><td></td></tr>
<tr><td>项目任务</td><td colspan="5">1. 根据水准路线两次仪器高法的学习，进行水准测量。
2. 技术指标：两次仪器高度差>10 cm；两次测得的高差之差≤±5 mm。</td></tr>
<tr><td>任务目的</td><td colspan="5">1. 进一步熟练掌握水准仪的操作方法，掌握变动仪高法的观测、记录与计算。
2. 熟悉变动仪高法的主要技术指标，掌握测站的检核方法。</td></tr>
<tr><td>项目准备</td><td colspan="5">
<table>
<tr><td rowspan="2">测站</td><td rowspan="2">测点</td><td colspan="2">水准尺读数/m</td><td rowspan="2">高差/m</td><td rowspan="2">平均高差/m</td><td rowspan="2">高程/m</td><td rowspan="2">备注</td></tr>
<tr><td>后视读数</td><td>前视读数</td></tr>
<tr><td rowspan="2">1</td><td>BM_A</td><td></td><td></td><td></td><td rowspan="2"></td><td rowspan="2"></td><td rowspan="2"></td></tr>
<tr><td>TP_1</td><td></td><td></td><td></td></tr>
</table>
1. 水准测量的仪器、工具：(1)________、(2)________、(3)________、(4)________、(5)________、(6)________、(7)________、(8)________、(9)________。
2. 变动仪高法的基本操作：
(1)变动仪高法测量时，每站有________个前、后视读数。
(2)变动仪高法每站高差之差不超过________。</td></tr>
<tr><td>项目决策与计划</td><td colspan="5">请根据场地的两个点(视线长度在 30 m 左右)，以及变动仪高法高程测定的任务要求，确定所需要的检测仪器、工具，并对小组成员进行合理分工，制定详细项目实施步骤并完成任务。
1. 所需要的检测仪器、工具：</td></tr>
</table>

续表

<table>
<tr><td>项目决策与计划</td><td>2. 小组人员分工：

3. 写出附合路线变动仪高法水准测量实施步骤：

4. 写出附合路线变动仪高法水准测量注意事项：</td></tr>
<tr><td>项目施工</td><td>步骤 1：在 A 点向 B 点前进方向中间安置水准仪，进行粗略整平和目镜对光。
步骤 2：后视 A 点上的水准尺，瞄准、精确整平，读取后视读数 a_1，记入观测手簿；前视 TP_1 点上的水准尺，瞄准、精确整平，读取前视读数 b_1，记入观测手簿。
步骤 3：改变水准仪的高度 10 cm 以上，重新安置仪器。
步骤 4：前视 TP_1 点上的水准尺，瞄准、精确整平，读取前视读数 b_2，记入观测手簿；后视 A 点上的水准尺，瞄准、精确整平，读取后视读数 a_2，记入观测手簿。
步骤 5：检核 h_1-h_2 应≤±5 mm，否则须重测。</td></tr>
<tr><td>报验</td><td>1. 班组长对测量组进行自我检查，要求测量员在两次仪高法测量中达到要求后，将外业测量及成果上交老师检查。
2. 考核标准
(1) 以时间 T 为评分主要依据，用 M 代表分数，$T\leq 20'$ 时 $M\geq 85$ 分，$20'<T\leq 30'$ 时 85 分 $>M\geq 75$ 分，$30'<T\leq 40'$ 时 75 分 $>M\geq 60$ 分，$T>40'$ 时 $M<60$ 分。
(2) 根据符合水准气泡重合情况，扣 1 ~ 5 分。
(3) 根据卷面整洁情况，扣 1 ~ 5 分。</td></tr>
<tr><td>验收</td><td>班组自检描述：
<table>
<tr><td>学号</td><td>姓名</td><td>班组评分（满分 100 分）</td><td>项目部评分（满分 100 分）</td><td>合计</td></tr>
<tr><td></td><td></td><td></td><td></td><td></td></tr>
<tr><td></td><td></td><td></td><td></td><td></td></tr>
<tr><td></td><td></td><td></td><td></td><td></td></tr>
<tr><td></td><td></td><td></td><td></td><td></td></tr>
<tr><td></td><td></td><td></td><td></td><td></td></tr>
<tr><td></td><td></td><td></td><td></td><td></td></tr>
</table>
项目部意见：</td></tr>
</table>

附表　变动仪高法测高程记录表

测站	测点	后视读数/m	前视读数/m	高差/m	高差之差/mm	平均高差/m	备注
点号		高差/m	高程/m				

模块二任务二　水准路线测量工单

任务名称	水准路线测量	测量员			
单位		项目部		工日	
实训设备情况		实训场地		日期	
项目任务	1. 根据水准路线的学习，进行闭合线路的水准测量。 2. 技术指标：视线高度>0.2 m；视线长度≤80 m；前后视距差≤3 m；视距差累积≤10 m；红黑面读数差≤3 mm；红黑面高差之差≤5 mm。				
任务目的	1. 进一步熟练水准仪的操作，掌握闭合路线水准测量的观测、记录与计算。 2. 熟悉四等水准测量的主要技术指标，掌握测站及路线的检核方法。 3. 初步形成严谨的测量工作态度。 4. 逐步具有团队协作精神。				
项目准备	1. 路线水准测量的仪器、工具：(1)________、(2)________、(3)________、(4)________、(5)________、(6)________、(7)________、(8)________、(9)________。 2. 四等水准测量的基本操作： (1)四等水准测量采用双面尺时，每站有________个前、后视读数。 (2)水准路线按布设形式分为______________、______________、______________。 (3)四等水准测量除了双面尺法外，还可以使用______________法。				
项目决策与计划	请根据从某一水准点出发，选定一条闭合线路，路线长度200～400 m，设置4～6站，视线长度在30 m左右的任务要求，确定所需要的检测仪器、工具，并对小组成员进行合理分工，制定详细项目实施步骤并完成任务。 1. 所需要的检测仪器、工具：				

续表

项目决策与计划	2. 小组人员分工： 3. 写出闭合路线水准测量实施步骤： 4. 写出闭合路线水准测量注意事项：
项目施工	步骤1：安置水准仪的测站至前、后视距立尺点的距离，用步测使其相等。 步骤2：在每一测站按下列顺序进行观测： (1)后视水准尺黑色面，读上、下丝读数，精平，读中丝读数； (2)后视水准尺红色面，精平，读中丝读数； (3)前视水准尺黑色面，读上、下丝读数，精平，读中丝读数； (4)前视水准尺红色面，精平，读中丝读数。 步骤3：记录者在“四等水准测量外业记录”表中按表头标明次序(1)～(8)记录各个读数，(9)～(16)为计算结果。 (1)后视距离(9)=______________； (2)前视距离(10)=______________； (3)视距之差(11)=______________，视距差累积(12)=______________； (4)红黑面差(13)=______________，(14)=______________； (5)黑面高差(15)=______________，红面高差(16)=______________； (6)高差之差(17)=______________，平均高差(18)=______________。 每站读数结束，随即进行各项计算，并按技术指标进行检验，满足限差后方能搬粘。 步骤4：依次设站，用相同方法进行观测，直到线路终点。 步骤5：内业计算。 (1)计算线路的高差闭合差：按四等水准测量的规定，线路高差闭合差的容许值为平地________，山地________。 (2)高差闭合差分配。 (3)推算各待求点的高程。
报验	1. 班组长对测量组进行自我检查，要求测量员在多点闭合路线测量中达到要求后，将外业测量及内业成果上交老师检查。 2. 考核标准 (1)任务完成情况，以时间 T 为评分主要依据，用 M 代表分数，$T \leqslant 20'$ 时 $M \geqslant 30$ 分，$20' < T \leqslant 30'$ 时 30 分 $> M \geqslant 20$ 分，$30' < T \leqslant 40'$ 时 20 分 $> M \geqslant 10$ 分，$T > 40'$ 时 $M < 10$ 分。 (2)其余评估项目根据任务评估要求评分。

续表

<table>
<tr><td rowspan="9">验收</td><td colspan="5">班组自检描述：</td></tr>
<tr><td>学号</td><td>姓名</td><td>班组评分(满分 100 分)</td><td>项目部评分(满分 100 分)</td><td>合计</td></tr>
<tr><td></td><td></td><td></td><td></td><td></td></tr>
<tr><td></td><td></td><td></td><td></td><td></td></tr>
<tr><td></td><td></td><td></td><td></td><td></td></tr>
<tr><td></td><td></td><td></td><td></td><td></td></tr>
<tr><td></td><td></td><td></td><td></td><td></td></tr>
<tr><td></td><td></td><td></td><td></td><td></td></tr>
<tr><td colspan="5">项目部意见：</td></tr>
</table>

附表 四等水准测量外业记录表

日期：　　年　　月　　日　　　　天气：________　　　　时间：________

<table>
<tr><td rowspan="4">测站编号</td><td rowspan="4">测点编号</td><td rowspan="2">后尺</td><td>上丝/m</td><td rowspan="2">前尺</td><td>上丝/m</td><td rowspan="4">方向及尺号</td><td colspan="2" rowspan="2">中丝读数</td><td rowspan="4">K+黑-红/mm</td><td rowspan="4">高差中数/m</td><td rowspan="4">姓名</td><td rowspan="2">测量</td><td rowspan="4">时间</td></tr>
<tr><td>下丝/m</td><td>下丝/m</td></tr>
<tr><td colspan="2">后距/m</td><td colspan="2">前距/m</td><td rowspan="2">黑面/m</td><td rowspan="2">红面/m</td><td rowspan="2">记录</td></tr>
<tr><td colspan="2">视距差/m</td><td colspan="2">累加差/m</td></tr>
<tr><td rowspan="4">1</td><td rowspan="4"></td><td colspan="2"></td><td colspan="2"></td><td>后尺</td><td></td><td></td><td></td><td rowspan="3"></td><td colspan="2" rowspan="4"></td><td rowspan="2"></td></tr>
<tr><td colspan="2"></td><td colspan="2"></td><td>前尺</td><td></td><td></td><td></td></tr>
<tr><td colspan="2"></td><td colspan="2"></td><td>后-前</td><td></td><td></td><td></td><td rowspan="2"></td></tr>
<tr><td colspan="2"></td><td colspan="2"></td><td colspan="5"></td></tr>
<tr><td rowspan="4">2</td><td rowspan="4"></td><td colspan="2"></td><td colspan="2"></td><td>后尺</td><td></td><td></td><td></td><td rowspan="3"></td><td colspan="2" rowspan="4"></td><td rowspan="2"></td></tr>
<tr><td colspan="2"></td><td colspan="2"></td><td>前尺</td><td></td><td></td><td></td></tr>
<tr><td colspan="2"></td><td colspan="2"></td><td>后-前</td><td></td><td></td><td></td><td rowspan="2"></td></tr>
<tr><td colspan="2"></td><td colspan="2"></td><td colspan="5"></td></tr>
<tr><td rowspan="4">3</td><td rowspan="4"></td><td colspan="2"></td><td colspan="2"></td><td>后尺</td><td></td><td></td><td></td><td rowspan="3"></td><td colspan="2" rowspan="4"></td><td rowspan="2"></td></tr>
<tr><td colspan="2"></td><td colspan="2"></td><td>前尺</td><td></td><td></td><td></td></tr>
<tr><td colspan="2"></td><td colspan="2"></td><td>后-前</td><td></td><td></td><td></td><td rowspan="2"></td></tr>
<tr><td colspan="2"></td><td colspan="2"></td><td colspan="5"></td></tr>
</table>

续表

测站编号	测点编号	后尺 上丝/m	前尺 上丝/m	方向及尺号	中丝读数		K+黑-红/mm	高差中数/m	姓名	测量	时间
		后尺 下丝/m	前尺 下丝/m		黑面/m	红面/m				记录	
		后距/m	前距/m								
		视距差/m	累加差/m								
4				后尺							
				前尺							
				后-前							
5				后尺							
				前尺							
				后-前							
6				后尺							
				前尺							
				后-前							
7				后尺							
				前尺							
				后-前							
8				后尺							
				前尺							
				后-前							
				$\sum h$							

模块二任务三　高程测设工单

<table>
<tr><td>任务名称</td><td>高程测设</td><td>测量员</td><td colspan="3"></td></tr>
<tr><td>单位</td><td></td><td>项目部</td><td></td><td>工日</td><td></td></tr>
<tr><td>实训设备情况</td><td></td><td>实训场地</td><td></td><td>日期</td><td></td></tr>
<tr><td>项目任务</td><td colspan="5">用高程测设的方法完成 ▽+0.500 m 标识线的绘制。</td></tr>
<tr><td>任务目的</td><td colspan="5">1. 掌握水准仪的基本操作，熟悉其基本构造及作用。
2. 掌握水准仪高程测设的基本要领。
3. 掌握计算原则及标识线绘制。</td></tr>
<tr><td>项目准备</td><td colspan="5">1. 水准仪的安置包括____________、____________、____________、____________。
2. 高程计算需要注意哪些方面？

3. 绘制 ▽+0.500 m 标识线的方法是什么？

4. 水准仪安置有哪些注意事项？

5. 高程计算的作用是什么？

6. 要求计算出+0.500 m 的作用是什么？

7. 水准尺升降有哪些注意事项？

8. 绘制 ▽+0.500 m 的作用是什么？</td></tr>
<tr><td>项目决策与计划</td><td colspan="5">请根据高程测设的步骤，对小组成员进行合理分工，制定详细项目实施步骤并完成 ▽+0.500 m 标识线的绘制。
1. 所需要的工具：</td></tr>
</table>

续表

<table>
<tr><td>任务名称</td><td colspan="2">高程测设</td><td>测量员</td><td colspan="2"></td></tr>
<tr><td>项目决策与计划</td><td colspan="5">2. 小组人员分工：

3. 写出水准仪高程测设的具体操作步骤：

4. 写出高程测设及计算的注意事项：

5. 绘制 ▽+0.500 m 标识线的注意事项：</td></tr>
<tr><td>项目施工</td><td colspan="5">步骤1：安置仪器。安置水准仪在空地上（通视情况下），瞄准。
步骤2：设站，操作水准仪并整平。
步骤3：测量并计算。瞄准已知点进行读数，并根据要求计算出 ▽+0.500 m 应该的读数。
步骤4：作标识。根据计算出的应该的读数，将塔尺在要画标识的工具上进行向上或者向下升降，直到为应该的读数并作好标识。</td></tr>
<tr><td>报验</td><td colspan="5">1. 班组长对测量组进行自我检查，达到要求后，将外业测量及内业成果上交老师检查。
2. 考核标准
（1）任务完成情况，以测出两点高差的时间 T 为评分主要依据，用 M 代表分数，$T \leqslant 10'$ 时 $M \geqslant 30$ 分，$10' < T \leqslant 15'$ 时 30 分 $> M \geqslant 20$ 分，$15' < T \leqslant 20'$ 时 20 分 $> M \geqslant 10$ 分，$T > 20'$ 时 $M < 10$ 分。
（2）其余评估项目根据任务评估要求评分。</td></tr>
<tr><td rowspan="9">验收</td><td colspan="5">班组自检描述：</td></tr>
<tr><td>学号</td><td>姓名</td><td>班组评分（满分100分）</td><td>项目部评分（满分100分）</td><td>合计</td></tr>
<tr><td></td><td></td><td></td><td></td><td></td></tr>
<tr><td></td><td></td><td></td><td></td><td></td></tr>
<tr><td></td><td></td><td></td><td></td><td></td></tr>
<tr><td></td><td></td><td></td><td></td><td></td></tr>
<tr><td></td><td></td><td></td><td></td><td></td></tr>
<tr><td></td><td></td><td></td><td></td><td></td></tr>
<tr><td colspan="5">项目部意见：</td></tr>
</table>

模块三任务一　全站仪的使用工单

<table>
<tr><td>任务名称</td><td>全站仪的使用</td><td>测量员</td><td colspan="3"></td></tr>
<tr><td>单位</td><td></td><td>项目部</td><td></td><td>工日</td><td></td></tr>
<tr><td>实训设备</td><td></td><td>实训场地</td><td></td><td>日期</td><td></td></tr>
<tr><td>项目任务</td><td colspan="5">1. 练习全站仪的对中整平；
2. 练习全站仪界面操作。</td></tr>
<tr><td>任务目的</td><td colspan="5">熟练全站仪的操作。</td></tr>
<tr><td>项目准备</td><td colspan="5">1. 全站仪操作练习的仪器、工具：(1)________、(2)________、(3)________、(4)________、(5)________、(6)________、(7)________。
2. 对中点标记：每组在地面上标记好对中点。</td></tr>
<tr><td>项目决策与计划</td><td colspan="5">在对中点上完成全站仪的对中整平操作。
1. 小组人员分工：

2. 写出全站仪对中整平步骤：

3. 写出全站仪的 3 项基本功能：</td></tr>
<tr><td>项目施工</td><td colspan="5">步骤 1：安置三角架。
步骤 2：完成对中整平。
步骤 3：通过按键操作在显示屏上调出角度测量、距离测量和坐标测量界面。</td></tr>
<tr><td>报验</td><td colspan="5">1. 班组长对测量组进行自我检查，达到要求后，将测量成果上交老师检查。
2. 考核标准
(1) 以时间 T 为评分主要依据，用 M 代表分数，$T \leqslant 40'$ 时 $M \geqslant 85$ 分，$40' < T \leqslant 50'$ 时 85 分 $> M \geqslant 75$ 分，$50' < T \leqslant 60'$ 时 75 分 $> M \geqslant 60$ 分，$T > 60'$ 时 $M < 60$ 分。
(2) 根据符合水准气泡重合情况，扣 1 ~ 5 分。
(3) 根据卷面整洁情况，扣 1 ~ 5 分。</td></tr>
<tr><td>验收</td><td colspan="5">班组自检描述：
<table>
<tr><td>学号</td><td>姓名</td><td>班组评分（满分 100 分）</td><td>项目部评分（满分 100 分）</td><td>合计</td></tr>
<tr><td></td><td></td><td></td><td></td><td></td></tr>
<tr><td></td><td></td><td></td><td></td><td></td></tr>
<tr><td></td><td></td><td></td><td></td><td></td></tr>
<tr><td></td><td></td><td></td><td></td><td></td></tr>
<tr><td></td><td></td><td></td><td></td><td></td></tr>
<tr><td></td><td></td><td></td><td></td><td></td></tr>
</table>项目部意见：</td></tr>
</table>

模块三任务二　水平角观测工单

<table>
<tr><td>任务名称</td><td>水平角观测</td><td>测量员</td><td colspan="3"></td></tr>
<tr><td>单位</td><td></td><td>项目部</td><td></td><td>工日</td><td></td></tr>
<tr><td>实训设备</td><td></td><td>实训场地</td><td></td><td>日期</td><td></td></tr>
<tr><td>项目任务</td><td colspan="5">1. 用测回法进行水平角观测。
2. 技术指标：同一方向的盘左、盘右读数大数相差 180°；半测回值较差的限差为±12″；各测回平均值较差的限差为±12″。</td></tr>
<tr><td>任务目的</td><td colspan="5">1. 进一步熟练掌握全站仪的操作，掌握水平角的观测、记录与计算。
2. 熟悉水平角观测的主要技术指标。</td></tr>
<tr><td>项目准备</td><td colspan="5">1. 水平角的仪器、工具：(1) ________、(2) ________、(3) ________、(4) ________、(5) ________、(6) ________、(7) ________。
2. 观测目标选择：任意选取地面上三点 A、B、C，三点彼此相距 20 m 左右。</td></tr>
<tr><td>项目决策与计划</td><td colspan="5">依次在 A 点、B 点、C 点架设仪器，在 A 点时观测目标 B 和 C，在 B 点时观测目标 A 和 C，在 C 点时观测目标 A 和 B，确定所需仪器、工具，并对小组成员做好合理分工，制定详细项目实施步骤并完成任务。
1. 所需要的检测仪器、工具：

2. 小组人员分工：

3. 写出水平角观测实施步骤：

4. 写出水平角观测注意事项：</td></tr>
<tr><td>项目施工</td><td colspan="5">步骤 1：安置全站仪并对中整平。
步骤 2：在每一测站按下列顺序进行观测：
(1) 观测者以盘左从左至右分别观测左右目标，读取水平度盘读数，记录者在水平角观测手簿上记录数据；
(2) 观测者以盘右从右至左分别观测左右目标，读取水平度盘读数，记录者在水平角观测手簿上记录数据；
(3) 重新置盘后重复上述过程。
步骤 3：记录者在水平角观测手簿上完成计算。
(1) 半测回值=________；
(2) 一测回值=________；
(3) 各测回均值=________。
每站读数结束，随即进行各项计算，并按技术指标进行检验，满足限差后方能搬站。
步骤 4：依次设站，用相同方法进行观测，任务完成。</td></tr>
</table>

续表

<table>
<tr><td>报验</td><td colspan="5">1. 班组长对测量组进行自我检查,达到要求后,将测量成果上交老师检查。
2. 考核标准
(1)以时间 T 为评分主要依据,用 M 代表分数,$T\leqslant 40'$时 $M\geqslant 85$ 分,$40'<T\leqslant 50'$时 85 分$>M\geqslant 75$ 分,$50'<T\leqslant 60'$时 75 分$>M\geqslant 60$ 分,$T>60'$时 $M<60$ 分。
(2)其余评估项目根据任务评估要求评分。</td></tr>
<tr><td rowspan="9">验收</td><td colspan="5">班组自检描述:</td></tr>
<tr><td>学号</td><td>姓名</td><td>班组评分(满分 100 分)</td><td>项目部评分(满分 100 分)</td><td>合计</td></tr>
<tr><td></td><td></td><td></td><td></td><td></td></tr>
<tr><td></td><td></td><td></td><td></td><td></td></tr>
<tr><td></td><td></td><td></td><td></td><td></td></tr>
<tr><td></td><td></td><td></td><td></td><td></td></tr>
<tr><td></td><td></td><td></td><td></td><td></td></tr>
<tr><td></td><td></td><td></td><td></td><td></td></tr>
<tr><td colspan="5">项目部意见:</td></tr>
</table>

附表　水平角测量外业记录表

<table>
<tr><th>测站</th><th>测回</th><th>盘位</th><th>目标</th><th>水平盘读数</th><th>半测回角值</th><th>一测回角值</th><th>各测回平均角值</th></tr>
<tr><td rowspan="8"></td><td rowspan="4">第一测回</td><td rowspan="2">盘左</td><td></td><td></td><td rowspan="2"></td><td rowspan="4"></td><td rowspan="8"></td></tr>
<tr><td></td><td></td></tr>
<tr><td rowspan="2">盘右</td><td></td><td></td><td rowspan="2"></td></tr>
<tr><td></td><td></td></tr>
<tr><td rowspan="4">第二测回</td><td rowspan="2">盘左</td><td></td><td></td><td rowspan="2"></td><td rowspan="4"></td></tr>
<tr><td></td><td></td></tr>
<tr><td rowspan="2">盘右</td><td></td><td></td><td rowspan="2"></td></tr>
<tr><td></td><td></td></tr>
</table>

模块三任务二　竖直角观测工单

任务名称	竖直角观测	测量员			
单位		项目部		工日	
实训设备		实训场地		日期	
项目任务	1. 进行竖直角观测。 2. 技术指标：各测回指标差互差限差±25″；竖直角值互差限差±25″。				
任务目的	1. 熟悉使用全站仪进行竖直角观测的操作方法； 2. 掌握竖直角计算公式。				
项目准备	1. 竖直角观测的仪器、工具：(1)________、(2)________、(3)________、(4)________、(5)________、(6)________。 2. 确定计算公式：上下转动望远镜，观察读数变化，确定计算公式。 3. 选取观测目标：选定远处较高的建(构)筑物，如铁塔、楼房、天线等作为目标。				
项目决策与计划	确定所需要的检测仪器、工具，并对小组成员进行合理分工，制定详细项目实施步骤并完成任务。 1. 所需要的检测仪器、工具： 2. 小组人员分工： 3. 写出竖直角观测实施步骤： 4. 写出竖直角观测注意事项：				
项目施工	步骤1：安置全站仪并对中整平。 步骤2：在每一测站按下列顺序进行观测： (1)观测者以盘左瞄准目标，调节竖盘指标水准管，读取竖盘读数，记录者在竖直角观测手簿上记录数据； (2)观测者以盘右瞄准目标，调节竖盘指标水准管，读取竖盘读数，记录者在竖直角观测手簿上记录数据。 步骤3：记录者在竖直角观测手簿上完成计算。 (1)盘左竖直角=________； (2)盘右竖直角=________； (3)一测回竖直角=________。 步骤4：更换目标，用相同方法进行观测，直到全组人员分别完成观测和记录。				

续表

<table>
<tr><td>报验</td><td colspan="5">1. 班组长对测量组进行自我检查，达到要求后，将测量成果上交老师检查。
2. 考核标准
(1) 以时间 T 为评分主要依据，用 M 代表分数，$T \leq 15'$ 时 $M \geq 85$ 分，$15' < T \leq 20'$ 时 85 分 $> M \geq$ 75 分，$25' < T \leq 30'$ 时 75 分 $> M \geq 60$ 分，$T > 30'$ 时 $M < 60$ 分。
(2) 根据符合水准气泡重合情况，扣 1 ~ 5 分。
(3) 根据上下半测回较差，扣 1 ~ 5 分。
(4) 根据卷面整洁情况，扣 1 ~ 5 分。</td></tr>
<tr><td rowspan="9">验收</td><td colspan="5">班组自检描述：</td></tr>
<tr><td>学号</td><td>姓名</td><td>班组评分（满分 100 分）</td><td>项目部评分（满分 100 分）</td><td>合计</td></tr>
<tr><td></td><td></td><td></td><td></td><td></td></tr>
<tr><td></td><td></td><td></td><td></td><td></td></tr>
<tr><td></td><td></td><td></td><td></td><td></td></tr>
<tr><td></td><td></td><td></td><td></td><td></td></tr>
<tr><td></td><td></td><td></td><td></td><td></td></tr>
<tr><td></td><td></td><td></td><td></td><td></td></tr>
<tr><td colspan="5">项目部意见：</td></tr>
</table>

附表　竖直角观测记录表

测站	目标	竖盘位置	竖盘读数 /(° ′ ″)	半测回竖盘角 /(° ′ ″)	指标差 /(″)	一测回竖直角 /(° ′ ″)
		左				
		右				
		左				
		右				

模块三任务三　水平角测设工单

<table>
<tr><td>任务名称</td><td>水平角测设</td><td>测量员</td><td colspan="3"></td></tr>
<tr><td>单位</td><td></td><td>项目部</td><td></td><td>工日</td><td></td></tr>
<tr><td>实训设备</td><td></td><td>实训场地</td><td></td><td>日期</td><td></td></tr>
<tr><td>项目任务</td><td colspan="5">1. 进行水平角测设。
2. 技术指标：测设的角度值与检测值之差应小于等于 60″。</td></tr>
<tr><td>任务目的</td><td colspan="5">熟悉全站仪进行水平角测设的操作方法。</td></tr>
<tr><td>项目准备</td><td colspan="5">1. 水平角测设的仪器、工具：(1)________、(2)________、(3)________、(4)________、(5)________、(6)________。
2. 选取方向线：在开阔的水泥地面上选取 A、B 两点，其连线作为方向线。</td></tr>
<tr><td>项目决策与计划</td><td colspan="5">确定所需要的测设仪器、工具，并对小组成员进行合理分工，制定详细项目实施步骤并完成任务。
1. 所需要的测设仪器、工具：

2. 小组人员分工：

3. 写出水平角测设实施步骤：

4. 写出水平角测设注意事项：</td></tr>
<tr><td>项目施工</td><td colspan="5">步骤 1：安置全站仪并对中整平。
步骤 2：仪器瞄准给定的方向线的终点，按“置零”键，使显示的水平角方向值为 0°00′00″。
步骤 3：旋转照准部，直到屏幕显示的水平方向值约为测设的角度值，转动微动旋钮，使屏幕显示的水平方向值为测设的角度值，在视线方向可作标志表示。
步骤 4：更换测设角度，用相同方法进行观测，直到全组人员分别完成观测和记录。</td></tr>
<tr><td>报验</td><td colspan="5">1. 班组长对测量组进行自我检查，要求测量员在多点闭合路线测量中达到要求后，将外业测量及内业成果上交老师检查。
2. 考核标准
(1) 以时间 T 为评分主要依据，用 M 代表分数，$T \leqslant 40'$ 时 $M \geqslant 85$ 分，$40 < T \leqslant 50'$ 时 85 分 $> M \geqslant 75$ 分，$50' < T \leqslant 60'$ 时 75 分 $> M \geqslant 60$ 分，$T > 60'$ 时 $M < 60$ 分。
(2) 其余评估项目根据任务评估要求评分。</td></tr>
</table>

续表

<table>
<tr><td rowspan="9">验收</td><td colspan="5">班组自检描述：</td></tr>
<tr><td>学号</td><td>姓名</td><td>班组评分（满分 100 分）</td><td>项目部评分（满分 100 分）</td><td>合计</td></tr>
<tr><td></td><td></td><td></td><td></td><td></td></tr>
<tr><td></td><td></td><td></td><td></td><td></td></tr>
<tr><td></td><td></td><td></td><td></td><td></td></tr>
<tr><td></td><td></td><td></td><td></td><td></td></tr>
<tr><td></td><td></td><td></td><td></td><td></td></tr>
<tr><td></td><td></td><td></td><td></td><td></td></tr>
<tr><td colspan="5">项目部意见：</td></tr>
</table>

附表 水平角测设记录表

<table>
<tr><th>测站</th><th>盘位</th><th>目标</th><th>水平盘读数</th><th>半测回角值</th><th>一测回角值</th></tr>
<tr><td rowspan="4"></td><td rowspan="2">盘左</td><td></td><td></td><td></td><td rowspan="4"></td></tr>
<tr><td></td><td></td><td></td></tr>
<tr><td rowspan="2">盘右</td><td></td><td></td><td rowspan="2"></td></tr>
<tr><td></td><td></td></tr>
<tr><td rowspan="4"></td><td rowspan="2">盘左</td><td></td><td></td><td></td><td rowspan="4"></td></tr>
<tr><td></td><td></td><td></td></tr>
<tr><td rowspan="2">盘右</td><td></td><td></td><td rowspan="2"></td></tr>
<tr><td></td><td></td></tr>
<tr><td rowspan="4"></td><td rowspan="2">盘左</td><td></td><td></td><td></td><td rowspan="4"></td></tr>
<tr><td></td><td></td><td></td></tr>
<tr><td rowspan="2">盘右</td><td></td><td></td><td rowspan="2"></td></tr>
<tr><td></td><td></td></tr>
</table>

模块四任务一　钢尺量距工单

任务名称	钢尺量距	测量员			
单位		项目部		工日	
实训设备		实训场地		日期	
项目任务	1. 根据两已知点 A、B，进行直线定线，用钢尺丈量出两点之间的水平距离。 2. 技术指标：倾斜地面相对误差≤1/1 000，平坦地面相对误差≤1/3 000。				
任务目的	1. 进一步熟练钢尺量距的操作，掌握钢尺量距的观测、记录与计算。 2. 熟悉钢尺量距的主要技术指标，掌握精度评定的方法。				
项目准备	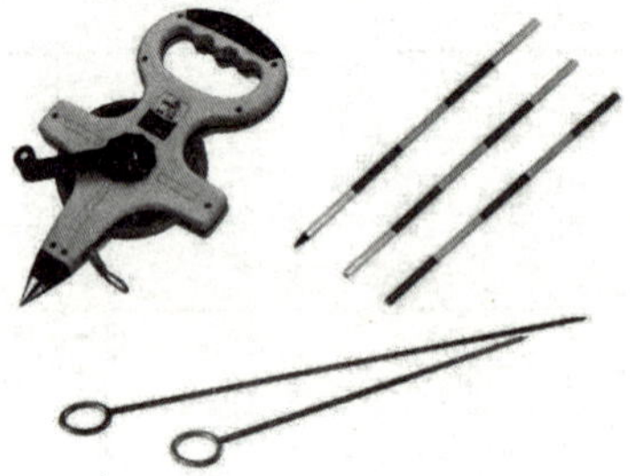 1. 距离测量的工具：(1)________、(2)________、(3)________、(4)________。 2. 水平距离测量的基本操作： (1)水平距离的测量，通常采用________丈量的方法取平均值。 (2)直线定线的方式有________、________两种。 (3)平坦地面水平距离的计算公式为________。倾斜地面距离丈量的公式为________或________。				
项目决策与计划	从某一已知点 A 出发，测量到 B 点的距离，路线长度 200～400 m，采用 50 m 的钢尺，设置 n 站，请确定所需要的工具、记录簿，并对小组成员进行合理分工，制定详细项目实施步骤并完成任务。 1. 所需要的工具、表格等： 2. 小组人员分工： 3. 写出水平距离丈量的实施步骤： 4. 写出水平距离测量注意事项：				

续表

<table>
<tr><td>项目施工</td><td colspan="5">步骤 1:标定点位。在实习地点选定起点 A 和终点 B,且长度大于一整尺长,用目估方法直线定线标定出中间点,各点之间水平距离小于一整尺段。
步骤 2:距离丈量(在平坦的地面上量距)。
往测:
(1)在 A、B 两点各竖立一根标杆,后尺手执尺零端将尺零点对准点 A(标杆有宽度,和前尺手统一标准)。
(2)前尺手持尺盒沿 AB 方向前进,行至约一整尺段的临时标杆点处停下,由前尺手和后尺手同时把尺子拉直、拉稳、拉平,同时读出度数,两人读数差即为该段的距离,如发现尺子中间成弧形,应抬升尺子成水平,以减少误差。
(3)同法依次丈量其他各尺段的距离,算出 A、B 两点的距离 D_{AB}。
返测:
(1)由 B 点向 A 点方向同法测得两点之间的距离 D_{BA}。
(2)求往返测距离的相对误差 K,若 $K\leqslant 1/3\ 000$,取平均值作为最后结果;若 $K>1/3\ 000$,误差超过精度要求,重新返工测量。</td></tr>
<tr><td>报验</td><td colspan="5">1. 班组长对测量组进行自我检查,达到要求后,将外业测量及内业成果上交老师检查。
2. 考核标准
(1)任务完成情况,以时间 T 为评分主要依据,用 M 代表分数,$T\leqslant 20'$时 $M\geqslant 30$ 分,$20'<T\leqslant 30'$时 30 分$>M\geqslant 20$ 分,$30'<T\leqslant 40'$时 20 分$>M\geqslant 10$ 分,$T>40'$时 $M<10$ 分。
(2)其余评估项目根据任务评估要求评分。</td></tr>
<tr><td rowspan="9">验收</td><td colspan="5">班组自检描述:</td></tr>
<tr><td>学号</td><td>姓名</td><td>班组评分(满分 100 分)</td><td>项目部评分(满分 100 分)</td><td>合计</td></tr>
<tr><td></td><td></td><td></td><td></td><td></td></tr>
<tr><td></td><td></td><td></td><td></td><td></td></tr>
<tr><td></td><td></td><td></td><td></td><td></td></tr>
<tr><td></td><td></td><td></td><td></td><td></td></tr>
<tr><td></td><td></td><td></td><td></td><td></td></tr>
<tr><td></td><td></td><td></td><td></td><td></td></tr>
<tr><td colspan="5">项目部意见:</td></tr>
</table>

附表　水平距离测量记录和计算表

班级______组长______尺长______观测者______记录者______

<table>
<tr><th>直线编号</th><th>测量方向</th><th>前尺手</th><th>后尺手</th><th>分段长</th><th>往返距离及平均值</th><th>相对误差</th><th>备注</th></tr>
<tr><td rowspan="2"></td><td>往</td><td></td><td></td><td></td><td rowspan="14">$D_{往}=$

$D_{返}=$

$D_{平均}=$</td><td rowspan="14">$K=\frac{\mid D_{往}-D_{返}\mid}{D_{平均}}$
$=$</td><td rowspan="14"></td></tr>
<tr><td>返</td><td></td><td></td><td></td></tr>
<tr><td rowspan="2"></td><td>往</td><td></td><td></td><td></td></tr>
<tr><td>返</td><td></td><td></td><td></td></tr>
<tr><td rowspan="2"></td><td>往</td><td></td><td></td><td></td></tr>
<tr><td>返</td><td></td><td></td><td></td></tr>
<tr><td rowspan="2"></td><td>往</td><td></td><td></td><td></td></tr>
<tr><td>返</td><td></td><td></td><td></td></tr>
<tr><td rowspan="2"></td><td>往</td><td></td><td></td><td></td></tr>
<tr><td>返</td><td></td><td></td><td></td></tr>
<tr><td rowspan="2"></td><td>往</td><td></td><td></td><td></td></tr>
<tr><td>返</td><td></td><td></td><td></td></tr>
<tr><td rowspan="2"></td><td>往</td><td></td><td></td><td></td></tr>
<tr><td>返</td><td></td><td></td><td></td></tr>
</table>

模块五任务一　一级导线测量及单点放样工单

<table>
<tr><td>任务名称</td><td>一级导线测量及单点放样</td><td>测量员</td><td colspan="3"></td></tr>
<tr><td>单位</td><td></td><td>项目部</td><td></td><td>工日</td><td></td></tr>
<tr><td>实训设备</td><td></td><td>实训场地</td><td></td><td>日期</td><td></td></tr>
<tr><td>项目任务</td><td colspan="5">1. 根据导线测量的学习，进行闭合导线的外业施测。
2. 技术指标：水平角测量两个测回，上下半测回、两测回较差≤12″；测距 3 次读数差≤5 mm；方位角闭合差≤20″；导线全长相对闭合差≤1/15 000；待测点、放样点坐标值≤20 mm。</td></tr>
<tr><td>任务目的</td><td colspan="5">1. 进一步熟练全站仪的操作，掌握闭合导线的观测、记录与计算。
2. 熟悉一级导线测量及单点放样的主要技术指标，掌握测站及成果的检核方法。</td></tr>
<tr><td>项目准备</td><td colspan="5">1. 一级导线测量的仪器、工具：(1)________、(2)________、(3)________、(4)________、(5)________、(6)________。
2. 一级导线测量的基本操作：
(1)闭合导线测量中，水平角平均值为 0.5″时，应该采取________原则进行取舍。
(2)导线测量按布设形式可以分为________、________、________。
(3)水平角测量除测回法外，还可以使用________法；距离测量除光电测距外，还有________、________等方法。</td></tr>
<tr><td>项目决策与计划</td><td colspan="5">从某已知导线点出发，选定一条闭合线路，路线长度 400～600 m，中间设置 3 个待测导线点，视线长度在 100～200 m，请确定所需要的检测仪器、工具，并对小组成员进行合理分工，制定详细项目实施步骤并完成任务。
1. 所需要的检测仪器、工具：

2. 小组人员分工：

3. 写出一级闭合导线测量的实施步骤：

4. 写出单点放样的步骤：

5. 写出一级闭合导线测量注意事项：</td></tr>
<tr><td>施工项目</td><td colspan="5">步骤 1：踏勘选点，在相邻两点间能通视的地方建立标志，形成一个闭合的四边形。
步骤 2：在每一测站按下列顺序进行观测：
(1)第一测站点由本队 4 号选手独立进行仪器安置，测回法两次观测连接角和四边形内角，3 次观测两条边的水平距离，1 号选手进行记录、计算，2 号、3 号选手负责安置棱镜；</td></tr>
</table>

续表

<table>
<tr><td>项目施工</td><td>(2)第二测站点由本队 1 号选手独立进行仪器安置，3 次观测后视方向线的水平距离并求得平均值，推算出测站点坐标，然后根据已知第三点坐标进行放样，放样完成后，测回法两次观测四边形内角，3 次观测前进方向线的水平距离，2 号选手进行记录、计算，3 号、4 号选手负责安置棱镜；
(3)第三测站点由本队 2 号选手独立进行仪器安置，测回法两次观测四边形内角，3 次观测两条边的水平距离，3 号选手进行记录、计算，1 号、4 号选手负责安置棱镜；
(4)第四测站点由本队 3 号选手独立进行仪器安置，测回法两次观测四边形内角，3 次观测两条边的水平距离，4 号选手进行记录、计算，1 号、2 号选手负责安置棱镜。
步骤 3：记录者在“闭合导线外业观测记录表”中按测量顺序记录各个读数，并计算出水平角和水平距离。
(1)$\beta_{左}=b_{左}-a_{左}=$________；
(2)$\beta_{右}=b_{右}-a_{右}=$________；
(3)$\beta=(\beta_{左}+\beta_{右})\div 2=$________；
(4)$\beta=(\beta_1+\beta_2)\div 2=$________；
(5)$D_{平均}=(D_1+D_2+D_3)/3=$________；
(6)$D=(D_{往}+D_{返})/2=$________。
每站读数结束，随即进行各项计算，并按技术指标进行检验，满足限差后方能迁站。
步骤 4：观测结束，首先检查角度闭合差是否合格，若满足精度要求，则收拾整理好仪器及设备，下课后归还。</td></tr>
<tr><td>报验</td><td>1. 班组长对测量组进行自我检查，要求测量员在整个闭合路线测量中达到要求后，将外业测量成果上交老师检查。
2. 考核标准
(1)以时间 T 为评分主要依据，用 M 代表分数，$T\leqslant 20'$ 时 $M\geqslant 85$ 分，$20'<T\leqslant 30'$ 时 85 分$>M\geqslant$ 75 分，$30'<T\leqslant 40'$ 时 75 分$>M\geqslant 60$ 分，$T>40'$ 时 $M<60$ 分。
(2)其余评估项目根据任务评估要求评分。</td></tr>
<tr><td>验收</td><td>班组自检描述：
<table>
<tr><td>学号</td><td>姓名</td><td>班组评分(满分 100 分)</td><td>项目部评分(满分 100 分)</td><td>合计</td></tr>
<tr><td></td><td></td><td></td><td></td><td></td></tr>
<tr><td></td><td></td><td></td><td></td><td></td></tr>
<tr><td></td><td></td><td></td><td></td><td></td></tr>
<tr><td></td><td></td><td></td><td></td><td></td></tr>
<tr><td></td><td></td><td></td><td></td><td></td></tr>
<tr><td></td><td></td><td></td><td></td><td></td></tr>
</table>
项目部意见：</td></tr>
</table>

附表 一级导线测量及单点放样记录表格(1)

测回 测站	盘位	目标	水平度盘读数 /(° ′ ″)	半测回值 /(° ′ ″)	一测回平均值 /(° ′ ″)	备注 二测回平均值 /(° ′ ″)

附表　一级导线测量及单点放样记录表格(2)

测回 测站	盘位	目标	水平度盘读数 /(°　′　″)	半测回值 /(°　′　″)	一测回平均值 /(°　′　″)	备注 二测回平均值 /(°　′　″)

附表　一级导线测量及单点放样水平距离观测记录表

边名	往测	读数	备注	边名	返测	读数	备注
	1				1		
	2				2		
	3				3		
	平均				平均		
往返测平均							
边名	往测	读数	备注	边名	返测	读数	备注
	1				1		
	2				2		
	3				3		
	平均				平均		
往返测平均							
边名	往测	读数	备注	边名	返测	读数	备注
	1				1		
	2				2		
	3				3		
	平均				平均		
往返测平均							
边名	往测	读数	备注	边名	返测	读数	备注
	1				1		
	2				2		
	3				3		
	平均				平均		
往返测平均							
边名	往测	读数	备注	边名	返测	读数	备注
	1				1		
	2				2		
	3				3		
	平均				平均		
往返测平均							

附表　一级导线测量及单点放样测站计算表

点号	观测角/(° ′ ″)	坐标方位角/(° ′ ″)	距离/m	坐标增量 Δx	坐标增量 Δy	纵坐标 x/m	横坐标 y/m
				计算值/m	计算值/m		

模块六任务一　数字化测图外业数据采集工单

<table>
<tr><td>任务名称</td><td>数字化测图任务一 外业数据采集</td><td>测量员</td><td colspan="3"></td></tr>
<tr><td>单位</td><td></td><td>项目部</td><td></td><td>工日</td><td></td></tr>
<tr><td>实训设备</td><td></td><td>实训场地</td><td></td><td>日期</td><td></td></tr>
<tr><td>项目任务</td><td colspan="5">1. 了解数字化测图外业数据采集流程和方法；
2. 全站仪外业数据采集、GPS-RTK 外业数据采集。</td></tr>
<tr><td>任务目的</td><td colspan="5">根据数字化测图外业数据采集的学习，分别采用全站仪和 GPS-RTK 进行外业数据采集。</td></tr>
<tr><td>项目准备</td><td colspan="5">1. 全站仪的基本操作：
(1)全站仪的安置包括________和________。对中的目的是________；整平的目的是________。
(2)瞄准目标后，图像不清晰，可调________螺旋；十字丝不清晰，可调________螺旋。反复调节目镜与物镜对光螺旋，可以消除________。
2. GPS-RTK 的基本操作：
(1)GPS-RTK 基本操作包括设置________站、________站以及连接操作手薄，配对________、移动站。
(2)点测量移动站获得固定解后，即可测量，操作如下：
【测量->点测量】
①________界面下，点击屏幕右上角按钮，切换________的类型，并保存设置参数(一般保持默认)。
②点击屏幕右侧靠下的按钮，再点________即可保存测量点。</td></tr>
<tr><td>项目决策与计划</td><td colspan="5">请根据数字化测图外业数据采集任务要求，确定所需要的检测仪器、工具，并对小组成员进行合理分工，制定详细项目实施步骤并完成外业数据采集。
1. 所需要的检测仪器、工具

2. 小组人员分工：

3. 写出外业数据采集步骤：

4. 写出外业数据采集注意事项：

</td></tr>
</table>

续表

<table>
<tr><td>项目施工</td><td colspan="5">1. 全站仪外业数据采集：
步骤 1：选择数据采集文件，将所采集________存储在该文件中。
步骤 2：选择________文件，可进行测站坐标数据和后视坐标数据的调用。
步骤 3：测站点设置，包括测站点号、________、仪器高的设置。
步骤 4：后视点设置，通过输入________坐标（方位角）进行定向。
步骤 5：待测点设置，输入待测点________高，开始采集、存储数据。
2. GPS-RTK 外业数据采集：
步骤 1：架设基准站，基准站一定要架设在________比较开阔地方、周围环境比较空旷的地方、地势比较高的地方；避免架在高压输变电设备附近、无线电通信设备收发天线旁边、树荫下以及水边，这些都将对 GPS 信号的接收以及无线电信号的发射产生不同程度的影响。
步骤 2：设置 RTK 移动站，只有初次设置移动站或更改设置参数，才需要从手簿设置移动站。其他时候，只需先将移动站________，然后稍等半分钟再运行手簿软件，即可自动恢复设站和连接。
步骤 3：新建项目和坐标校正。
（1）新建项目任务：若在当地第一次测量，需要重新新建________。
（2）若在同一工地第二次以上作业，可跳过此处，看________。
（3）打开手簿，运行________软件。
步骤 4：点测量和点放样。
步骤 5：数据导入导出。
手簿和________同步。
（1）首先在电脑上安装安卓手机助手一类的软件。
（2）然后将手簿打开，通过________线连到电脑，即可自动同步连接。
（3）若无法连接，可根据手机助手软件的提示操作。</td></tr>
<tr><td>报验</td><td colspan="5">班组长对测量组进行自我检查，要求测量员能采用全站仪和 GPS-RTK 分别快速地进行外业数据采集并计时，达到要求后，申请老师检查。</td></tr>
<tr><td rowspan="9">验收</td><td colspan="5">班组自检描述：</td></tr>
<tr><td>学号</td><td>姓名</td><td>班组评分（满分 100 分）</td><td>项目部评分（满分 100 分）</td><td>合计</td></tr>
<tr><td></td><td></td><td></td><td></td><td></td></tr>
<tr><td></td><td></td><td></td><td></td><td></td></tr>
<tr><td></td><td></td><td></td><td></td><td></td></tr>
<tr><td></td><td></td><td></td><td></td><td></td></tr>
<tr><td></td><td></td><td></td><td></td><td></td></tr>
<tr><td></td><td></td><td></td><td></td><td></td></tr>
<tr><td colspan="5">项目部意见：</td></tr>
</table>

模块六任务二　数字化测图内业成图工单

<table>
<tr><td>任务名称</td><td>数字化测图任务二 内业成图</td><td>测量员</td><td colspan="3"></td></tr>
<tr><td>单位</td><td></td><td>项目部</td><td></td><td>工日</td><td></td></tr>
<tr><td>实训设备</td><td></td><td>实训场地</td><td></td><td>日期</td><td></td></tr>
<tr><td>项目任务</td><td colspan="5">1. 了解数字化测图内业成图所需软件及功能。
2. 掌握数字化测图内业成图步骤和方法。</td></tr>
<tr><td>任务目的</td><td colspan="5">通过中国某测绘公司生产的 CASS 软件的学习,运用该软件完成数字化测图内业成图。</td></tr>
<tr><td>项目准备</td><td colspan="5">CASS 软件的基本操作:
1. 定显示区。定显示区就是通过坐标数据文件中的________、最小坐标定出屏幕窗口的显示范围。进入 CASS 主界面,鼠标单击“绘图处理”项,即出现下拉菜单。然后移至“定显示区”项,使之以高亮显示,按左键,即出现一个对话窗,此时需要输入坐标数据文件名。
2. 选择测点点号定位成图法。移动鼠标至屏幕右侧菜单区“________”项,按左键,弹出对话框。输入点号坐标数据文件名,命令区提示:读点完成! 共读入 107 个点。
3. 展点。先移动鼠标至屏幕的顶部菜单“________”项,按左键,这时系统弹出一个下拉菜单。再移动鼠标选择“绘图处理”下的“展野外测点点号”项,输入对应的坐标数据文件名,便可在屏幕上展出野外测点的点号。
4. 绘平面图。可以使用工具栏中的缩放工具进行局部放大,以方便绘图。先将左上角放大,选择右侧屏幕菜单的“交通设施/城际公路”按钮。最后选取“编辑”菜单下的“________”二级菜单下的“删除实体所在图层”,鼠标符号变成一个小方框,用左键点取任何一个点号的数字注记,所展点的注记将被删除。
5. 绘等高线。展高程点,建立 DTM 模型;绘等高线,再选择“等高线”菜单下的“删三角网”;等高线的________,利用“等高线”菜单下的“等高线修剪”二级菜单进行绘制。
6. 加注记。用鼠标左键点取右侧屏幕菜单的“文字注记-通用注记”项。首先在需要添加文字注记的位置绘制一条拟合的多功能复合线,然后在注记内容中输入“经纬路”并选择注记排列和注记类型,输入文字大小,确定后选择绘制的拟合的多功能复合线即可完成注记。
7. 加图框。用鼠标左键点击“________”菜单下的“标准图幅(50×40)”。另外,可以将图框左下角的图幅信息更改成需要的字样,可以将图框和图章用户化。
8. 绘图输出。用鼠标左键点取“________”菜单下的“用绘图仪或打印机出图”。选好图纸尺寸、图纸方向之后,用鼠标左键点击“窗选”按钮,用鼠标圈定绘图范围。将“打印比例”一项选为“2∶1”(表示满足 1∶500 比例尺的打印要求),通过“部分预览”和“全部预览”查看出图效果,满意后即可单击“确定”按钮进行绘图。</td></tr>
<tr><td>项目决策
与计划</td><td colspan="5">请根据数字化测图内业成图任务要求,确定所需要的软件、工具,并对小组成员进行合理分工,制定详细项目实施步骤并完成内业成图。
1. 所需要的软件、工具:</td></tr>
</table>

续表

<table>
<tr><td>项目决策与计划</td><td>2. 小组人员分工：

3. 写出内业成图步骤：

4. 写出内业成图注意事项：</td></tr>
<tr><td>项目施工</td><td>内业成图实施过程：
步骤 1：新建图形文件，左键点取________项，然后看命令区，输入样板名。
步骤 2：图形存盘，将当前图形改名后保存，左键点取本菜单，此时在文件名栏中输入________名称后，按保存键即可，文件类型可根据需要选择。
步骤 3：展绘碎部点，菜单栏绘图处理中，通过给定________数据文件定图形显示区域，保证碎部点都能显示在屏幕上；展野外测点点号确定当前绘图比例尺，确认后打开坐标数据文件，完成“展野外测点点号”操作。
步骤 4：通过展点号，结合草图内容，进行常见基本地物包括交通________、居民地、地貌土质、________设施等地物绘制任务。
步骤 5：进行等高线的________与整饰任务。
步骤 6：添加图框，根据相关要求完成 CASS 参数配置，包括测绘单位、成图日期、坐标系、高程基准、等高距、图式、测量员、绘图员、检查员等要素设置。
步骤 7：________输出。</td></tr>
<tr><td>报验</td><td>班组长对测量组进行自我检查，要求测量员能采用 CASS 软件快速完成内业成图并计时，达到要求后，申请老师检查。</td></tr>
<tr><td>验收</td><td>班组自检描述：
<table>
<tr><th>学号</th><th>姓名</th><th>班组评分（满分 100 分）</th><th>项目部评分（满分 100 分）</th><th>合计</th></tr>
<tr><td></td><td></td><td></td><td></td><td></td></tr>
<tr><td></td><td></td><td></td><td></td><td></td></tr>
<tr><td></td><td></td><td></td><td></td><td></td></tr>
<tr><td></td><td></td><td></td><td></td><td></td></tr>
<tr><td></td><td></td><td></td><td></td><td></td></tr>
<tr><td></td><td></td><td></td><td></td><td></td></tr>
</table>
项目部意见：</td></tr>
</table>

参考文献

[1] 马小红,陈世文,宾林. 建筑工程测量[M]. 2 版. 重庆:重庆大学出版社,2018.
[2] 张宛. 工程测量技术[M]. 2 版. 天津:南开大学出版社,2014.
[3] 罗科勤,何宇鑫. 工程测量[M]. 北京:清华大学出版社,2011.
[4] 殷耀国,郭宝宇,王晓明. 土木工程测量[M]. 3 版. 武汉:武汉大学出版社,2021.
[5] 程多祥. 无人机移动测量数据快速获取与处理[M]. 北京:测绘出版社,2015.
[6] 王伟,马华宇. 建筑工程测量[M]. 长沙:国防科技大学出版社,2014.
[7] 郑佳荣. 建筑测量[M]. 北京:国家开放大学出版社,2021.
[8] 王凤花. 建筑工程测量[M]. 北京:机械工业出版社,2014.
[9] 王金玲,周无极. 建筑工程测量[M]. 北京:北京大学出版社,2008.